U0396759

稻种起源演化

DAO ZHONG QIYUAN YANHUA

陈成斌
徐志健　著
梁云涛

广西科学技术出版社

图书在版编目（CIP）数据

稻种起源演化 / 陈成斌，徐志健，梁云涛著．—南宁：广西科学技术出版社，2022.6（2024.1 重印）
ISBN 978-7-5551-1549-6

Ⅰ．①稻… Ⅱ．①陈… ②徐… ③梁… Ⅲ．①水稻—文化史—研究 Ⅳ．①S511-09

中国版本图书馆CIP数据核字（2022）第042815号

DAO ZHONG QIYUAN YANHUA

稻种起源演化

陈成斌　徐志健　梁云涛　著

责任编辑：赖铭洪　　责任校对：苏深灿
装帧设计：梁　良　　责任印制：韦文印

出 版 人：卢培钊　　出版发行：广西科学技术出版社
社　　址：广西南宁市东葛路 66 号　　邮政编码：530023
网　　址：http://www.gxkjs.com　　编 辑 部：0771-5864716
印　　刷：北京虎彩文化传播有限公司

开　　本：787mm × 1092mm　1/16
字　　数：242 千字　　印　　张：15.75
版　　次：2022 年 6 月第 1 版　　印　　次：2024 年 1 月第 2 次印刷
书　　号：ISBN 978-7-5551-1549-6
定　　价：158.00 元

优质超级稻

丰田优553（植株和米）

桂两优二号

普通野生稻类型

苗期倾斜型普通野生稻

早造抽穗期半直立普通野生稻

强分蘖的极匍匐型普通野生稻

极强分蘖的早造抽穗直立型普通野生稻

野生稻保存

国家级野生稻圃原大门口（2008）

世界最大连片覆盖面积的国家级普通野生稻保护示范区竣工验收（2003）

玉林原生境保护点连片苗期普通野生稻（2003）

玉林保护区（点）连片抽穗期普通野生稻（2003）

新圃野生稻生长状况（2014）

作物种质库内景

栽培稻考察收集

广西壮族自治区农作物种质资源调查队留影（2017）

平果县考察采集水稻大糯样本

田间水稻（左为黑糯，右为高秆大糯）

学术交流

广西农业科学院原院长白先进研究员（右 6）带队赴美国考察（作者陈成斌左 1）（2005）

中国工程院院士、中国农业科学院品种资源所原所长董玉琛（中），中国农业科学院品种资源所原副所长王述民（右 3），广西农业科学院水稻研究所原所长高国庆（右 2）、原书记韦少龙（左 2）、原副所长韦善富（左 3）、梁世春（左 1）、作者陈成斌（右 1）合影留念（2007）

中国工程院院士、著名杂交水稻专家谢华安（左 1）与作者陈成斌（左 2）交流（2012）

国际水稻研究所原副所长、中国农业科学院原副院长王韧研究员（中）和广西农业科学院原院长李杨瑞教授（左）到野生稻圃指导（2006）

广西科技厅组织，中国农业科学院原副院长、中国工程院院士刘旭（前排左 4）主持广西野生稻成果鉴定会（2013）

广西农业科学院党组书记、院长邓国富（左 2）带队到上海与中国科学院韩斌院士（右 3）交流（2010）

在野生近缘植物保护与可持续利用项目（CWRC）现场，联合国开发计划署专家杨特松（Jan Tessel）（右 4）、广西农业生态与资源保护站副站长李克敌（左 1）、作者陈成斌（右 3）等交流（2009）

野生稻考察收集

考察野生稻时道路泥泞打滑，请农民朋友用牛拉考察车（2004）

陈成斌带队考察海南普通野生稻，采集样本（2006）

序言

稻种起源演化研究主要是亚洲栽培稻（*Oryza sativa* L.）起源演化的研究。因为世界上仅有两种栽培稻种，即亚洲栽培稻种和非洲栽培稻种（*Oryza. glaberrima* Steud.）。非洲栽培稻的分布地域较小，仅在西非几个国家栽培种植，植株形态特征特性、染色体组等细胞学、表型都非常接近当地的野生稻种（短叶舌野生稻，*O. barthii* A.Chev.）。因此，稻作界的学者们普遍认可非洲栽培稻的直接祖先种就是短叶舌野生稻，它由短叶舌野生稻驯化而来，起源于西非地区。然而，亚洲栽培稻种的情况就非常复杂了，它早已遍布全球五大洲，而且种植历史十分悠久，已经有1.2万年前的炭化稻样品出土，是目前出土年限最古老的稻种样品。在这些样品没有出土前，特别是20世纪初稻作理论研究很火热的时期，出现了许多不同的起源中心学说。中国稻作泰斗、中国农业科学院院长丁颖院士以他深入系统的跨社会科学与自然科学的交叉研究成果，充分证明亚洲栽培稻起源于中国华南地区，并解决了种内分类、早晚季稻、稻作区划分等一系列稻作基础理论问题，使我国稻作科研水平进入世界先进行列。

《稻种起源演化》以百变稻米的直叙形式开头，叙述了世界稻种的多样性、中国稻种遗传的多样性、栽培稻种的进化演变、栽培稻起源中心、稻种传播途径、水稻品种改良、转基因水稻的重大意义、稻种基因组学的国家安全性等不同内容。全书共分为八章，综述了稻种起源演变进化的许多代表性学术成果与理论观点，特别是综述了21世纪初的普通野生稻分子标记的多样性研究、稻种DNA测序的基因组学研究成果。《稻种起源演化》是一本既继承传统研究成果，又反映现代分子遗传学、基因组学研究成果的新的稻种起源演化研究专著，可作为稻作学有关领域学者，农业院校师生，农业生产管理、技术

推广人员的重要参考书。

陈成斌及其团队长期从事野生稻等农业野生植物种质资源保护与利用研究工作，主持和承担完成了联合国开发计划署、国际粮农组织和国家、地方种质资源本底多样性调查收集、保存评价、创新利用等方面的许多重大项目研究任务。在广西建立起国家级野生稻、野生荔枝、野生茶等农业野生植物原生境保护区（点）13 个，其中玉林野生稻原生境保护示范区是世界上连片覆盖面积最大的野生稻保护区。对广西及周边有关省的野生稻原生地分布点进行了深入细致的调查收集，其中，对广西区内 14 个市 61 个县（区、市）245 个乡镇 1314 个分布点进行逐一实地调查、收集，发现 29 个新的原生地分布点，收集到新的野生稻种质 1.28 万份，以及大量地理分布、生态环境的数据与图像。在野外系统调查收集的基础上，扩大与丰富了国家种质南宁野生稻圃保存的野生稻遗传多样性，保存数量超过 1.5 万份。同时，开展大量的鉴定评价工作，筛选出一大批野生稻优异种质基因，并与育种家合作，培育出系列水稻优良新品种并在生产上应用，取得较好的社会经济效益、生态效益。陈成斌团队发表野生稻种质资源研究论文 160 多篇，专著 15 部；获得国家、地方科技成果奖 20 多项，其中国家科技进步一等奖 2 项、二等奖 3 项。他们为保存国家战略性野生稻等农业野生植物种质资源做出了巨大贡献。

我相信《稻种起源演化》的出版，必将加深国内外学者对广西乃至我国稻作理论研究成果的了解，促进稻种起源演化、物种关系和分子生物学、基因组学等方面的研究，以及稻种优异种质、基因的育种利用。它将受到广大读者特别是农业科研、教学以及农业生产管理、技术推广工作者的热烈欢迎。

陈家裘
广西壮族自治区农业科学院
水稻栽培和种质资源资深专
家、作物品种资源所原所长

前言

稻种起源与演化是稻作基础理论的一个基础问题，是一个长期困扰人们的问题，是近代以来没有停止过研究的重要理论问题。科学家不断利用现代科学技术手段从稻种遗传变异、品种改良研究中获得稻种演变进化的信息，也从考古研究中获得信息，取得了丰富的研究成果，并不断激励他们去做更多深入和系统性的研究。回顾半个多世纪的稻种起源研究经历和成果，栽培稻起源研究离不开考古学的研究成果。前期的稻种起源与演化研究侧重于考古的发现，认为出土最古老年限的古稻谷、稻米的地方就是稻种起源中心；后来加入一些研究对象品种的特征特性，结合种内分类来研究稻种进化；再后来又加入野生稻这个栽培稻的祖先种作为稻种起源地（起源中心）研究的条件之一。因此，稻种起源演变进化研究或论述需要对一系列基本问题研究清楚和论述明白。经过多学科专家们的多年努力，亚洲栽培稻起源、演变、进化的研究已经取得前所未有的成果。本书分八章进行叙述，特别对许多人经常问起和普遍担心的转基因水稻的问题分两章加以表述，说明转基因水稻对国家和人民幸福生活的重大意义，也强调基因组学技术应用的国家安全性。转基因技术对稻种遗传改良、基因型演变、品种进化的影响是巨大的，应该积极面对。

中国稻作历史悠久。20 世纪 90 年代开始，中国的稻作文化考古取得了重大进展。其中，最具影响力的是 1994 年在淮河上游河南舞阳县贾湖遗址发现了大量的距今 7 000 ～ 8 000 年的炭化稻；1996 年在长江中游湖南澧县的彭头山、十八垱出土的炭化稻米经过同位素测定是距今 8 000 ～ 9 000 年的古稻米，把稻作年限（在浙江河姆渡发现距今 7 000 年的稻作遗址）提前了 2 000 多年。21 世纪初在广东广州市的增城区英德遗址发现的 1.2 万年前的炭化稻，在湖南道县发现的1.2万年前的炭化稻，是世界上考古出土的历史最悠久的炭化稻，说明了亚洲栽培稻早在1.2万年前的中国华南地区已经开始规模较大的种植驯化，该地区是世界上最早驯化种植栽培稻的地区。

稻种遗传多样性：亚洲栽培稻是世界上种内遗传多样性最多的农作物物种，按我国稻作学泰斗、农学家丁颖院士的种内分类可以分成籼粳亚种、早晚季稻类型、水旱稻类型、粘糯类型等品种类型，在世界上还有粳稻亚种中的爪哇稻、光稃稻等类型。此外，还有杂草稻类型等，遗传多样性十分复杂。这种状况也给稻种起源研究者、分类研究者带来了不少的难题，造成不同研究者采用不同的试验材料得出不同的结果，出现不同的结论和学术观点。

然而，由于亚洲栽培稻种的遗传多样性为人类生存发展提供了具有广泛适应性的品种，不管人类在陆地、沼泽还是海岛，只要阳光、温度合适，稻作就能生长，生产出稻谷供人类食用，也为科学家改良水稻品种提供了丰富的遗传物质基础。

稻种起源中心：炭化稻谷、稻米等有关古稻作实物的考古发现，依然是目前全球研究稻种起源中心（地）的主要实物依据。没有历史悠久的古稻实物出土的地方很难证明是栽培稻的起源地。我国已经出土了1.2万年前的炭化稻谷和稻米，这是目前世界上发现的最古老的古稻样品。它为证明我国是栽培稻起源地、稻作遗传变异中心奠定了坚实基础。2012年中国科学院院士韩斌带领的团队在进行稻种基因组DNA测序研究中得到一个关于栽培稻起源的新结果，中国广西可能是亚洲栽培稻最早的起源地。这是世界上首个利用稻种DNA测序技术，在分子水平研究栽培稻起源演化问题的科学结果，把稻种起源问题研究提升到分子生物学的高新技术阶段。

稻种传播：依据考古出土的古稻结果基本可以肯定，稻种从中国华南地区开始向四周逐步扩展传播。在1.2万年前向北至长江中游淮河上游地区，在9 000年前得到较大的发展，沿江河流域向东发展，至7 000～8 000年前在长江淮河下游地区得到大规模的发展，并向北向东发展，传至朝鲜半岛，再传至日本列岛。由华南向东至福建、台湾，向南到海南岛，向越南传遍东盟诸国，直至大洋洲。稻种由华南向西进入云贵地区，再由云贵向西南进入缅甸、印度，再向西传至中东、非洲、欧洲，甚至美洲。这是亚洲栽培稻在世界各地传播的基本途径，与陆地丝绸之路、海上丝绸之路的经济贸易有着密切关系。

水稻品种改良：水稻在人工种植的情况下，从一开始就受到人们选择压力的影响，为了收获更多粮食，人们会有意识地把籽粒饱满的谷粒留种，并逐步注意到田间大穗粒多、植株高大等个体表型的问题。但是这种人工选择是渐进的。作者有幸在中国农业大学王象坤教授主持的国家自然科学基金重点项目“中国栽培稻起源与演化研究”课题的研究过程中，见到了彭头山、十八垱、贾湖遗址的炭化稻样品。按现代稻种形态性状标准看，其形态数据表明样品是混合型，即野栽样品混合。当然，随着技术发展，人们对稻作品种的认识加深，逐步区分出籼粳、早晚、粘糯等稻种类型品种，并采用系统选种的方法进行分类。自1906年开始，人工有性杂交改良水稻品种加快了水稻品种的遗传改良，特别是经过20世纪五六十年代的矮秆高产育种改良、新品种生产应用，70年代的杂交水稻育种改良、新品种推广应用，到后来的超级稻育种改良、新品种推广应用，水稻遗传改良、新品种选育和推广应用，海水稻遗传改良育种，把中国的水稻品种改良事业推向前所未有的高峰。可以预见，如果转基因水稻品种放开应用，水稻的品种改良将有更大的发展。

稻种转基因的重大意义：转基因技术是分子生物学发展的必然趋势，也是科学家为了揭开生命本质而研究的结果。转基因技术对稻种优良化改造，实现稻属、禾本科及生物界优良基因的有效利用，造福人类是具有重大意义的。

转基因的国家安全性：由于人类社会发展的竞争性，转基因技术具有双刃剑的性质，其应用在当今世界的竞争中不会停止，转基因技术随时会被用作竞争之利器。这是国家必须认真对待的科学与社会问题，事关国家、民族兴衰。

转基因技术初看与稻种起源演化没有太多的联系，其实不然，转基因技术通用于所有生物有机体，利用它进行水稻品种改良会加快稻种基因型的改变、基因表达的改变、品种个体的形态特征特性的改变，这就是稻种的进化。这

种进化的速度比传统的自然选种快得多。

稻种起源演变进化研究已经取得许多重要成果，今后将取得更多的成果。由于时间紧、任务重，书中肯定存在不少错误和遗漏，敬请广大读者批评指正。

目录

第一章

神奇的稻种

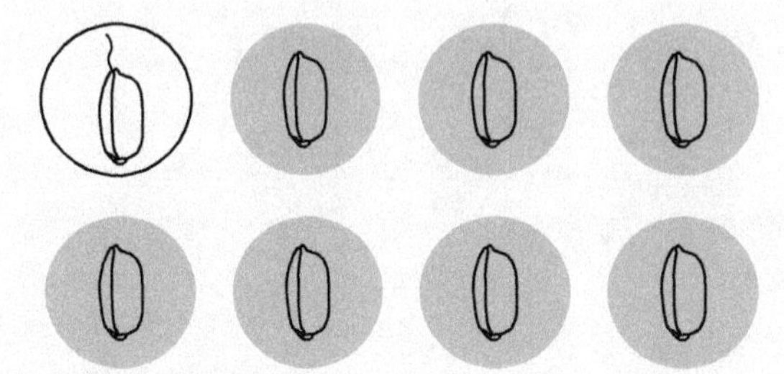

根据考古发现，中国出土的炭化稻谷、稻米的年限在1.2万年以前，换句话说，就是在1.2万年前中华民族之先民就开始种植驯化野生稻。这种驯化，使野生稻逐步演变、进化，形成了现代的栽培稻种。经过上万年的人工驯化、演变、杂交选育，特别是现代水稻有性杂交育种技术的成功利用，大大加快了水稻品种培育进程和水稻品种进化演变过程。杂交水稻的培育成功更是进一步缓解了世界粮食安全问题。目前，栽培稻米已经成为全世界2/3人口的主粮。人类富足生活及食物危机均与水稻生产收成的丰歉息息相关，没有稻米就没有现代人的幸福生活，现代人离不开稻米已经成为世界公认的真理。

一、百变稻米

世界上许多人每日均食用稻米食品，特别是每逢节假日，全家欢聚品尝丰富饭菜的时候，人们就会发现有许多食品来自稻米，例如各式年糕、糍粑、粽子、米粉、米线、粥、酒、醋等。在广西壮族的“三月三”节日里，五色糯米饭是必备的稻米类食品，它既反映了壮族先民的智慧，也反映了广西稻米遗传多样性十分丰富。有晶莹剔透的白花花的白米、红彤彤的红米、乌黑发亮的黑米、黄澄澄的黄米和碧蓝的蓝米，当然，五色糯米饭的黑米、黄米、蓝米、红米均为人工用植物天然提取液染色的。不过，在广西乃至全国各地均有许多黑米品种、红米品种及少量的黄米、绿米品种，人们可以品尝各式各样的大米。上万年以来，在人们创新、开发的历史进程中，大米变化出许许多多的美食，成为名副其实的百变稻米。

（一）稻米饭类

一日三餐白米饭，是现代小康之家的常见之事，也是基本标志。新中国成立前，中国亿万农民每日有一餐白米饭是很奢侈的想法。可见大米饭是“民以食为天”的基础物质，许多人对它的依赖已经到了不可或缺的地步。现代社会中，在饭店里有八宝饭、五香排骨饭、扬州炒饭、鸡肉炒饭、羊排炒饭等特色米饭，在农家乐、乡间大排档可能出现竹筒饭、手抓饭、五色糯米饭、糯米饭团、鸡饭、地方特色炒饭等。总之，大米饭配以各地特色食材就可以做出千变万化、香甜可口的特色饭类食品。

（二）稻米粥类

不论市场大小，凡是超市几乎均可见到八宝粥的身影。在祖国南疆，常常见到各种粥类大排档。只要进入店内就会见到许多从未喝过，甚至闻所未闻的特色大米粥，少则十多种，多则上百种。如荤类粥有肉粥（以猪肉、牛肉、羊肉等为辅料）、鱼粥（以鱼肉为辅料，常见的有塘角鱼粥、泥鳅粥、黄鳝粥、草鱼肉片粥、乌鱼肉片粥等）、海鲜粥（常见的有以虾、蟹、螺、蚬、小鱼沙虫、泥虹等为辅料）、禽鸟类粥（乳鸽粥、鸡粥等）等，素类粥有白菜粥、生菜粥、芥菜粥等，荤素配制类常见的有车螺芥菜粥、瘦肉芥菜粥、葱姜墨鱼粥等。其中，广州“艇仔粥”相当出名，广受人们喜爱，它是配以各类海鲜的大米粥。在桂东南的玉林市、贵港市、梧州市，生料粥（猪内脏、牛内脏等生料）也广受欢迎。大米与许多食材搭配均可煮成粥，其包容性十分广泛。

（三）粽子

每逢端午节，全国大部分家庭喜欢吃糯米粽子，一方面为纪念先人，另一方面则是人们对粽子的喜爱。而在平时，粽子的种类也是多得数不胜数。例如，大型的粽子有猪脚粽，用一个猪脚或半个猪脚包成一个粽子；枕头粽，用1.5 kg糯米包一个粽子。大粽子都需要用大的铁锅（农村俗称“牛二锅”）

煮半天才熟。也有小型的粽子，如三角粽就是常见的小粽子，还有圆锥形的凉粽、细长条状的凉粽等。从制作配料来说，有猪肉粽，配以绿豆、板栗等辅料，还有腊肉粽、腊肠粽、板栗粽、豆沙粽、大枣粽等；海鲜粽则配以各种海鲜食品一起制作，常见的以虾仁、海参、墨鱼等为辅料。

（四）糕点

在中国，以大米为原料制作的糕点种类也数不胜数。最受人们喜爱的是各式年糕，逢年过节，有重大喜事活动都少不了年糕，春节与传统婚礼均需要送出年糕，表示“步步高”的传统理念。粉蒸糕则是大米产区常见的早餐食品。在过去，许多城乡村庄常用红糖制作大米发糕，逢红白大事用来作为餐前点心，或作为礼品赠予客人，表示主人对来客、亲朋好友多发财、多发福的良好祝愿。把大米制成干粉后，可以利用米粉制成各式饺子，如糯米粉饺子、粘米粉饺子，还可制成糯米芝麻团、稻米麻花、肉松团、米花等油炸食品，以及云片糕。广西最有名的云片糕是柳州的糯米云片糕，非常香甜可口，很受人喜爱。

（五）米粉（米线）

在华南地区，人们把大米浸泡磨成浆蒸熟做出的粉叫作米粉，也把粉碎的大米粉加水搅拌成团后用压榨方式做出的圆粉叫作米粉。这种粉刚刚榨出就煮熟加配料吃叫生榨粉，晒干就叫干粉。20世纪80年代中央电视台拍摄的《中国一绝》电视节目中就有一集专门报道广西桂平市罗秀米粉，该米粉的韧性很好，蒸煮后口感很好，传说用0.5 kg大米做成湿粉时可承载一个18岁姑娘在上面荡秋千，而米粉条不被拉断。现在依然可以买到这种传统食品——桂平罗秀米粉。米粉在长江以南地区基本上都叫米粉，但在云南叫米线，并形成了具有地方特色的小吃——“云南米线”，也叫“云南蒙自米线”。云南把干米粉叫作米线已经是一种食品文化的传承，虽然它在本质上是干米粉的一种，但称为米线有利于区别米浆蒸熟的米粉。米浆蒸煮的米粉可以分为两种做法：在米浆蒸煮时把肉末等配料放于方形托盘的一头和米浆一起蒸煮，蒸煮后，把肉末等配料卷在米粉中间，装盘上桌，客人根据自己的喜爱调味而食，这种粉叫作卷筒粉（肠粉）。而蒸煮时不加任何配料，熟后冷却，剪成手指宽的粉条加以荤素配料，成为凉拌食品，叫凉拌粉。作为超市商品还有用竹篾扎成小扎的扎粉，方便蒸煮。目前，受到快餐面的影响，已经出现柳州螺蛳粉快餐粉，并推广至全国，广受欢迎。广西还有许多特色米粉有待深加工形成特色快餐食品，例如桂林市的马肉粉，宾阳酸粉，玉林市的生料粉、牛腩粉、牛巴粉，钦州和北海的猪脚粉、海鲜粉等特色米粉均可进一步制作成快餐食品或礼品上市销售，这样既方便群众食用，又形成规模化生产，成为经济增长的亮点，增加附加值。

（六）酒类

用大米制酒主要有两类，一类是甜酒，该类酒一般用作营养补品食用，以大米为主料，辅以鸡蛋、红枣、枸杞、红糖煮熟食用，很有营养。另一类是白酒，小锅米酒、米单酒、米双酒、三花酒等诸多品种在市场上经久不衰。在我国，几乎所有名酒在酿制过程中都离不开稻米，广西的桂林三花酒、乳泉酒、德胜米酒等就是典型代表。在发酵或蒸煮时加入桂皮、肉桂等不同辅料蒸得的酒就具有各自的特色。如配以中药材就配制成各式药酒，广西就有101跌打酒、将军跌打酒等，其中云香精、正骨水则是近百年老字号。目前，市场上作为烹饪的调料品就有调料酒类，且品种繁多。

（七）酱油类

酱油类产品是中国传统调料食品，全国各地均有厂家生产，也形成了具有地方特色的产品。目前，在市场常见的酱油品牌就有几十个。随着人们生活水平的不断提高，保健酱油产品也将不断出现，产业化水平将越来越高。

（八）醋类

米醋有白米醋和酱色米醋两类，其均以稻米、米糠为主料。在国内最出名的是山西老陈醋、水塔陈醋等。广西产的凉拌醋、江苏产的恒顺香醋等都是中华老字号，它们已经是百年或几百年的老牌子了，有些品牌也早就打入国外市场。

（九）茶类

人生开门常见事：柴米油盐酱醋茶。在这七件事中目前有五件与水稻有关，特别是在逐步进入老龄化社会，人们越来越重视保健的时期，已经出现用稻米制作的米香保健茶，使特色稻米发挥了更大的作用。例如糯香茶，它由香糯米焙干至表皮变黄后粉碎再配以相应辅料，装小袋，形成小袋泡装茶。也有用紫色稻叶配以稻米焙干后粉碎，再配辅料装袋成为小袋泡装茶。如此种种的保健茶类产品数量将与日俱增，以适应人们对养生保健的需求。

利用香稻品种的成熟叶子（稻秆）配以茶叶做成小袋装的茶，或利用糯米炒香配以茶叶做成小袋装的茶，稻米炒香后也能成为稻香茶。稻米香味的茶口感极好，人们喜欢喝。

总之，稻米既是可以直接煮熟食用的食品，又是许多食品的主要原料，经过加工、制作变成许许多多味道十足的健康食品。

二、世界稻种分类

早在18世纪，植物分类学家就开始现代植物学的分类学研究，长期以来，世界上对稻属植物的分类说法不一，普通野生稻就有80多个名称。然而，经过国际水稻研究所和各国科学家的长期努力，至20世纪90年代，逐步趋于统一。到目前为止，世界上公认的禾本科（Gramineae）稻属（*Oryza* L.）有23个稻种（表1–1）。其中有2个栽培稻种，即亚洲栽培稻和非洲栽培稻，也称光稃稻；有21个野生稻种。然而，也不能完全排除将来有新发现的可能性，毕竟还有不少地点科学家尚未亲临现场实地考察、收集和深入研究。当前，世界上的野生稻种主要分布在非洲、亚洲（东南亚、南亚与中国）、大洋洲和美洲。其中非洲和东南亚、南亚各国分布的稻种数量占据很大的比例。

非洲栽培稻种植面积很小，仅在西非部分国家种植，而亚洲栽培稻起源于中国后，向东、向西、向南等穿州过府、漂洋过海传遍世界五大洲，成为世界各地都适应种植的稻种。

表 1-1　世界较公认的禾本科（Gramineae）稻属（*Oryza* L.）各种名

稻种名称	稻种名称
亚洲栽培稻（*O. sativa* L.）	非洲栽培稻（*O. glaberrima* Steud）
普通野生稻（*O. rufipogon* Griff.）	药用野生稻（*O. officinalis* Wall et Watt）
疣粒野生稻（*O.meyeriana* Baill.）	高秆野生稻（*O.alta* Swallen）
澳洲野生稻（*O.australiensis* Dam.）	短叶舌野生稻（*O.barthii* A.Chev.）
短花药野生稻（*O.brachyantha* A.Chev. et Roehr.）	紧穗野生稻（*O.eichingeri* A.Peter）
展颖野生稻（*O.glumaepatula* Steud.）	重颖野生稻（*O.grandiglumis* Prod.）
颗粒野生稻（*O.granulata* Nees et Arn.）	阔叶野生稻（*O.latifolia* Desv.）
长护颖野生稻（*O.longiglumis* P. Jansen）	长花药野生稻（*O.longistaminata* A.Chev. et Roehr.）
南方野生稻（*O.meridionalis* N.Q.Ng）	小粒野生稻（*O.minuta* J.S.Presl et C.B.Presl）
尼瓦拉野生稻（*O. nivara* Sharma et Shastry）	斑点野生稻（*O.punctata* Kotschy et Steud）
根茎野生稻（*O.rhizomatis* Vaughan）	马来野生稻（*O.ridleyi* Hook. F. ）
极短粒野生稻（*O.schlechteri* Pilger）	其他（新发现种）

中国是亚洲栽培稻起源中心，分布有 4 个稻种，分别为亚洲栽培稻（*Oryza sativa* L.）、普通野生稻（*Oryza rufipogon* Griff.）、药用野生稻（*Oryza officinalis* Wall et Watt）、疣粒野生稻（*Oryza.meyeriana* Baill.）。稻种数量仅占世界稻种的 1/6，是稻种数较少的国家，好在普通野生稻分布范围较广泛，数量较多，遗传多样性较丰富。

三、野生稻遗传多样性

世界野生稻种的遗传多样性十分丰富，23 个稻种可以分为 10 个染色体组，其中 AA 染色体组有亚洲栽培稻、非洲栽培稻、普通野生稻、尼瓦拉野生稻、南方野生稻、短叶舌野生稻、展颖野生稻、长花药野生稻，BBCC 染色体组有紧穗野生稻、小粒野生稻、斑点野生稻，CC 染色体组有药用野生稻，CCDD 染色体组有高秆野生稻、重颖野生稻、阔叶野生稻、根茎野生稻，EE 染色体组有澳洲野生稻，FF 染色体组有短花药野生稻，GG 染色体组有颗粒野生稻、疣粒野生稻，HHJJ 染色体组有长护颖野生稻、马来野生稻，HHKK 染色体组有极短粒野生稻。在紧穗野生稻种和根茎野生稻种中还有 CC 染色体组的类型，它们只有 24 条染色体；在斑点野生稻种中有 BB 染色体组的类型，也只有 24 条染色体。由于染色体组的差异，很多野生稻种与栽培稻种杂交的后代产生不育植株或杂交不结实等现象。

世界上已经异生境保存（异位保存）了许多野生稻种质资源。其中，中国、国际水稻研究所（IRRI）、日本、印度保存最多。日本自身没有野生稻分布，但是他们积极地在世界各地收集野生稻，并做到极致。野生稻种质资源是关系国家粮食安全的大事，每个公民都要时刻注意保护好野生稻种质资源及其他生物种质资源。此外，在全球范围内已经对 10 多个野生稻种进行了原位保护，主要集中在东南亚、南亚与西非，有 20 多个保护地。国际水稻研究所、中国、泰国、印度、斯里兰卡及西非等国都已经进行了野生稻原位保护技术研究，并取得了十分显著的成果，其中，中国的野生稻原生境保护研究在当今世界上做得较好、较系统。

野生稻种质资源中含有许多栽培稻在长期的历史进化演变过程中丢失的基因，特别是在人工选择培育过程中丢失了许多基因。虽然人工选择培育可显著提高水稻的产量和稻米的品质，但是选择和生产淘汰使得水稻生产品种的遗传多样性急剧减少。特别是在野生稻中存在许多栽培稻品种中已经丢失的抗病虫害基因，例如，当年国际水稻研究所为了解决东南亚水稻生产遇到的严重病害草丛矮缩病问题，鉴定了当时保存的 8 万多份栽培稻种质资源，

没有找到任何抗原品种，而对 4 447 份野生稻种质资源进行鉴定，就从尼瓦拉野生稻中发现 1 份抗原。也就是这份唯一的抗原经杂交转育，培育出 IR 系列抗病高产品种，解决了东南亚国家粮食不能自给的问题，还使部分国家由大米进口国变成出口国。国际水稻研究所在野生稻和栽培稻种质资源鉴定中发现并定位了一批主要病虫害抗性基因，见表 1–2。

表 1–2 稻种中已经鉴定出的主要病虫害抗性基因（陈成斌等，2015）

病虫害名称	已鉴定并定位的抗性基因
褐飞虱	Bph1，bph2，Bph3，bph4，bph5，bph6，bph7，bph8，Bph9，Bph10，bph11，bph12，bph13，Bph14，bph15，Bph16，Bph17，Bph18t
稻瘟病	Pi1，Pi2（t），Pit4，Pi9，Pi5，Pi6（t），Pi7（t），Pi9（t），Pi10（t），Pi11（t），Pi12，Pi18，Pi21，Pib，Pi20，Pikm，Pita-2，Pita
白叶枯病	Xa1，Xa2，Xa3，Xa4，xa5，Xa7，xa8，Xa10，Xa11，Xa12，xa13，Xa14，xa15，Xa16，Xa17，Xa18，xa19，xa20，Xa21，Xa22，Xa23，xa24，Xa25，Xa26，Xa27，xa28，Xa29，Xa30
草丛矮缩病	Gs

注：开头第 1 个字母大写的为显性基因，小写的为隐性基因。

在野生稻种质资源中还有许多其他的优异种质基因，例如 Xiao J. 等（1996）在一份低产的马来西亚野生稻中发现 2 个分别增产 18% 和 17% 的高产基因 yld 1 和 yld 2，它们分别位于第 1 号和第 2 号染色体上。Xiao J. 等（1998）的研究表明，来自野生稻 51% 的 QTL 基因能改善栽培稻的农艺性状。Moncada 等（2001）研究发现，来自野生稻 56% 的 QTL 基因能改善栽培稻的农艺性状。Martimer C. P. 等（2002）用栽培稻 BG90–2 与普通野生稻 1 份材料杂交后，检测到 69 个与产量有关的 QTL 基因，其中有 18 个与增产有关，有 2 个增产基因的分子标记为 RM13 和 RM242，它们分别位于第 5 号和第 9 号染色体上。李德军等（2002）报道了利用 AB- QTL 方法定位东乡野生稻的高产基因，结果在第 2 号和第 11 号染色体上分别发现了 2 个引起“桂朝 2 号”单株增产 25.9% 和 23.2% 的高产基因，其中第 2 号染色体上的 QTL 基因的高产贡献率达到 16%，属于主效基因。此外，在野生稻种中还有优质种质、高蛋白质含量种质（表 1–3）、大穗、高结实率等优异种质，它们都是在水稻新品种培育中必不可少的优异种质，对国家粮食安全具有极其重大的作用。从表 1–3 可以看到，野生稻的蛋白质含量变幅很大，种间差异也很大，多样性表现非常复杂，极其丰富。

表 1–3 部分野生稻种的蛋白质含量情况（陈成斌，2005）

野生稻名称	蛋白质含量范围	蛋白质含量 15% 以上的比例（%）
普通野生稻（*O. rufipogon* Griff.）	8.5% ～ 17.9%	5.7
药用野生稻（*Oryza officinalis* Wall et Watt）	12.8% ～ 22.3%	83.7
尼瓦拉野生稻（*O. nivara* Sharma et Shastry）	8.9% ～ 21.1%	56.9
阔叶野生稻（*O.latifolia* Desv.）	11.6% ～ 15.0%	4.3
短叶舌野生稻（*O.barthii* A.Chev.）	10.8% ～ 17.5%	57.1
展颖野生稻（*O.glumaepatula* Steud.）	11.5% ～ 14.2%	0.0
斑点野生稻（*O.punctata* Kotschy et Steud）	11.4% ～ 14.2%	0.0
紧穗野生稻（*O.eichingeri* A.Peter）	13.6% ～ 14.2%	0.0
高秆野生稻（*O.alta* Swallen）	10.2% ～ 15.0%	0.0
澳洲野生稻（*O.australiensis* Dam.）	13.5% ～ 16.3%	50.0
长护颖野生稻（*O.longiglumis* P. Jansen）	12.9% ～ 13.8%	0.0

由此可见，野生稻遗传多样性由物种多样性、含基因组多样性、种内种质类型遗传多样性、基因型及基因多样性几个层次构成。

野生稻种多样性指稻属种内物种分类的多样性，稻属有公认野生稻种 21 个，在遗传上分为 10 大基因组（染色体组），有的野生稻种具有 2 种基因组，如紧穗野生稻就有 2 倍体（$2n=24$）的 CC 基因组和 4 倍体（$2n=48$）的 BBCC 基因组；根茎野生稻有 4 倍体（$2n=48$）的 CCDD 基因组和 2 倍体（$2n=24$）的 CC 基因组，充分体现出物种的遗传多样性。

野生稻种内遗传多样性主要指在每个野生稻种内都具有生态群生态类型的遗传多样性。例如，中国普通野生稻种内含有 2 大生态群 9 个类型，如图 1–1 所示。由图 1–1 可以看出野生稻种内具有丰富的生态类型遗传多样性。

野生稻遗传多样性还包含着具有类似品种差异的遗传多样性。例如，普通野生稻种质资源中具有不同农艺性状的品种类型，每个生态类型中都存在许多品种类型。有些植株很高大、茎秆粗壮，如在广西普通野生稻种有株

高4.2 m、穗长43 cm的高大种质，也有株高20 cm、穗长5～6 cm的极矮小类型。这表现了野生稻生态类型内的遗传多样性。

野生稻基因型及基因的多样性主要指在遗传学中基因水平的多样性，如普通野生稻种有雄性不育基因及基因型。袁隆平院士就是利用普通野生稻的雄性不育基因，转育成“珍汕97A”等不育系，以及李丁民最早选育出恢复系1号、2号、3号、6号等首批强优势恢复系，实现了三系杂交水稻的杂种优势利用的突破，为世界粮食安全做出了巨大贡献。野生稻种质资源中也含有许多育性恢复基因。从表1–2可以看到，野生稻种质资源中存在有丰富的抗病虫害基因及基因型多样性。

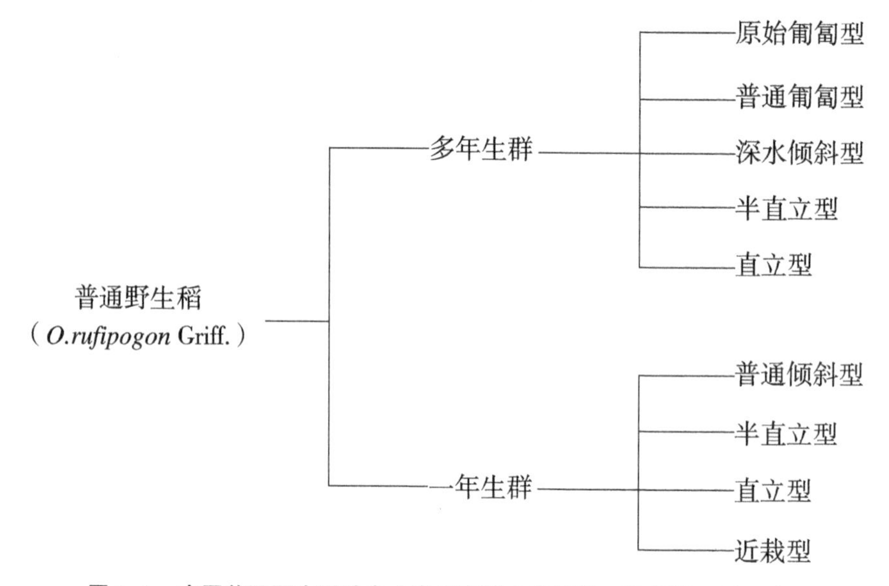

图1–1　中国普通野生稻种内分类示意图（庞汉华、陈成斌，2002）

四、栽培稻品种多样性

世界上栽培稻有2个种（见表1–1），其中非洲栽培稻种植面积不大，对其改良育种的研究远远滞后于亚洲栽培稻，所以其遗传多样性远远不如亚洲栽培稻的丰富。因此，栽培稻遗传多样性主要指亚洲栽培稻的多样性。栽培稻是一年生的草本植物，在热带地区有一年三熟的栽培稻品种，有一年两熟的早季稻和晚季稻品种，还有一年一熟的中稻品种。目前，栽培稻种质资源的收集和长期安全保存，已经是产稻国政府及科研人员十分重视的事情，不少国家通过法律形式确立稻种资源安全保存的国策地位。全球的种质库保存的栽培稻种质资源已经超过18万个品种（包含重复保存品种），主要集中在国际研究单位，如国际水稻研究所就保存有8万多个品种，在基因型稳定遗传上的多样性十分丰富。

世界上对亚洲栽培稻种内分类、起源地、传播路线等学术争论很多，特别是在20世纪60年代之前，国外就提出不少的研究结论。例如，日本的Kato（1928）提出亚洲栽培稻分为日本型（Japonica type）和印度型（Indica type），随后于1930年正式以拉丁名命名为 *Oryza sativa* L. subsp. *japonica* Kato 和 *Oryza sativa* L. subsp. *indica* Kato，并提出印度型起源于印度，日本型起源于日本。我国著名的稻作学大家丁颖院士（学部委员）从我国的稻作历史古籍、稻种出土古迹、语言学、民族学、人种学、稻种栽培学、水稻生态学、野生稻分布、野栽杂交育种等多学科综合研究，1949年提出亚洲栽培稻应分为籼稻亚种（*Oryza sativa* L. subsp. *hsien* Ting）和粳稻亚种（*Oryza sativa* L. subsp. *keng* Ting），在亚种下分早季稻、中稻、晚季稻群，生态群下分水稻和陆稻生态型，生态型下分粘稻和糯稻变种，变种下分品种，也就是业界俗称的5级分类法。丁颖是我国乃至世界稻作研究领域之泰斗，他提出的亚洲栽培稻5级分类法，既解决了栽培稻物种本身的科学分类问题，奠定了中国稻作现代研究基础和正名历史地位，又符合生产实际需要，解决了不同地域栽培水稻的生产实际问题，即不同地域的水稻生产中播种耕作的实际操作技术问题，以及生产上新品种引种应用问题。例如早季不能引种晚季稻品种，不然不抽穗，没有收成。丁颖还根据研究结果提出亚洲栽培稻起源于中国华南地区，其直接祖先种就是普通野生稻，当时丁颖采用了 *Oryza sativa* L. *forma spontanea* Roschevicz 的拉丁名。丁颖的研究成果被后来许多研究证明是正确的。现在我国及日本等国家的学者，大多数同意将亚洲栽培稻划分为两个亚种，将光稃稻（nuda）和爪哇稻（javanica）归为粳稻亚种。由此可以看到栽培稻种的遗传多样性十分丰富。

亚洲栽培稻有许多特异品种类型，遗传多样性十分丰富。

深水稻：东南亚国家的部分地区在雨季来临后由于河水上涨，促使种植在

涨水地方的栽培稻演化成为深水稻类型，它们具有随水向上生长的特点，陈成斌（2011）在柬埔寨洞里萨湖周边考察时见到4.8 m高的稻秆，该稻秆淹在水中的部分几乎每个节位都长出须根，上部有高位分蘖，并能抽穗结实。在国际水稻研究所的展览室内也有深水稻标本，高达6.2 m，这应是世界上最高的水稻品种。深水稻在中国南方沿江地区过去常有种植，现在在广西沿海个别地方还有种植。

旱稻（陆稻）：在干旱地区有旱稻（学名称陆稻）种植，该类稻种为陆稻生态型，能在无水的坡地栽培，能依靠天然雨水生长发育，农家品种高产者可达到200千克/亩*。

光稃稻（光壳稻）及多毛稻：从稻谷的稃毛表现差异上看，有光稃稻（nuda）类型，在中国广西、云南等省区也叫光壳稻，以及多毛稻品种，其叶片、叶鞘等器官茸毛浓密，形似白霜一片。

紫米稻（黑米稻、墨米稻）：该类品种的种皮为紫黑色、淡紫红色，在籼稻、粳稻、早稻、中稻、晚稻、水稻、陆稻、粘米、糯米等各类品种中都有紫米品种存在，以晚稻和糯米居多。

香稻：该类品种的大米蒸煮时会发出一阵阵浓郁的香味，吃饭时嘴有余香，部分品种在抽穗杨花时也发出香味。这类品种多存在粳稻、中晚稻和糯稻类型中，香粘地方品种很罕见。

亚洲栽培稻的遗传多样性首要表现在生态适应性多样化，全球各大洲均有种植；其次是生态群和生态型遗传多样性丰富；再者是品种数量丰富，基因型多样。

五、保护稻种资源多样性的重要意义

保护稻种资源多样性就是保护世界生物多样性，保护世界生态环境，保护世界粮食安全，保护社会文明和进步。保护稻种资源人人有责，保护稻种资

---

* 1亩≈666.7m²。

源具有重要意义。

（一）有利于保护生物多样性

随着世界工业化进程的快速发展，世界环境恶化，生态破坏日益严重，生物物种灭绝不断加快，保护生物多样性已经是人类面临的世界性问题。有效保护稻种种质资源，就是有效保护生物多样性。世界上现存稻种资源16万多种，约占世界农作物品种的1/4，还有21个野生稻种的许多基因型植株在世界各地不同生态环境中生长，保护它们就可以很好地保护其中的生物多样性和生态环境安全。

（二）有利于保护农田生态环境

水稻是世界三大粮食作物之一，占据着主要的耕地面积。有效保护稻种资源多样性就能有效保护世界农田生态系统，保护农田环境，保护世界最大的湿地环境，进而保护世界气候环境安全，有利于人类的生存与发展。

（三）有利于世界粮食安全发展

稻米是世界2/3人口每天食用的主要粮食之一，水稻质量的好坏、产量收成的丰歉都直接关系到每一个人的生活保障。粮食安全是世界必须共同面对的农业生产问题，更是世界稳定的重大社会问题和政治问题，各国政府都不能掉以轻心。保护好稻种种质资源，能为水稻及粮食作物遗传改良、新品种培育提供更多的优异基因，提供坚实的基础，从而保障世界粮食的安全发展，保障人类社会的文明与进步。

第二章

稻种遗传多样性

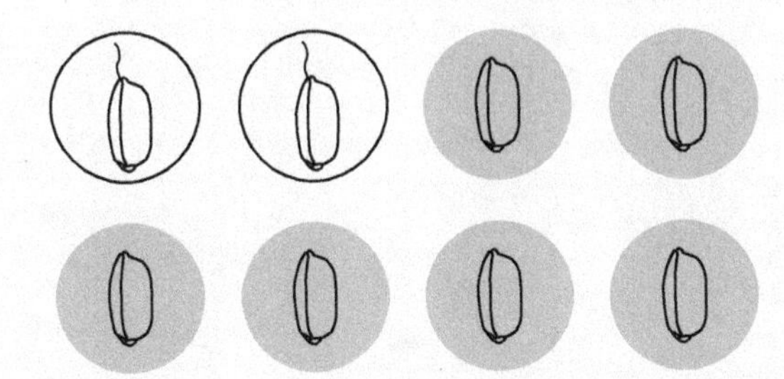

中国是亚洲栽培稻的起源中心，在距今1.2万年前中国华南地区就有规模化种植，出土的炭化稻谷、稻米再次证明中国具有悠久的稻作文化历史。在浩瀚的古籍中也记载着中国先民的聪明才智，以及稻种在先民们的积极努力栽培驯化过程中不断演变进化，继而不断产生出各种各样的水陆稻品种，并不断传播至世界各地，经过全球各大洲先民的栽培种植和保存，进而保存着丰富的种质资源。目前，中国是世界上稻种遗传多样性最丰富的国家之一，也是保存栽培稻种质资源最多的国家。

一、遗传多样性基本概念

遗传多样性是指地球上所有生物具有的遗传基因型的多样性。遗传多样性是生物多样性的基础，没有遗传多样性就难以构成各种各样的生物种群多样性和生态景观多样性。

（一）生物遗传多样性的基本概念

生物遗传多样性是指地球上所有生物的遗传及变异表型构成的各种各样的生命有机体的多样性，遗传多样性进一步构成生物多样性，并由此构成由不同生物种群组成的各种生态系统多样性和生态景观多样性。

生物多样性主要以生物物种为基础单位进行描述，其物种分类以种—属（族）—科—纲—目—界的不同单位表达其在生物界系统中所处的地位及进化遗传变异关系。不同的生物种群在不同的地理位置及相应的气候条件下竞争发展，通过自然竞争和优胜劣汰，达到适者生存的演变进化。

地球的地形地貌及气候条件是多样化的，因而生物在历史进化过程中不断产生新的基因突变，演化出适应其所在生态环境的有机体及种群，促进生物种群多样性的演化和发展，增加生物种群的多样性。在同一环境下，多种不同生物种群和谐生存或激烈竞争生存都构成不同的生态多样性。这种生态多样性的动态变化，特别是瞬间的变化呈现出来的不同景观现象，就构成了生态景观多样性。因此它们的关联性表现为生物遗传多样性—生态多样性—生态景观多样性。

生物物种以下的多样性，称为物种遗传多样性。物种遗传多样性主要包括种内的遗传型和变异表型，主要表现在生物学上的亚种、生态群、生态型、变种、品种、品系甚至染色体附加系、染色体片段或基因渗入系、基因导入系等育种中间材料，这些都是种内遗传多样性的构成部分。因此，物种遗传多样性主要是指生物物种以下的各种遗传和变异表型的多样性。

（二）稻种遗传多样性定义

稻种遗传多样性是指稻属各稻种种类多样性和种内不同的变种、生态群、生态型、株系以及各遗传变异表型（品系、变异系）的遗传多样性。稻种生态多样性是指稻种生长繁衍的生态环境多样性，包括地形地貌、伴生动植物、水分状态等的多样性。

二、野生稻种遗传多样性

目前，世界上公认的稻属有23个稻种，其中有2个栽培稻种，即非洲栽培稻种和亚洲栽培稻种，以及21个野生稻种。

（一）野生稻种分类多样性

然而，在很长的一段时间内，世界上许多科学家对野生稻的分类有着许多不同的看法。稻属种的命名和数目曾经相当混乱，至今仍有一些种名还存在争议。其中普通野生稻曾出现过19个名称，亚洲栽培稻曾出现过33个名称（刘东旭等，1996）。目前稻属分类的观点基本趋于一致，对Chang（1985）提出的稻属分为22个稻种的名称和数目已经普遍接受，Vaughan（1989、1990）鉴定分出的一个新种也被接受，形成目前较公认的稻属23个稻种（表2-1）。

表2-1　全球稻属种名一览

序号	学名	中文名	染色体数（$2n$）	染色体组	地理分布
1	*O. alta* Swallen	高秆野生稻	48	CCDD	中美洲、南美洲
2	*O. australiensis* Dam.	澳洲野生稻	24	EE	澳大利亚北部
3	*O. barthii* A. Chev.	短叶舌野生稻	24	AA	西非
4	*O. brachyantha* A. Chev. et Roethr.	短花药野生稻	24	FF	非洲（苏丹、几内亚）
5	*O. eichingeri* A. Peter	紧穗野生稻	24 48	CC BBCC	东非、中非等
6	*O. glaberrima* Steud.	非洲栽培稻	24	AA	西非
7	*O. glumaepatula* Steud.	展颖野生稻	24	AA	南美洲、西印度群岛
8	*O. grandiglumis* Prod.	重颖野生稻	48	CCDD	哥伦比亚、圭亚那、秘鲁、巴西
9	*O. granulata* Nees et Arn.	颗粒野生稻	24	GG	印度、缅甸、泰国、越南、老挝、柬埔寨、印度尼西亚、斯里兰卡
10	*O. latifolia* Desv.	阔叶野生稻	48	CCDD	墨西哥、巴西、阿根廷、西印度群岛
11	*O. longiglumis* P. Jansen.	长护颖野生稻	48	HHJJ	巴布亚新几内亚
12	*O. longistaminata* A. Chev. et Roethr.	长花药野生稻	24	AA	非洲
13	*O. meridionalis* N.Q. Ng	南方野生稻	24	AA	澳大利亚
14	*O. meyeriana* Baill.	疣粒野生稻	24	GG	中国南部、菲律宾、印度尼西亚
15	*O. minuta* J. S. Presl et C. B. Presl	小粒野生稻	48	BBCC	印度、菲律宾、新几内亚岛

续表

序号	学名	中文名	染色体数（$2n$）	染色体组	地理分布
16	*O. nivara* Sharma et Shastry	尼瓦拉野生稻	24	AA	南亚、东南亚
17	*O. officinalis* Wall ex Watt	药用野生稻	24	CC	中国南部、南亚、东南亚、新几内亚岛
18	*O. punctata* Kotschy et Steud	斑点野生稻	24 48	BB BBCC	非洲（加纳、科特迪瓦、尼日利亚、安哥拉、刚果、苏丹、埃塞俄比亚、肯尼亚）
19	*O. rhizomatis* Vaughan	根茎野生稻	24 48	CC CCDD	斯里兰卡
20	*O. ridleyi* Hook. F.	马来野生稻	48	HHJJ	东南亚（缅甸、泰国、越南、老挝、柬埔寨、马来西亚、印度尼西亚）和新几内亚岛
21	*O. rufipogon* Griff.	普通野生稻	24	AA	中国南部、南亚（印度、孟加拉国）、东南亚（泰国、老挝、马来西亚、菲律宾、印度尼西亚）及南美洲（古巴等）
22	*O. sativa* L.	亚洲栽培稻	24	AA	亚洲及世界其他各大洲
23	*O. schlechteri* Pilger	极短粒野生稻	48	HHKK	新几内亚岛

由表2–1可以看到，世界上野生稻种分布广泛，在亚洲、非洲、大洋洲和南美洲均有野生稻种的分布。而在分类上较公认的21个野生稻种在细胞染色体组上也表现出丰富的遗传多样性，其中AA染色体组的野生稻种有6个，2个栽培稻种也是AA染色体组的稻种；BB、BBCC和CC染色体组的野生稻种有4个；CCDD染色体组的野生稻种有4个；EE、FF和HHKK染色体组的野生稻种各1个；GG和HHJJ染色体组的野生稻种各2个。为了更方便后来者的研究和学习，现把刘东旭等（1996）整理的结果列于表2–2。目前，世界上能够获得栽培稻与野生稻杂交后代材料的仅有11个野生稻种，见表2–3。对比表2–1可知，现在还有多个野生稻种没有取得人工杂交种子，无法把其优异基因转移到栽培稻中加以利用。野生稻的优异基因利用还有巨大的挖掘潜力，相信生

物技术特别是基因组学技术（含转基因技术）在野生稻优异基因转导利用、稻种遗传改良、新品种培育上具有极其广阔的应用前景。

表 2-2　稻属公认种名及其异名速查表（刘东旭、李子先，1996）

A　有效和公认的稻种名称
1 ***Oryza alta*** Swallen, Publ. Carnegie Inst. Wash.461:156 (1936) 同名　***O.latifolia*** Desv. var. ***grandispiculis*** A. Chev. (1932) ***O.latifolia*** Desv. ssp. ***longispiculus*** Gopal.et Sampath (1967)
2 ***Oryza australienis*** Domin, Biblioth. Bot. 20, Heft. 85:333 (1915) 同名　***O.caduca*** Muell. (1867) ***O.sativa*** Muell. (1873)
3 ***Oryza barthii*** A. Chev., Bull. Mus. Hist. Nat. Paris 16:405 (1911) 同名　***O.breviligulata*** A. Chev. et Roehr. (1914) ***O.glaberrima*** ssp. ***barthii***(A. Chev.) J. M. J. de Wet(1981) ***O.mezii*** Prod.(1922) ***O.perennis*** Moench ssp. ***barrthii*** (A. Chev.) A. Chev.(1932) ***O.silvestris*** var. ***barthii*** Stap f. ex A. Chev.(1913) ***O.stapfii*** Roschev.(1931)
4 ***Oryza abrachyantha*** A. Chev. et Roehr., Compt. Rend. Acad. Sci. 159:561(1914) 同名　***O.guineensis*** A. Chev. (1932) ***O.mezii*** Prod. (1922)
5 ***Oryza eichingeri*** A. Peter, Fedde. Rep. Sp. Nov., Beih 40:47(1930) 同名　***O.collina*** (Trimen) Sharma et Shastry(1965) ***O.glauca*** Robyns (1936) nomen nudurn ***O.latifolia*** Hook. f. var. ***collina*** (Trimen) Hook. f. (1896) ***O.sativa*** f. var. ***collina*** Trimen(1889)
6 ***Oryza glaberrima*** Steud. Syn. Pl. Glum. 1:3(1854)
7 ***Oryza glumaepatula*** Steud., Syn, Pl. Glum. 1:3(1854) 同名　***O.cubensis*** Ekman nomen nudum ***O.paraguayensis*** Wedd. ex Franch. (1895) ***O.perennis*** Moench pro parte(1794) ***O.perennis*** Moench ssp. ***cubensis*** Tateoka et al. (1964) ***O.perennis*** Moench var. ***cubensis*** Sampath (1961) ***O.sativa*** Hochst. ex Steud. (1985)

续表

A　有效和公认的稻种名称
8 *Oryza grandiglumis* (Doell) Prod. Bot. Archiv. 1:233 (1922) 同名 *O.latifolia* Desv. var. *grandiglumis* (Doell) A. Chev. (1932) *O.latifolia* Desv. ssp. *grandiglumis* Gopal. et Sampath (1967) *O.sativa* L. var. *grandiglumis* Doell (1870)
9 *Oryza granulata* Nees et Arn. ex Watt. Dict. Econ. Prod. Ind. 5:500 (1891) 同名 *O.filiformis* Buch-Ham. ex Steud. (1855) nomen nudum *O.indandamanica* Ellis (1985，发表于 1987) *O.meyeriana* ssp. *granulata* (Nees et Arn. ex Watt) Tateokaa (1962) *O.meyeriana* var. *granulata* (Watt) Duistermaat (1987) *O.triandra* Heyne ex Steud. (1854) nomen nudum *Padia meyeriana* Zoll. et Mor. (1845)
10 *Oryza latifolia* Desv. Jour. de Bot. 1:77(1813) 同名 *O.brucheri* Sharma (1983) nomen nudum *O.latifolia* Desv. ssp. *latifolia* Gopal. et Sampath (1967) *O.officinalis* Watt (1891) *O.platyphylla* Schult. f. (1830) *O.sativa* L.var. *latifolia* (Desv.) Doell (1871)
11 *Oryza longiglumis* Jansen, Reinwardtia 2:312 (1953)
12 *Oryza longitaminata* A. Chev. et Roehr.,Compt. Rend Acad. Sci. 159:561 (1914) 同名 *O.barthii sensu* Hutch. et Dalz. (1936) *O.dewildemanii* Vanderyst (1920) *O.madagascariensis* (A. Chev.) Roschev. (1937) *O.perennis* Moench (1794) nomen dubium *O.perennis* Moench ssp. *barthii* Taeoka et al. (1964) *O.perennis* Moench ssp. *madagascariensis* A. Chev. (1932) *O.silvestris* Stapf ex A. Chev. (1910) nomen nudum *O.silvestris* Stapf var. *Punctata* Stapf forma *longiligulata* Stapf ex A. Chev. (1913)
13 *Oryza meridionalis* Ng (1981) 同名 *O.perennis* Moench (1794) pro parte *O.rufipogon* Griff. (1851) pro parte *O.sativa* Auct. non L. (1878)
14 *Oryza meyeriana* (Zoll. et Mor. ex Strud.) Baill., Hist Pl. 12:166 (1894) 同名 *O.abromeitiana* Prod. (1922) *O.meyeriana* ssp. *abromeitian* (Prod.) Tateoka (1963) *O.meyeriana* ssp. *meyeriana* Taeoka (1962) *O.meyeriana* ssp. *tuberculata* Wu et Lu et Wang (1990) *O.meyeriana* var. *meyeriana* (Tateoka) Duistermaat (1987) *Padia meyeriana* Zoll.et Mor. (1845)

续表

A　有效和公认的稻种名称
15　*Oryza minuta* J. S. Prest.ex C. B. Presl., Rel. Haeck, 1:208 (1830) 同名　*O.fatua* Ridley non Koen. (1925) *O.latifolia* F. Vill. non Desv. (1882) *O.manilensis* Merrill (1908) *O.officinalis* Wall ex Watt (1891) pro parte
16　*Oryza nivara* Sharma et Shastry, Ind. J. Genet. Plant Breed. 25:161 (1965) 同名　*O.fatua* Koenig ex A. Chev. (1932) pro parte *O.rufipogon* Senartna non Griff. (1956) *O.sativa* Auct. non L. (1832) pro parte *O.sativa* ssp. *fatua* (Prain) J. M. J. de Wet (1981) *O.sativa* var. *fatua* Prain (1903) pro parte *O.sativa* f. *spontanea* Roschev. (1931) pro parte
17　*Oryza officinalis* Wall ex Watt, Dict. Econ. Prod. Ind. 5:501(1891) 同名　*O.latifolia* Hook. (1897) *O.latifolia* Desv. var. *silvatica* Camus (1921) 987 *O.montana* Buch-Ham. (1948) nomen nudum *O.officinalis* ssp. *malampuzhaensis* (Krish. et Chand) Tateoka (1963) *O.officinalis* ssp. *officinalis* (Wall ex Watt) Tateoka (1963) *O.malabaensis* nomen nudum *O.malampuzhaensis* Krish. et Chand (1958)
18　*Oryza punctata* Kotschy ex Steud, Syn. Pl.Glum. 1:3 (1854) 同名　*O.sativa* Hochst. ex Steud. (1854) *O.sativa* L.var.*punctata* (Kotschy ex Steud.) Kotschy (1962) *O.schweinfurthiana* Prod. (1922) *O.ubanghensis* A. Chev. (1951)
19　*Oryza rhizomatis* Vaughan (1990) 同名　*O.latifolia* Desv. (1813) pro parte *O.officinalis* Wall ex Watt (1891) pro parte
20　*Oryza ridleyi* Hook.f., Fl. Br. Ind. 7:93 (1897) 同名　*O.stenothyrsus* K. Schum. (1905)
21　*Oryza rufipogon* Griff., Notul. Pl. Asia 3:5 (1851) 同名　*O.aquatica* Roschev. (1931) *O.balunga* (Sampath et Govind.) Yeh et Henderson (1961) nomen nudum *O.fatua* Koenig ex Trin. (1893) nomen nudum *O.fatua* Trin. var. *longe-aristata*, Ridley (1925)

续表

A 有效和公认的稻种名称
O.fromosana Masarnune et Suauki (1935) *O.perennis* Moench (1794) nomen nudum *O.perennis* Moench emend. Sampath (1964) *O.perennis* Moench ssp. ***balunga*** Tateoka et al. (1964) *O.perennis* var. ***balunga*** Sampath et Govind. (1958) nomen nudum *O.sativa* Hochst. ex Steud. (1854) *O.sativa* var. ***abuensis*** Watt (1891) *O.sativa* f. ***aquatica*** Roschev. (1931) *O.sativa* var. ***bengalensis*** Watt (1891) *O.sativa* var. ***coarctata*** Watt (1891) *O.sativa* var. ***fatua*** Prain (1903) *O.sativa* var. ***rufipogon*** (Griff.) Watt (1891) pro parte *O.sativa* f. ***spontanea*** Backer (1928) *O.sativa* f.***spontanea*** Roschev. (1931) pro parte *O.sativa* ssp. ***rufipogon*** (Griff.) J. M. J.de Wet (1981)
22 *Oryza sativa* L. Sp. Pl. 333 (1753) 同名 *O.aristata* Blanco (1837) *O.aristata* Bosc. (1803) *O.caudata* Trin. (1871) *O.communissima* Lour. (1793) *O.deenudata* Desv. ex Steud. (1821) *O.elongata* Desv. ex Steud. (1821) *O.emarginata* Steud. (1841) *O.fatua* Koenig ex Trin. (1893) nomen nudum *O.fromosana* Masamune et Suzuki (1935) *O.glutinosa* Lour. (1793) *O.jeyporensis* Govindasww. et Krishnasm. (1958) nomen nudum *O.latifolia* P. Beauv. non Desv. (1812) *O.marginata* Desv. ex Steud. (1821) *O.montana* Lour. (1793) *O.mutica* Lour.ex Steud. (1821) *O.nepalensis* G. Don.ex Steud. (1854) *O.palustris* Salisbury (1796) *O.parviflora* Beauv. (1812) *O.perennis* Moench (1794) *O.plena* (Prain) Chowdhury (1949) *O.praecox* Lour. (1793) *O.pubescens* Desv. ex Steud. (1821) 931 *O.punmila* Hort. ex Steud. (1841) 1 *O.repens* Buch-Ham. ex Steud. (1854) *O.rubibarbis* Desv. ex Steud. (1821) z 1931 *O.sativa* Muell. (1873) *O.sativa* var. *formosana* Yeh et Henderson (1961)

续表

A　有效和公认的稻种名称
O.sativa var. *plena* Prain (1903) *O.sativa* f. *spontanea* Roschev. (1931) pro parte *O.segetalis* Russ. ex Steud (1854) *O.sorghoides* Desv. ex Steud. (1821) *O.triandra* Heyne ex Steud. (1854)
23　*Oryza schlechteri* Pilger, Wngl. Bot.Jahrb. 52:168 (1914)
B　曾经分入稻属，现已划入其他属的种
Oryza angustifolia Hubb. (1950) = *Leersia angustifolia* Munro ex Prodoehl (1922) *Oryza australis* A. Braun ex Schweinfurth= *Leersia hexandra* Swartz (1788) *Oryza caudata* Nees = *Rhynchoryza subulata* (Nees) Baill. (1892) *Oryza ciliata* Buch-Ham.=*Leeria hexandra* Swartz (1788) *Oryza clandestina* A. Braunex Aschers= *Leeria oryzoides* (L.) Swatrz (1788) *Oryza coarctata* Roxb. =*Sclerophllum coartatum* Griff. (1851) =*Porteresia coarctata* (Roxb.) *Tateoka* (1965) *Oryza hexandra* Doell=*Leeria hexandra* Swartz (1788) *Oryza leersioides* Baill.=*Maltebrunia Leersioides* Kth. (1830) *Oryza leerioides* Steud.=*Potamophila leersioides* Benth.=*Maltebrunia leerioides* Kth.(1830) *Oryza mexicana* Doell=*Leeria hexandra* Swartz (1788) *Oryza monandra* Doell=*Leeria Oryzoides* (L.) Swartz (1788) *Oryza oryzoides* Dalla Torreet=*Leeria oryzoides* (L.) Swartz (1788) *Oryza parviflora* (B. Br.) Baill.=*Potamophila parviflora* B. Br. (1810) *Oryza perrieri* Camus=*Leersia perrieri* (Camus) Launert (1965) *Oryza prehensilis* Steud.=*Potamophila prehpnsils* Benth.(1881) *Oryza prehensilis* Baill.=*Maltebrumia* Nees *Oryza rubra* Hort. =*Panicum* colonum L. =*Echinochloa colona*(L.) Link Chatterjee 1948, Michael 1983 *Oryza subulata* Nees=*Rhynchoryza subulata* (Nees) Baill.(1892) *Oryza tisseranti* A. Chev.=*Leersia tisseranti* (Chev.) Launert (1965)

表2-3　与亚洲栽培稻杂交成功的野生稻种（陈成斌，2005）

野生稻种名	基因组	结果
普通野生稻 *O. rufipogon* Griff.	AA	品种、不育系、恢复系中间材料
尼瓦拉野生稻 *O. nivara* Sharma et Shastry	AA	抗病品种
长花药野生稻 *O. longistaminata* A. Chev. et Roehr.	AA	抗病材料
药用野生稻 *O.officinalis* Wall et Watt	CC	抗病虫材料

续表

野生稻种名	基因组	结果
斑点野生稻 *O.punctata* Kotschy et Steud	BB	抗病材料
阔叶野生稻 *O.latifolia* Desv.	CCDD	抗病虫材料
高秆野生稻 *O.alta* Swallen	CCDD	后代材料
澳洲野生稻 *O.australiensis* Dam	EE	后代材料
颗粒野生稻 *O.granulata* Nees et Arn.	GG	回交世代
小粒野生稻 *O.minuta* J. S. Presl et C.B.Presl	BBCC	回交世代
密穗野生稻 *O.coarctata* Roxb.（注：已划入其他属）	$2n=48$	回交世代

（二）野生稻收集保存多样性状况

长期以来，国际上许多科学家十分重视野生稻种质资源的收集与保存，美国、俄罗斯、日本等是世界上较早开始在全球收集作物种质资源的国家，他们国家种质库保存的国外作物种质资源远远超过本国资源，因此，长期以来他们都占据世界植物物种资源保存与利用的领先地位。新中国成立后，政府开始重视作物种质资源的收集与保存工作，特别是改革开放以来，国家加大作物种质资源收集保存研究力度，迅速赶超发达国家。目前，世界上收集异位保存有野生稻种质资源 2 万余份，我国是保存数量最多的国家。其中，我国收集的普通野生稻种质资源数量最多，其次是国际水稻研究所。收集保存野生稻种质资源异位保存的国家及国际机构名单及数量见表 2–4。

表 2–4　国家和国际机构种质库保存野生稻种质资源数

国家 / 国际组织	保存数量（份）	国家 / 国际组织	保存数量（份）
中国	5 599	国际水稻研究所（IRRI）	4 447
日本	2 263	西非水稻发展协会（WARDA）	956
印度（CRRI）	1 591	国际热带农业研究所（IITA）	142
泰国（RRC）	733	国际家畜研究所（II）	8

续表

国家 / 国际组织	保存数量（份）	国家 / 国际组织	保存数量（份）
韩国（RDA）	236	越南（CLRRI）	160
老挝（NAFRI）	160	孟加拉国（BRRI）	71
印度尼西亚（IABGRRI）	86	巴西（CENARGEN）	29

在野生稻种质资源中，植物学性状差异很大，多样性十分丰富。其中有些稻种（药用野生稻）植株高达 6.1 m，穗大粒多，穗长达 54 cm，穗粒数达 1 181 粒；也在些稻种（疣粒野生稻）株高仅有 30 多厘米，每穗仅有 6～8 粒。因此，它们之间的植物学性状遗传差异很大，多样性复杂且丰富。陈成斌根据多年的野生稻鉴定评价以及野外生态调查结果，把普通野生稻种分为 3 个生态群 10 个形态类型，见图 2–1。

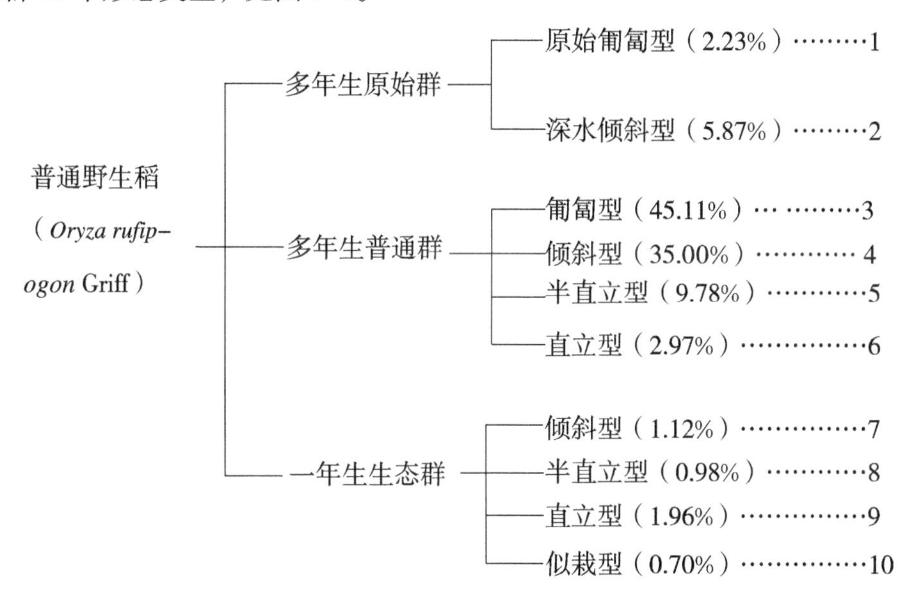

图 2–1　普通野生稻遗传多样性分类示意图（陈成斌，2001）

注：括弧内的数据是参试材料 4 000 余份的比例数。

（三）野生稻生态多样性研究

普通野生稻在广西的生态系统分布具有丰富的多样性。陈成斌（2001、2002）调查发现，普通野生稻适应在多种生态条件下生长发育，见图 2–2。

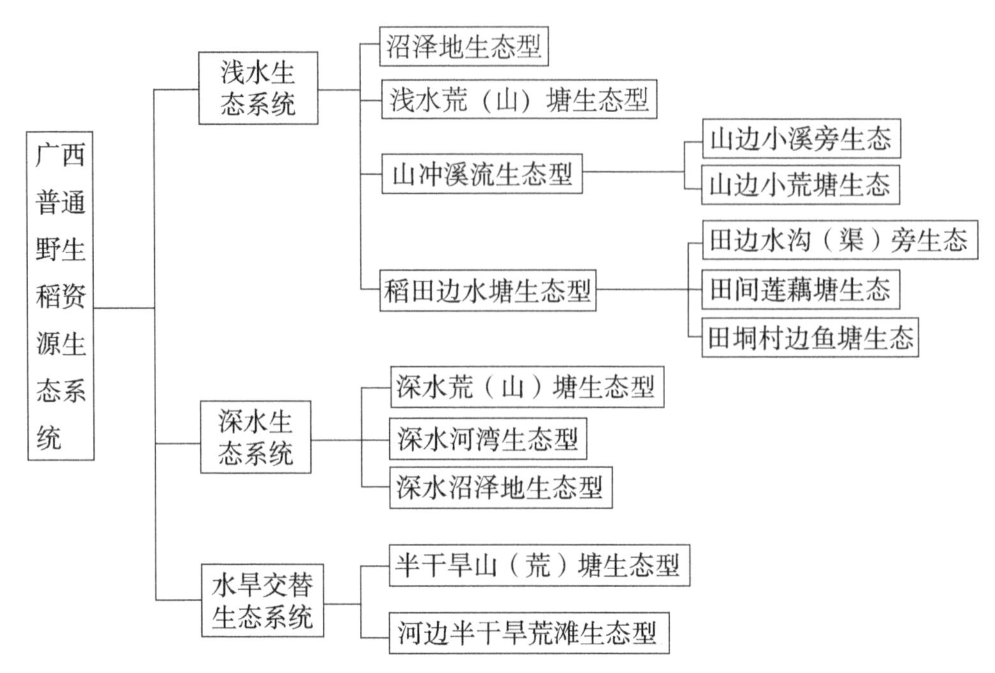

图 2-2　广西普通野生稻生态多样性示意图（陈成斌 2001、2002）

陈成斌（2001、2002）认为普通野生稻种质资源生长的生态环境十分复杂，主要原因是其分布地域范围很广，在100°40′～121°15′E，18°09′～28°14′N之间，垂直分布在海拔2.5～760 m的范围，多数分布在130 m以下，其生存发展的环境已经涵盖了栽培稻的生态环境。游修龄（1987）对古籍中有关野生稻的记载进行统计，共有16处记载野生稻情况和分布地点，最早的记录是黄龙三年（231），最晚一次在明代万历四十一年（1613）。自长江上游的四川渠州，经中游的襄阳、江陵至下游太湖地区的浙北、苏南等地，然后北上经过扬州、徐州、宿州等苏中、苏北、淮北地区，再向东北至渤海沿岸的鲁城（今沧州）的一条弧线地带均有野生稻分布。按此线的野生稻分布北限西边为30° N、东边为38° 03′N，也就是说古代中国普通野生稻在18° 09′～38° 09′N，107° ～122° E的范围内有分布。黄璜等（1998）查阅了中国2 000多年以来的古籍，比较了公元前后至今中国野生稻分布、栽培稻种植覆盖面积。结果发现，古代野生稻东西跨15°，南北跨20°，即西起四川渠州一带107°E，东至浙江东部沿海一带122° E，最南为海南省三亚市18° 09′ N，最北至今河北沧州一带39° 38′ N。现代野生稻分布最北的地点只到28° 14′ N，比古代向南退去了约10°；东西跨度延长了，西起云南盈江97° 56′E，东至台湾地区桃源县121° 15′E，比古籍记载的跨度向西宽了约10° 。古代栽培稻分布南界应在今海南省三亚市羊栏一带约18° 15′ N，北界应在今陕西关中平原一带约40° N；西起云南思茅一带约101° E，东至浙江沿海一带约122°E。按现代行政区分布，古水稻除东北三省、内蒙古、北京、天津、新疆、青海、西藏及甘肃的武威、金昌、酒泉、玉门以外的区域，面积达到了4 081 860 km^2，与现代栽培稻分布面积比相差4 518 140 km^2。现代水稻栽培面积几乎覆盖全中国，南起海南省三亚市和西沙群岛18° 09′ N，北至黑龙江省漠河53° 29′ N，东起台湾地区东部，西至新疆西部（庞汉华等，2002）。

（四）野生稻遗传多样性研究

潘大建、梁能等（1998）报道了广东普通野生稻遗传多样性研究结果，按国家野生稻鉴定行业标准，对2 232份野生稻进行田间农艺性状多样性研究，其中质量性状共28项，每项分3～12级，进行观察记载；然后，再统计各个性状每一级别样本出现频率。各质量性状的频率为35.99%～94.65%，其中频率达50%以上的性状有22个，如生长习性以4级（匍匐）的频率最大，为54.77%；3级（倾斜）为29.99%；2级（半直立）为10.3%；1级（直立）为5.11%。他们认为普通野生稻的质量性状由不同级别及各级别出现的频率，组成了各居群的遗传多样性。

他们还分析了 21 个性状的平均值、变幅、标准差及变异系数，阐述其性状遗传多样性；统计了 20 个数量性状的变异系数，结果发现在 6.13% ～ 39.71% 之间，平均值为 17.6%。其中米粒长的变异程度最小，变异系数仅为 6.13%；小穗育性变异程度最大，为 39.71%。变异系数大于平均值的有 8 个性状，占观察数量性状的 40%，见表 2–5。

表2-5　广东普通野生稻数量性状的样本统计参数（潘大建、梁能等，1998）

性状	变幅	平均值（$\bar{x}$）	标准差（s）	变异系数（%）
茎秆长（cm）	34.0 ～ 187.7	103.40	18.51	17.89
最上节间长（cm）	5.4 ～ 85.0	41.39	8.12	19.62
剑叶长（cm）	8.0 ～ 48.5	22.70	5.69	25.07
剑叶宽（mm）	4.9 ～ 19.6	8.90	1.77	19.86
剑叶叶舌长（mm）	0.8 ～ 29.0	9.57	3.58	37.35
倒二叶叶舌长（mm）	4.0 ～ 55.4	21.76	6.74	30.99
花药长（mm）	1.8 ～ 6.9	4.59	0.78	17.05
穗长（cm）	8.6 ～ 42.8	21.00	3.79	17.31
芒长（mm）	0 ～ 13.3	65.90	15.28	23.18
小穗育性（%）	0 ～ 100	68.20	27.06	39.71
谷粒长（mm）	6.3 ～ 10.1	8.25	0.54	6.56
谷粒宽（mm）	1.6 ～ 3.4	2.32	0.21	9.07
谷粒长 / 宽（L/W）	2.5 ～ 5.3	2.58	0.40	11.31
百粒重（g）	1.3 ～ 3.0	1.71	0.23	13.63
米粒长（mm）	4.2 ～ 7.5	5.86	0.36	6.13
米粒宽（mm）	1.3 ～ 2.9	1.90	0.19	9.89
米粒长 / 宽（L/W）	1.9 ～ 4.5	3.11	0.36	11.41
移植至始穗天数（天）	108.0 ～ 244.0	162.90	15.11	9.28
蛋白质含量（%）	8.5 ～ 16.6	11.62	1.32	11.35
护颖长（mm）	1.5 ～ 6.6	2.65	0.41	15.40

潘大建、梁能等（1998）利用广东普通野生稻数量性状值在不同数值范围内样本出现频率结果来表明各性状间的差异。在 3 个范围值内对 17 个性状的样本出现频率进行分析，结果发现，除了花药长、谷粒长、米粒宽和百粒重 4 个性状外，其他性状在 $\bar{x} \pm s$ 的性状值范围内样本频率均在 68% ～ 75% 之间，呈现近正态分布，表明这些性状大部分样本间（约 70%）没有很显著的差异。从 $\leqslant \bar{x}-2s$ 和 $\geqslant \bar{x}+2s$ 两个数值的样本出现频率可看到，频率在 2.5% 左右的较平衡，近似正态分布。而频率在 3% 的一侧偏离正态分布，表明这些样本间的差异较显著，明显存在多样性，见表 2-6。

表 2-6　广东普通野生稻 17 个数量性状 3 个范围值样本频率（潘大建、梁能等，1998）

性状	样本数（份）	$\bar{x} \pm s$（%）	≤ $\bar{x}-2s$（%）	≥ $\bar{x}+2s$（%）
茎秆长	1 978	70.63	2.17	2.07
最上节间长	1 980	71.61	2.98	1.72
剑叶长	1 980	71.62	0.50	4.49
剑叶宽	1 980	73.64	0.35	4.44
剑叶叶舌长	1 979	73.88	0.20	3.59
倒二叶叶舌长	1 980	69.65	0.35	3.79
花药长	2 230	60.48	3.76	0.63
穗长	1 980	68.43	2.12	2.12
芒长	1 980	71.87	3.18	1.57
谷粒长	2 230	66.19	2.29	2.47
谷粒宽	2 230	68.92	1.21	3.95
谷粒长 / 宽	2 230	70.40	1.97	2.15
百粒重	2 095	66.68	0	2.29
米粒长	1 842	74.70	2.28	2.77
米粒宽	1 842	60.31	2.50	3.26
米粒长 / 宽	1 842	70.36	2.98	2.71
护颖长	1 979	70.95	0.71	3.28

潘大建、梁能等（1998）认真观察了在广州自然条件下种植的广东和海南普通野生稻的始穗期，发现最早和最迟的相差 4 个半月，大部分样本集中在 9 月 21 日至 10 月 10 日始穗，约占总数的 76.2%，其中 9 月 21 日前始穗的占 5.6%，10 月 10 日后始穗的占 18.2%。陈成斌（1999）观察并记载了广西普通野生稻和全国普通野生稻的始穗期，发现时间跨度很大，从 8 月 7 日至 12 月 25 日均有始穗，多数材料集中在 9 月 21 日至 10 月 10 日抽穗，与潘大建等的研究结果相同，见表 2-7。

表 2-7　普通野生稻始穗期的观察、统计结果（陈成斌，1999）

原产地	观察记载份数	最早始穗期	最迟始穗期	备注
云南	13	9 月 10 日	10 月 15 日	
广西	2 591	9 月 5 日	11 月 25 日	极少数不抽穗

续表

原产地	观察记载份数	最早始穗期	最迟始穗期	备注
海南	214	8月11日	12月25日	
广东	2 142	9月7日	11月28日	
湖南	317	9月2日	10月25日	
江西	201	8月7日	10月7日	
福建	92	9月24日	11月12日	
台湾	1	10月20日	—	
国外	47	8月19日	11月2日	长花药野生稻不抽穗
合计	5 618	8月7日	12月25日	少数材料不抽穗

从原产地来看，江西普通野生稻始穗期最早，海南的始穗期跨幅最长，表现出北部抽穗时间集中，南部抽穗时间分散的特点。长花药野生稻种在南宁自然种植不抽穗。在广西的野外调查中常见到在来年2月还有抽穗开花的匍匐型材料，也发现极少数材料不抽穗，完全靠无性生殖繁衍后代。在各居群内，始穗期的多样性表现也不同，有的居群多样性表现复杂，有的相对一致。陈成斌对广西普通野生稻不同居群内材料始穗期观察记录的结果见表2-8。

表2-8 广西普通野生稻不同居群始穗期的多样性表现（陈成斌，1999）

原产地	观察份数	早季始穗		晚季始穗	始穗期多样性
		份数	占比（%）		
桂林雁山	17	1	5.88	9月27日～10月12日	多样性低
临桂会仙	22	5	22.73	9月29日～10月19日	多样性高
永福罗锦	22	2	9.09	9月25日～10月22日	多样性低
象州寺村	22	13	59.09	9月24日～10月6日	多样性高
来宾青岭	18	11	61.11	9月26日～10月10日	多样性高
贵港马柳塘	37	19	51.35	9月19日～10月6日	多样性高
横县云表	6	5	83.33	9月20日～10月7日	多样性高
罗城龙岸	16	0	0	10月14日～10月20日	基本一致

续表

原产地	观察份数	早季始穗		晚季始穗	始穗期多样性
		份数	占比（%）		
来宾桥巩	5	0	0	10月1日～10月8日	基本一致
崇左江州	15	0	0	10月2日～10月7日	基本一致
玉林南江	9	0	0	10月1日～10月8日	基本一致
合浦公馆	9	0	0	10月8日～10月14日	基本一致

三、栽培稻种遗传多样性

栽培稻种遗传多样性，包含栽培稻种类的多样性、种内遗传多样性，以及基因组学多态性几个层面的遗传多样性。目前世界上仅有两个栽培稻种，因此在物种的层面种类不如野生稻种多。但是在亚洲栽培稻种内具有十分丰富的遗传多样性。

（一）栽培稻种群多样性

当前，世界上异位保存的栽培稻种质资源有20余万份（含重复），我国是栽培稻种质资源保存数量最多的国家之一，约有7万份。主要保存的国家及国际机构见表2-9。

表2-9　国家和国际机构种质库保存栽培稻种质资源数（农保选，2017）

国家/国际机构	保存品种数量（份）	国家/国际机构	保存品种数量（份）
国际水稻研究所（IRRI）	107 000	泰国（RRI）	24 000
中国（CAAS）	69 660	西非水稻发展协会（WARDA）	20 000
印度（NBPGR）	54 000	美国（NSGC）	17 000
日本（NIAR）	40 000	巴西（CENARGEN）	14 000
韩国（RDA）	27 000	老挝（NARC）	12 000

1. 稻作生态种群多样性研究

稻作生态多样性主要指栽培稻能适应世界各地的气候环境，并在不同生态环境中生存发展的稻种生态种群多样性，即能够适应各种不同生态环境的生态型稻种多样性。在世界上2个栽培稻种中，非洲栽培稻由于其栽培历史、传播及适应性等诸多原因，到目前为止，仅仅在西非极小的地区种植，人们对其选育种的工作也相对落后，因而其品种的遗传多样性比较简单。亚洲栽培稻种则是一个遍布世界各地的仅次于玉米栽培面积的多型性栽培作物，其生态种群多样性十分丰富。

根据我国稻作学泰斗丁颖先生的研究结果，认定栽培稻的粳籼亚种就是栽培稻在不同地理、气候环境下演变形成的生态型品种。他认为籼粳稻可认定为地理分布上受地势高低（海拔高度）或纬度高低的气候条件（主要是气温）影响形成的产物；连作稻的早晚季或单季稻的早晚熟种为季节分布上即受年中日照长短的气候条件影响形成的产物；水陆稻为土地分布上受田土的水分条件（水田或旱地）影响形成的产物；至于粘糯稻，是在栽培过程中由植物特性最明显的淀粉性变异选择栽培的类型，与其他植物特性如红白米、大小粒等种的变异没有特别大的差别，因而作为一个特性变异的例子提出。

程侃升等整理云南稻种发现，在云南双季稻区，年平均温在17℃以上，1月平均温15℃以上，10月平均温20℃以上。一般籼稻栽培地区年平均温17℃以上，粳稻栽培地区则为16℃以下；温度较低的如丽江、昭通地区，年平均温13℃以下，且云雾过多，因此产量减少。从地形高低的稻种垂直分布看，海拔1 750 m以下的为籼稻带，1 750～2 000 m的为籼稻和粳稻交错带，2 000 m以上的为粳稻带。但也有例外，如开远平地有些粳稻，而不尽是籼稻。所有籼稻在云南称为掉谷或白谷，脱粒较易；粳稻称为连枷谷、割把谷或冷水谷，脱粒较难。这个脱粒难易的区别与分布在长江、黄河流域各地的籼粳稻大致相同，但也有特殊的，如滇西德宏傣族景颇族自治州的籼稻就难脱粒。此外，西南高原粳稻的植株较高，叶也较长阔，与分布于太湖流域和黄河迄北的粳稻颇有不同，卜慕华（1945）和处维康（1956）特称其为高原粳。

据程侃升等的观察结果，籼粳交错带的品种类型复杂，有些品种很难从形态和石炭酸反应上加以识别，如凤仪的“叶里藏”和“临安早”及昆明的“大白掉”经石炭酸处理后根本不变色，但中间混有 10% ～ 28% 的变色种子，而巍山县的“红米旱谷”（籼型陆稻）则全不变色。有些虽称掉谷但实际上是连枷谷型，如昆明的“冷水掉”“胭脂掉”原属粳型，但是都易脱粒，且带有石炭酸染色的谷粒占 11% ～ 30%。从谷粒长短大小看，也不是没有交错的，如昭通“红壳”为粳型，但长幅比达 2.32 倍；凤仪的“红皮谷”也是粳型，但长幅比达 1.93 倍；曲靖“三百子”是粳中混籼，长幅比达 1.97 倍；其他长幅比小的籼稻也屡见。从壳色和播种期看，沾益“小青芒”、曲靖“麻线”、安宁“白麻早”等壳带紫麻斑色种和其他适宜于早播早植的，一般属籼型；粳型中虽然有麻壳的，但不论壳色如何，一般均属于中迟熟种，适宜于迟播迟植。

云南因地势高低起伏而气温差异极大，稻作生育在海拔 100 m 以下的热带性平地至 2 400 m 以上的温带性高原。稻种是热带的，但也是多型性的。由这些基本型的植物个体，随栽培高度的逐步上升而不断地发生环境适应性的分化变异，最终形成适宜生育于 16℃以下，海拔 1 750 ～ 2 000 m 的粳型稻种，且在 1 750 ～ 2 000 m 地带形成各种各样的籼粳交错的过渡类型。由低纬的热带及其附近的地势高低所演变生成的粳稻，再经人为的传播和选择以获得适于高纬地带的粳稻，这是完全可以想象的。作者根据这些品种类型的地理分布和有关理论，确认粳稻为由栽培稻基本型的籼稻所分化形成的一个气候生态型。根据籼粳两型彼此不同的分布地带、植物性状、栽培条件，以及我国劳动人民于公元前已在黄河流域显著地创造出粳型稻种栽培的农业文化成果，丁颖（1949）确认我国稻作发展过程中的两大品系类型，特定名为籼亚种（*O. sativa* L. subsp. *hsien* Ting）和粳亚种（*O. sativa* L. subsp. *keng* Ting）。丁颖（1959）根据中山大学农学院稻作试验场、华南农业科学研究所和华南农学院所收集试种的全国籼粳稻、早晚稻等 7 000 多个品种的调查记录，把栽培稻亚种以下所有栽培品种间的特征特性进行区别，共划为五级栽培品种分类标准，提出中国栽培稻种分类方式，见表 2-10。

表2-10　中国栽培稻种分类方式

亚种	（Ⅰ）籼稻（*O. sativa* L. subsp. *hsien* Ting）		（Ⅱ）粳稻（*O. sativa* L. subsp. *keng* Ting）	
群	（1）晚季稻	（2）早、中季稻	（1）晚季稻	（2）早、中季稻
型	（i）水稻	（ii）陆稻	（i）水稻	（ii）陆稻
变种	（a）粘稻	（b）糯稻	（a）粘稻	（b）糯稻
品种	栽培品种		栽培品种	

2.“日印”型学说之错误

20世纪初中国在稻作现代研究中处于落后地位，以至出现了日本加藤茂包（1928）等一批学者仅从杂种结实性和品种间的血清反应来区别籼粳稻。他们把粳稻定名为日本型（*O. sativa* subsp. *japonica* Kato），籼稻定名为印度型（*O. sativa* subsp. *indica* Kato）。其后塞里姆（1930）就籼粳稻花粉母细胞作核仁个数的观察，滨田秀男（1935、1936）就芽鞘、中茎和第一叶作黑暗定温中的生长观察，也肯定了加藤茂包之说。但据寺尾博和水岛宇三郎（1939、1942）就“日印”两型杂种亲和性的观察结果，认为还有中间型存在，且杂种亲和性与加藤茂包的籼粳形态有区别，和滨田秀男的幼芽三器官的观察结果也不一致。寺尾博等根据他们的研究结果，推想稻种由南方原产地向四方传播时，因长期的自然和人为淘汰关系，在产生“日印”两型之前，可能产生其他类型。这些类型由于地理和人为的隔离继续存在，就可能使各地品种相互间的杂交亲和程度造成相当复杂的现象。随后，冈彦一关于“日印”两型的核仁数观察（1944）、关于谷粒对石炭酸的着色观察及幼苗对氯酸钾的抗毒性试验（1947），也认定“印”型的地理分化相当复杂。然而，加藤茂包等的错误在于似乎还未知所谓日本型是在公元前一二世纪来自中国，也未知道那时在中国早已划分稻种为粘与不粘两大类型。作者认定日本型根本不能包含所有的粳稻类型，如管相桓（1951）曾称为“中国型”粳稻、云南之高原粳、光稃粳及爪哇型粳等粳稻类型，是日本型无法包容的；而中国划分之粳籼稻亚种（粘与不粘两大类稻种）则完全涵盖所有粳稻品种。如同丁颖院士（1949）指出，所有上述籼粳的杂交亲和性强弱或性状异同等复杂问题，均可根据“气候生态型”理论，认为是随地理分布的不同环境条件影响到品种变异，而获得更为简明确切的理解，这也可以进一步认识亚洲栽培稻种的生态种群多样性。

俞履圻（1982）针对中国粳稻品种和爪哇型品种进行形态特征比较研究，发现部分学者把栽培稻种分成日本型、爪哇型和印度型的分类法存在许多错误。从株高进行比较：日本型矮，爪哇型高，中国粳稻品种有植株高的。从有效分蘖数进行比较：日本型分蘖多，爪哇型分蘖少，中国粳陆稻南方品种有不少分蘖少的。从植株颜色进行比较：日本型是深绿色的，爪哇型是浅绿色的，中国南方粳陆稻品种有不少浅绿色的。从穗长进行比较：日本型短，爪哇型长，中国粳稻品种有长穗型的。从小穗稃片进行比较：日本型多无芒，爪哇型多有芒，中国粳稻品种有有芒的。从谷粒形态进行比较：日本型是短粒的，爪哇型是大粒的，中国粳稻品种有大粒型的。因此，俞履圻认定爪哇型稻种有许多中国粳稻品种的特征特性，爪哇型是粳稻的一个类型。

3. 亚洲栽培稻生态种群的再认识

程侃升等（1983）在《亚洲栽培稻分类的再认识》一文中也认为爪哇型和光壳型都属于粳稻。程侃升（1984、1988）根据杂交亲和力的高低、形态特征、生态分布和栽培利用上的特点，提出亚洲栽培稻按物种—亚种—生态群—生态型—品种的五级分类体系进行分类，亚种一级只分为籼稻和粳稻，籼稻和粳稻各分 3 个生态群，见图 2–3。

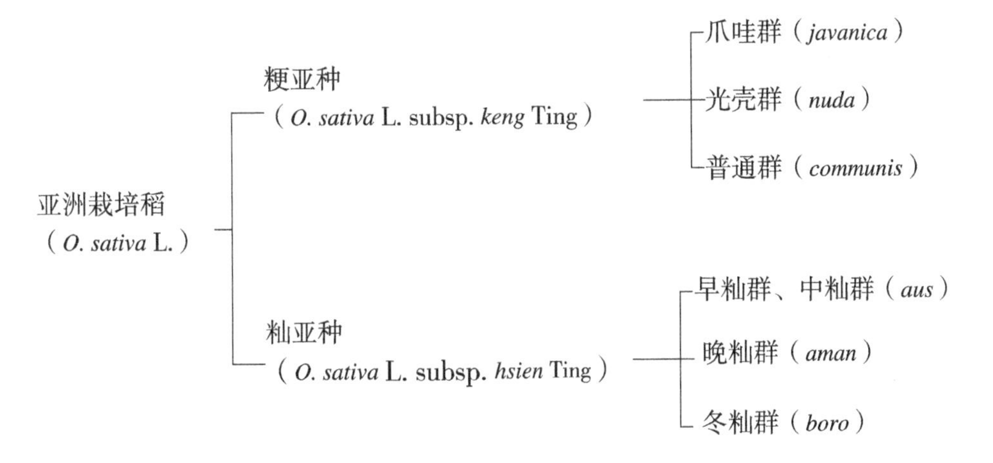

图 2–3　亚洲栽培稻亚种分类图（程侃升，1984）

作者认为，程侃升对亚洲栽培稻的多样性分类是目前世界上最成熟的亚洲栽培稻分类体系。他在亚种下对进化演变水平较低的爪哇稻和高原地带分布的光壳稻品种与进化水平较高的普通粳稻品种群分开，并列为粳亚种的三大生态群，在植物学形态特征特性、农业生产应用、地理分布等均得到较好的协调。在籼亚种下把早籼群和中籼群与晚籼群、冬籼群分开，在品种的感光性上是合理的，也有利于生产应用。程氏分类体系明显地继承了丁颖先生的籼粳两大亚种分类的优点，充实了丁氏分类体系；突出了植物学形态特征，生物学特性差异显著，生产上亚种间的地理生态分布规律有明显的特点；较好地消除"日印"型分类法不能全面包容稻种多样性的弊病，将日本型归在粳亚种的普通群中，印度型则归入籼亚种的早、晚籼群中。另外，程氏分类体系也很好地包含了盛永分类体系的优点，较充分地反映了亚种栽培稻种的遗传多样性，又修正了盛永将早籼群、中籼群和冬籼群与籼粳稻并列的缺点，提升了对育种与农学应用的指导价值。

（二）中国稻种多样性概述

中国是一个历史悠久的文明古国，举世闻名的四大发明就是中华民族为人类做出的典型贡献之一。中国祖先最早重视稻作等农耕生产，因而创造了辉煌的包括稻作在内的可持续发展的农耕文化。然而由于西方工业革命的兴起，使得中国这个古老的农业大国进入半殖民地半封建社会，稻作文化的发展也受到了限制。新中国的成立使中华民族得到了新生，稻作文化也得到了新生。

1. 稻种的古籍记载

在稻作泰斗丁颖院士的系统整理和深入研究中，我国古籍记载的稻种文化重现在世界科学界面前，让中国稻作文化研究结果再现新辉煌。

我国稻作见于距今五千年前的神农时代，最早记载于《管子》《新语》《淮南子》等古籍。《淮南子·修务训》说，神农相度土地干湿肥瘦高下，教人民播种五谷（黍、稷、稻、菽、麦）。这个开始就播种在低湿地方的，无疑是水稻。《淮南子·坠形训》记载："江水肥而宜稻。"《淮南子·说山训》明确记载："稻生于水，而不生于湍濑之流。"《史记·夏本纪》记载，禹（约公元前21世纪）疏九河，令伯益与庶民种稻，播植于低湿地方。公元前8世纪以前《诗经·白华》记载："滮池北流，浸彼稻田。"《周礼》特设"稻人"掌管低湿地方的稻作，并制定有相当完整的灌溉排水制度。最具体的是《战国策》中的记载，东周地方要种稻，但西周地方把水堵塞，不让水向东流灌下来。汉末，杨泉《物理论》记载，稻为灌溉作物品种的总名。左思《三都赋·魏都赋》记载，水植稌稻。而且在春秋战国时期，已有大规模的灌溉工程，如今安徽的芍陂、河南的邺渠、四川的都江堰、陕西的郑国渠等，在当时使水稻栽培得到很大的发展。相反，在公元前数百年间的古籍中记载陆稻的只有《管子·地员》的陵稻和《礼记·内则》的陆稻，且在"稻"字前加上一个"陵"字和"陆"字，这显然是后起名称，是由"稻"发展起来的。此外，在周代遗留下来的金文（稻女黑敦）上，还有左侧下方从水的稻字（容庚金文篇），象征稻是生于水中的植物。

水陆稻种在植物形态特征上的差异很小，而在植物生理上的差异则相当大。但从个体发育关系看，水稻与陆生作物不同的特点在于其在沼泽地中生长的器官（它与沼泽植物的野生稻相似）在陆稻方面还具备着，当把水陆稻种转换环境栽培时也同样具备这样的器官。例如，幼芽第一真叶的发育不完全，根、茎、叶枕、叶鞘、叶身和中肋的通气构造，水陆稻种是一样的；因水旱播植的环境条件不同，故水陆稻种的根毛或有或无，茎叶保护组织的发达程度或优或劣，这对水陆稻两类型的密切关系提供了重要的判定资料。丁颖院士总结的古籍记载有以下6个方面。

（1）稻稌同为稻之总名

据《说文解字》记载："稻，稌也。稌，稻也。""稬，沛国谓稻曰稬。""秔，稻属。粳俗秔。""稴，稻不粘者。禾冀，稻紫茎不粘者。""秏，稻属。"伊尹曰："饭之美者，南海之秏。"据郭璞注《尔雅》曰，稻稌"今沛国呼稌"。清段玉裁《说文解字注》曰："稌稬本一语，而稍分轻重耳。"氏并谓："襄公五年（公元前568年）会吴于善稻，《穀梁传》称吴谓稻缓，缓古读如暖，即沛国谓稻曰稬之理也。"由是可知稻稌同物，而沛国亦有称为稬者。考周秦古籍言稻者，每与稌互见，如《诗经·小雅·白华》有"滮池北流，浸彼稻田"，《诗经·小雅·甫田》有

“黍稷稻粱，农夫之庆”，《周颂·丰年》有“多黍多稌，亦有高廪，万亿及秭”，《鲁颂·閟宫》有“有黍有稷，有稻有秬”，《豳风·七月》有“十月获稻，为此春酒”，《唐风·鸨羽》有“不能艺稻粱，父母何尝”。此曰稌曰稻，同为大量生产民食攸赖之谷类作物之明征，故孔子亦有“食夫稻”之言。时代稍后者，如《尔雅》和《山海经》中，亦稻稌互见。《尔雅》释草为稻、稌。《周礼》有“稻人掌稼下地”，《职方》有“荆扬、青州宜稻”，《食医》有“牛宜稌”，互见亦同。由此可知，稻稌同为我国古代普遍栽培稻种之大名，而稬仅沛国方言之音变而义同者。其他之秔、穛、秄糞、秏等则稻之属也。考《职方》记荆扬、青州宜稻，周秦时期黄河流域之稻作已普遍至相当程度。

（2）古代糯稻初假秫名，晋后始指稬为糯

清程瑶田《九穀考》云：“诗《七月》，十月获稻，此春酒；《礼记·月令》，仲冬乃命大酋，秫稻必齐；《内则·杂记》并有稻醴；《左传》进稻醴粱米臭；《内经·黄帝问》为五穀汤液及胶醴，岐伯对曰，必以稻米，炊之稻薪，皆言酿稻为酒醴，是以稻为粘者之名，粘者以酿也。礼内则酉参酏用稻米，笾人职饵餈（糍）注亦为稻米皆取其粘耳。”由是可知，古代酿酒为餈（糍）之糯稻，仅以大量生产之常食稻米之粘者充之，或假稷秫以别之（《说文解字》：“秫，稷之粘者也。”），而尚无糯稻专名。据《氾胜之书》记载：“三月种秔稻，四月种秫稻。”魏张揖《广雅》曰：“秫，稬也。”晋崔豹《古今注》曰：“稻之粘者为秫。”《晋书·陶潜传》曰：“潜为彭泽令，在县公田悉令种秫穀，曰令吾常醉于酒足矣。妻子固请种秔，乃使一顷五十亩种秫，五十亩种秔。”由是可知，糯在汉魏逮晋之世，仍假粘稷之秫以名之，《广雅》之秫稬，当与《古今注》之稻义同，犹言秫稻也；或当时已将稻之最粘者别出为稬，亦未可知。然确指稬之为糯，实自晋代之吕忱《字林》始。据唐陆德明《经典译文》引《字林》：“稬作糯，粘稻也。”至宋《集韵》（丁度等，1067）亦援用糯字，唯至梁代，江东之糯稻仍少。据梁陶弘景《名医别录》记：“道家方药有稻米粳米俱用者，此则两物也。稻米白如霜，江东无此，故通呼粳为稻耳，粳米即今人常食之米，但白赤不大异族。”色白如霜之稻米，自非粳米，当为晋代之糯米；粳米为江东当时常食之白米，则常食之稻米不为糯而为粳，说者或以古代之稻当即为糯之并非事实，已无疑义。且当时江东植糯仍极少，则古代普遍栽培之稻必非糯种，亦自了然。要之，古代之稻为常食谷类之一，粘者虽用以酿酒为餈，但尚无糯之专名。至汉魏似酿用较广，栽培较多，因假稷秫之名以名之。晋代吕忱《字林》始专指稬为糯，此后逐援用之。

（3）古代之栽培稻种当以粳稻为代表

古代之稻糯混同，可推知当时之稻种为黏性强者。且《说文解字》云粳，稻属，而不言粘与不粘，对于稴禾羹则特谓稻之不粘者，亦可推知古代普遍栽培之常食稻种当为黏性较强之粳稻，即粳稻当为古代栽培稻种之代表。周礼食医牛宜稌，郑康成述郑司农注："稌，粳也。"杨泉《物理论》亦云："稻者粳之总名。"凡此尤足以证明之。至宋《集韵》稉始作粳。若就古代关于田间之栽培记录考之。如《汉书·东方朔传》曰："驰骛于禾稼稻秔之地。"《氾胜之书》曰："三月种秔稻，四月种秫稻。"晋左思《三都赋》曰："水澍稌稻，陆莳稷黍。"《蜀都赋》曰："黍稷油油，粳稻。"并前举《晋书·陶潜传》曰："五十亩种秫，五十亩种秔。"凡此稻秔或粳稻连称，或粳秫并举，而于稴稻绝不及之，可知古代普遍栽培之常食稻种，自舍粳稻莫属。再就日本古代之栽培稻种观之，据森木（1933）的研究结果，日本稻种于公元前1～2世纪首由亚洲大陆传至九州北部。其由公元前后之弥生式文化遗址中所发现烧米及谷迹，据安田贞雄（1927）的测定结果，其小粒长幅比为1.65，大者1.81。樋口清之（1935）就大和出土器六处谷痕测定长幅比平均为1.73，其粒形与现在在日本栽培之粳稻同。此亦古代亚洲大陆之中国栽培稻种之为粳稻之一证矣。

（4）古代之栽培稻为有芒之秔种

古代之栽培稻种当以粳为代表，更得由古籍关于芒之记载证之。《说文解字》曰："禾廣，芒粟。"段玉裁注："周礼稻人，泽草所生，种之芒种。"郑司农云："芒种，稻麦也；凡穀之芒，稻麦为大芒，粟次之于此。"郭璞注《山海经·南山经》曰："稌稻，禾廣也。"唐颜师古《汉书注·东方朔传》注云："稻，有芒之谷总称也。"是知古代之稌稻殆均为有芒种，而至今之粳稻同。据《宋史·食货志》曰："大中祥符四年（公元1011），帝以江淮两浙稍旱，即水田不登，遣使就福建取占城稻三万斛，分

给三路为种，择民田高仰者莳之。”稻比中国者穗长而无芒，种差小，不择地而生。罗愿《尔雅翼》亦云：“今之粳则有芒，至糯则无。”是则粳至唐宋时期仍为有芒种，不特与外来之占城稻别，且与无芒之秫糯亦别；而古代稻稌为粳种，及粳稻为古代栽培稻代表种，益信然矣。明黄省曾《理生玉境稻品》亦云：“糯无芒，粳有芒，粳之小者谓之籼，籼之熟也早，故曰早稻；粳之熟也晚，故曰晚稻。京口大稻谓之粳，小稻谓之籼。”六十日籼、八十日籼、百日籼及占城稻之在闽者，均曰无芒，而于粳中师姑秔一种，特引湖州录“言其无芒”，可知降至明代，无芒之粳仍属罕见也。

（5）古代籼稻普遍栽培之记载自魏晋始

《说文解字》曰:“稴，稻不粘者。”段玉裁注：“今俗谓不粘者为籼米。”《说文解字·玉篇》（梁顾野王，543）皆有稴无籼，盖籼即稴字，音变而字异耳；魏张揖《广雅》曰：“秈，粳也，浑言不别也。”据此可知，籼稻虽见于2世纪初期，而其繁衍则自魏始。清王念孙《广雅疏证》，众经音义引声类云：“江南呼秔为籼，今江北呼籼稻声如宣；案秈之为言宣也散也，不相粘着之词也；秈从禾，山声，山宣散三字古声义相近；《说文解字》之禾糞，稻紫茎不粘者，亦秈之类也。”是后宋之《集韵》（丁度等，1067）及《类篇》（司马光等，1067），皆云江南称粳为秈亦作籼。据此则魏晋后，江南之籼且奄有粳名，而别成为江南栽培稻种之代表矣。然晋郭义恭《广志》所言稻类有虎掌稻、紫芒稻、赤芒稻、白米；南方有蝉鸣稻、盖下白稻、青芋稻、累子稻、白汉稻，均六七月前熟；青芋稻以下三稻大且长，米半寸，出益州；粳有乌粳、黑秔、青幽、白夏之名。按郭氏既云南方有蝉鸣稻等，则虎掌稻等有芒者自不属于南方；且谓粳有乌粳、黑秔等，则晋时之粳自与籼种区别；唯江南籼多，故以籼概粳，所谓浑言不别，即此义也。

（6）古代之稻种类别

我国古代之稻种大别，首为粳籼，次为粘糯，糯即汉晋时期之秫也。兹所谓粘为对糯而言；在汉晋时期，以秫别粳籼，晋后以糯别粳籼。宋后则统称粳籼为粘，以与糯别。李时珍《本草纲目》曰：“籼亦粳属之先熟而鲜明者，故谓之籼；种自占城国，故谓之占，俗作粘。”考籼稻非自宋代之占城稻始，而自魏以后，且多以籼概粳；明后之直省方志则或总称粳籼为粘，或单呼籼为粘，以别于糯者，殊为普遍。如江西之新建泸江、宜春，湖北之蕲水、德安，广东之番禺、从化、增城，均分稻为粘糯两大类是也（《授时通考》，谷种）。日本之作物学者，不问其为日本稻或中国台湾稻、南洋稻、印度稻，对非糯统名为粳，则以粳概籼者。若糯种之粳籼区别，则始见于黄省曾《理生玉境稻品》；其言糯种者十三，其中早熟种二，晚熟种十一；早熟种之一有名籼糯者，谓"其粒最长，四月而种，七月而熟"云云。至古代粳籼粘糯分类之标准，由于黏性之强弱，除如前述外，罗愿《尔雅翼》尤确乎言之。据云："糯、粘稻也；秔、稻不粘者；籼，比于粳小而尤不粘，其种甚早，今人号籼为早稻，粳为晚稻。"段玉裁《说文解字注》亦云："稻有至粘者，糯是也；有次粘者，粳是也；有不粘者，稴（籼）是也；粳比于糯为不粘，比于稴则尚为粘，粳与稴为饭，糯以酿酒为饵餈。"此外指为粳籼粘糯分类特征之一及品种类别之标准者，则如前述，如芒之有无（《说文解字》《宋史・食货志》《尔雅翼》等），茎色之青紫，品质之美恶，穗之短长（《宋史・食货志》），成熟之迟早，及谷粒之大小（《广志》《宋史・食货志》《理生玉境稻品》等）是也。据晋左思《三都赋・吴都赋》云"国税再熟之稻"，此则不仅成熟有迟早，且有早晚分造种，已于3世纪之晋代见之，此后宋代马益亦有"两熟潮田天下无"之言。

此外，古代之稻种分类，一为水陆稻，二为咸水稻。《史记・夏本纪》之禹令益予众庶稻，可种卑湿；《诗经》之滮池北流，浸彼稻田；《周礼》之稻人掌稼下地；《淮南子・说山训》之稻生于水，而不生于湍濑之流；杨泉《物理论》之稻溉种之总名，均水稻也。《管子・地员篇》："五臭之土，坚而不胳，其种陵稻。"《礼记・内则》："熬煎，加于陆稻之上。"贾思勰《齐民要术》之旱稻耕作法，均陆稻也。《管子・地员篇》谓"五桀之土，甚咸以苦，其种白稻长狭"，意当时之咸水稻应属籼种而与普通之粳稻不同。三为汉魏后之香米。张衡《南都赋》曰："皋香秔。"魏文帝与朝臣书："江表惟长沙名有好米，何得比新成粳稻耶，上风炊之，五里闻香。"此或为粳米比籼特香，或别为香粳品种；然如宋苏颂《本草图经》："香粳长白如玉，可充御贡。"《理生玉境稻品》之香秔或香禾晶，所谓以三五十

粒入他米数升炊之，芬芳香美，则直与普通粳稻异矣。四为晋代之芒色紫赤分，米粒之赤白分，稻色之乌黑青白分（郭义恭《广志》），及梁时之米粒白赤小大分（陶弘景《名医别录》）。五为明代黄省曾《理生玉境稻品》之粳籼糯、早晚熟、茎高矮、秆硬软、芒有无，以及芒色、稃色、米色、粒形、粒大、米质硬软、香气多少、酿酒适否，习性之耐水、耐旱、耐寒等，其分类尤详。宋应星《天工开物》云："凡稻谷有长芒短芒，长粒、尖粒，圆顶、扁面不一，其中米色有雪白、牙黄、火赤、半紫、杂黑不一；此则特详于谷形及米色者。要之，我国稻种繁衍，由来已久，种性鉴别，亦渐次详密，其足资稻种之研究者，自不少也。"

总而言之，就周秦两汉1300年之典籍探讨之，稻为当时黄河一带普遍栽培之常食作物，其代表品种为黏性较强而有芒之粳稻，直至16世纪中期粳稻之无芒者仍绝少。最粘之糯稻初与粳稻混同，至公元前始有假稷秫以名之记载，3世纪中期以后，始有糯之专名。不粘之籼虽见于2世纪初期之《说文解字》，而栽培之盛见于记载者，则自3世纪中期之江南地带始，其时或粳籼浑言不别，或以籼概粳。至11世纪初占城稻入苏浙江淮以后，无芒小粒及早熟之籼稻品类愈多，种性鉴别之标准亦渐详。至十五六世纪后，籼之栽培愈多，形成江淮以南之代表品种，且总括粳籼而有粘之名，以与糯别。凡此典籍的记载探究，他日必得从考古学或古生物学以实验证明之。

2. 中国稻种多样性的古物证据

中国自晚清至民国时期，由于国力的弱势，日本之侵略，致使百业待兴，在考古等学科研究方面也处于落后的状况，虽然在北京周口店发现北京人化石、在柳州白莲洞发现柳江人等考古新发现，但是在稻谷古物的发现上没有足够的证据。丁颖教授全面整理新中国成立初期以前的稻作遗物考古发现新成果，用以佐证中国稻作文化历史记载之真实性。

中国稻米始见于仰韶遗址（Edman et al.，1929），"稻"字始见于殷墟书契（唐兰教授之殷墟文字记），栽培稻之记载，则散见于周秦以来之古籍；而类聚群分，使品系里然可资探索，则自公元2世纪初之许慎《说文解字》始。根据《说文解字》，旁参典要，并以现代植物分布之类型，则中国古代之栽培稻种，自当以黏性较强之粳稻为代表。兹就古籍中关于稻之名实及品种栽培过程分别论列之。

丁颖教授（1959）报道了江汉平原新石器时代红烧土中的稻谷壳考察结果，中国科学院考古研究所长江流域考古队自1955年起，在武昌西150 km的京山县屈家岭发掘出新石器时代的红烧土中的稻谷壳很多。其后又在天门县石家河（武昌西110 km）和武昌洪山放鹰台等新石器时代遗址中续有发现。同时出土的石刀、石斧和陶器等很多。这三个地方都在广阔的江汉平原范围内，地势高出海平面50～100 m，适于农耕活动。考古队综合其他出土遗物认为，这一遗址应属于新石器时代末期原始父系氏族社会时代，约比黄河流域的仰韶文化和龙山文化晚，距今尚不及4 000年。据考古队的意见，这个红烧土是新石器时代末期建筑物的主要材料，即将谷壳和草类羼入泥中，建成房子后，为了更加牢固，特加火烧成红色坚硬的土块，因而形成红烧土。对其中较为完整的10个谷壳标本进行测定，最长的7.5 mm，最短的6.8 mm，平均6.97 mm；粒幅最大的3.8 mm，最小的3 mm，平均3.47 mm；长幅比最大的2.33倍，最小的1.84倍，平均2.01倍，见表2–11。

表2–11 红烧土中的谷壳粒形测定（丁颖，1959）

标本	1	2	3	4	5	6	7	8	9	10	平均值
长（mm）	7.00	7.00	7.50	7.00	7.00	6.80	7.00	6.80	6.80	6.80	6.97
幅（mm）	3.50	3.50	3.50	3.50	3.00	3.50	3.80	3.40	3.50	3.50	3.47
长幅比	2.00	2.00	2.14	2.00	2.33	1.94	1.84	2.00	1.94	1.94	2.01

一般籼粳稻的谷粒区别见表2–12。丁颖测定了长江流域和珠江流域的籼稻3 509个品种、粳稻114个品种，结果是籼稻谷粒长幅比为1.75～3.60，平均值为2.33；粳稻长幅比为1.60～2.55，平均值为1.95。

表 2-12 籼粳稻性状区别（丁颖，1959）

籼	粳
①谷粒多长歪椭圆形，稃面茸毛少而短，芒无或少而短。 ②糙米多长形，间有短圆粒则多白肚，粒中含糖少，味较淡，黏性弱。 ③叶多长大，绿色淡，茸毛多，中肋基部毛特密生。 ④茎多高大，穗梗短直，脱粒较易。	①谷粒多短圆形，腹背相称，稃端有长芒，稃面茸毛多而长。 ②糙米多短圆形，粒多玻璃色，含糖分较多，味较甘，黏性强。 ③叶多短小，绿色浓，茸毛少，近中肋处无毛。 ④茎多高大，穗梗短直，脱粒较易。

华东栽培稻 18 个品种的测定结果与上述红烧土中的粒形类似的很多，也有与汉墓出土的稻谷粒形类似的，可见距今 3 000 ～ 4 000 年前在江汉平原栽培的品种粒形与现今栽培的粳型品种最为相近。

因此，丁颖从谷壳的稃毛、粒形和标本测定结果认定，汉墓出土的谷粒当属粳稻品种而不可能属于籼稻品种，且为我国的粳稻品种。他查核了 1953 年洛阳汉墓出土的稻谷形状，比江汉平原出土的更长些。稃面方格条纹和稃毛与江汉平原出土的同样显著，这与日本中尾佐助的检查结果（称为无稃毛）不同（参阅《考古学报》1957 年第 4 期）。根据稃毛和粒形，他推断距今三四千年前，在这个大平原上已有不少的粳稻栽培，这可能与汉墓出土的谷粒和当时分布于黄河流域的粳稻类型有一定的关系，也使汉代典籍中称稻为“粳”的记载得到了一些具体证明，同时使古籍认定古代在黄河流域栽培的水稻品种当以粳为代表的论定（参阅《农业学报》1957 年第 8 期）得到了一些有关的事实根据。相信今后在长江和黄河流域可能发现更多这类出土遗物，这有助于我国古代农业文化和史前期文化发展的研究。

汤圣祥等（1993）在汇总中国粳稻起源的考古发现时指出，已知 4 个年代最古老的粳稻遗址为罗家角、河姆渡、仙蠡墩与草鞋山，距今 6 000 ～ 7 000 年。湖南彭头山遗址距今 7 800 ～ 8 200 年，炭化的稻谷壳印痕属于栽培稻还是野生稻已难以辨认。他列出中国出土的新石器时期粳稻遗址见表 2-13。

表2-13　出土的新石器时期粳稻遗址（汤圣祥等，1993）

出土地点	年代	备注	出土地点	年代	备注
长江下游			湖北天门石家河	约 4 000BP	粳稻谷壳痕迹
浙江桐乡罗家角	5 040±150BC	籼粳稻谷混合	湖北京山屈家岭	约 6 000BP	粳稻壳秆痕迹
浙江余姚河姆渡	6 950±130BP	籼粳稻谷混合	湖北郧县青龙泉	—	粳稻谷壳
浙江吴兴钱山漾	4 568±100BP	籼粳稻谷混合	湖北武昌洪山	约 4 000BP	粳稻谷壳
浙江余杭水田畈	约 4 000BP	籼粳稻谷混合	湖北武昌放鹰台	约 4 000BP	粳稻谷壳
上海青浦崧泽	3 395±45BC	籼粳稻谷混合	湖北随州冷皮垭	约 4 600BP	粳稻谷稻米
江苏吴县草鞋山	4 290±205BC	籼粳稻谷混合	湖北云梦好石桥	2 900～2 600BC	粳稻壳稻秆
江苏吴江龙南	5 360±120BP	粳谷	河南淅川黄楝树	2 900～2 600BC	粳稻壳
江苏无锡仙蠡墩	4 300～3 700BP	粳稻壳	长江上游		
江苏吴县摇城	约 4 500BP	籼粳稻米混合	云南元谋大墩子	1 470±55BC	粳稻谷、叶
江苏南京庙山	4 000～5 000BP	粳稻谷痕谷	云南耿马	约 3 200BP	光壳陆稻
江苏东海焦庄	约 4 500BP	粳稻谷	其他地区		
安徽含山仙踪	约 4 000BP	籼粳稻谷混合	广东曲江石峡	约 4 500BP	籼粳稻谷米混合
安徽肥东大陈墩	约 4 000BP	粳稻粒结块	台湾台北芝山岩	3 000～4 000BP	粳稻谷
长江中游			台湾台中营埔里	3 000～4 000BP	粳稻谷
江西湖口城墩板	约 5 000BP	粳稻谷壳痕迹	河南渑池仰韶	约 4 000BP	粳稻粒痕迹
江西湖口文昌濮	约 4 000BP	粳稻谷壳痕迹	山东栖霞杨家圈	约 5 000BP	粳稻壳痕迹

从表2–13看到，中国古代的稻种分布广泛，为了适应各地的生态环境，其多样性也十分丰富，为我们留下了极其珍贵的稻种基因资源财富。

（三）现代中国稻种的遗传多样性分类

中国栽培稻分类整理小组（1976）按丁颖院士的分类方法，将4 294个品种作为参试材料，包括中国各稻区的品种4 259个和日本品种35个。分类结果分为16个变种，533个类型，936个栽培型，见表2–14。

表2–14　中国栽培稻变种类型分类结果（中国栽培稻分类整理小组，1976）

变种序号	变种名称	品种数（个）	类型数（个）	栽培型数（个）
1	籼—晚—水—粘	1 240	100	217
2	籼—晚—水—糯	65	16	38
3	籼—晚—陆—粘	21	14	15
4	籼—晚—陆—糯	2	3	4
5	籼—早—水—粘	1 988	100	218
6	籼—早—水—糯	64	21	30
7	籼—早—陆—粘	129	31	47
8	籼—早—陆—糯	4	2	2
9	粳—晚—水—粘	132	30	64
10	粳—晚—水—糯	22	14	18
11	粳—晚—陆—粘	107	58	27
12	粳—晚—陆—糯	47	34	26
13	粳—早—水—粘	362	55	156
14	粳—早—水—糯	80	33	52
15	粳—早—陆—粘	30	21	21
16	粳—早—陆—糯	1	1	1

卢玉娥（1995）采用俞履圻提出的将栽培稻分为亚种（Subspecies）、变种（Varietas）、变型（Forma）的分类法，将广西7 938个品种分为籼稻、粳稻2个亚种，32个变种，261个变型。其中籼亚种有9个变种，72个变型；粳亚种有23个变种，189个变型。这一结果表明，粳稻比籼稻更具遗传多样性，也暗示着粳稻亚种的演化可能先于籼稻亚种。2012年，韩斌研究团队的稻种基因组测序探讨栽培稻起源问题的结论，也认为栽培稻可能起源于广西普通生稻，而首先演化出来的是粳稻，然后才有籼稻。然而，陈成斌（1994～1997）承担中国栽培稻起源演化研究项目的人工演化野生稻形成栽培稻任务，采用^{60}Co-r射线处理广西、云南的匍匐型、倾斜型普通野生稻的实验结果表明，M_1代出现匍匐、倾斜、半直立、直立型变异，M_2代选出原来匍匐或倾斜材料的直立型后代株系，M_4代是稳定遗传的栽培稻型品系，并发现栽培稻叶色浓绿的性状接近粳稻的株系，粳籼稻存在同期起源于普通野生稻的可能性。早季稻感温型变异单株在M_2代就出现，当年夏收后晒干、破休眠后马上催芽播种，在10月中旬又抽穗结实，来年两季均可抽穗结实。M_4代获得稳定的早季感温型和晚季感光型品系。实验证明早晚季稻也同期起源于普通野生稻，因而出现丰富的稻种遗传多样性。

四、中国稻种遗传多样性保存现况

中国先民十分重视稻种的保存和利用，因而保存有约占世界栽培稻种质资源数量一半以上的品种。到新中国成立时，全国保留有栽培稻品种超过4万个，然而在国家层面进行系统收集、长期安全保存仍是新中国成立以后的事情。早在抗日战争时期，我国就有一批稻作学家开始稻种资源的收集与研究，丁颖教授就是其中的杰出代表。早在1926年丁颖教授就开始华南野生稻的考察收集、利用研究工作，并利用野栽杂交后代，经过3年多的培育，育成了“中山1号”优良品种，使我国成为世界上最早利用野生稻杂交育种的国家。例如，地处广西柳州市的中央农试站成立（1938）后不久就开始栽培稻种质资源收集、

保存、评价、研究工作，曾收集到 3 000 多个水陆稻、早晚稻品种进行鉴定分类、育种、保存等研究工作。然而，由于日本帝国主义的侵略、破坏，到新中国成立时，仅保存下来 300 个品种。

（一）中国对稻种资源的收集与保存

中国对农作物种质资源的收集与安全保存十分重视，先后开展了三次全国性的作物种质资源征集活动，第一次作物品种资源征集在 1955 ～ 1958 年，由农业部领导，中国农业科学院组织实施；第二次征集在 1978 ～ 1980 年，1983 ～ 1985 年补充征集；第三次从 2015 年开始，覆盖全国 31 个省（自治区、直辖市）及新疆生产建设兵团 2 323 个农业县（市、区、旗），计划 2023 年完成。截至 2018 年底，国家作物种质库长期保存 220 余种作物 435 550 份种质资源，隶属于 877 个物种，保存总量位居世界第二。国家种质库保存的部分类别农作物种质和数量见表 2–15。

表 2–15　国家种质库保存的部分类别农作物种质和数量（方嘉禾，2003）

作物名称	种质数	其中		作物名称	种质数	其中	
		野生	外引			野生	外引
稻类	71 966	8 732	9 387	谷子	26 808	—	474
小麦	42 811	2 700	15 902	黍稷	7 960	—	172
大麦	19 601	3 351	6 369	大豆	31 206	6 172	1 946
玉米	16 901	—	1 989	棉花	6 756	—	2 350
高粱	16 874	8	4 142	橡胶	6 900	—	5 875
花生	6 015	103	1 935				

1. 第一次作物品种资源征集

中华人民共和国成立后，经过短暂的经济恢复时期，便开始农作物种质资源的收集和保存工作。农业部于 1955 年下达“关于全面开展大田作物地方品种整理征集和保存”指示，在全国范围内开展新中国成立后第一次作物品种征集工作，各省区地方党委、政府都十分重视，由各省区农业厅统一领导部署各省区的征集工作，各省区农业科学院（研究所）会同各专区（地区、州、旗、盟）具体负责，开展大规模的群众性品种征集和评选工作。经过4年（1955～1958年）的时间，取得史无前例的成就，全国共征集到50种大田作物的种质资源约20万份（品种），其中稻种资源约3.3万份。稻种资源征集成绩最显著的是广西，全区征集到地方品种8 343个，包括早稻2 200个、中稻2 524个、晚稻2 823个、粳稻796个。这是广西有史以来稻种资源征集面最广，参与人员数量最多，收集到品种数量最多的一次行动，也是全国征集稻种资源最多的省区（卢玉娥，1991）。

2. 第二次作物品种资源征集

全国第二次作物品种资源调查征集的时间为1978～1980年，1983～1985年补充征集。在与第一次征集相隔20年后，在原农业部的统一部署、领导下，各省（区、市）农业局具体领导各地的征集工作。中国农业科学院作物品种资源研究所组织各省（区、市）农业科学院的技术人员进行技术培训，开展对各作物品种的调查、征集、繁种、编目、入库工作，共征集到60余种作物品种约11万份，使国家作物品种资源存有量达到35万余份，成为世界上保存作物品种资源最多的国家之一，其中栽培稻品种资源约7万份，也是存量最多的国家种质之一。例如，广西在第二次作物品种资源征集中收集到栽培稻品种资源共4 574份，仍然居全国首位。到1990年，广西收集保存的栽培稻品种资源1.32万份（卢玉娥，1991）。自“十五”计划以来，广西不断扩大对外合作项目，多次派员开展国际合作，又陆续引进国内外稻种资源，至2014年稻种资源存量已超过2.2万份。

3. 第三次作物品种资源征集

在原农业部的统一领导与部署下，我国自2015年开始第三次全国作物品种资源调查征集工作。与前两次征集相比，这次普查、收集具有鲜明的时代特点：一是普查与系统调查同步进行，实物收集与信息采集同步进行，普查、收集与鉴定、入库同步进行；二是制定统一的普查与收集技术规程，广泛采用地理学、生态学、生物学、信息学等现代技术，科学普查、收集资源；三是国家、省、县三级农业农村部门，相关科研单位等明确分工，各负其责，

协同推进；四是范围更广，覆盖全国 31 个省（自治区、直辖市）及新疆生产建设兵团 2323 个农业县（市、区、旗），并对其中种质资源丰富的 679 个农业县（市、区、旗）进行系统调查与抢救性收集。

至 2021 年初，已完成 1616 个县的普查与征集、291 个县的重点调查与抢救性收集工作，新收集资源 9.2 万份。

（二）国家作物种质库的建立

一些发达国家早在 20 世纪 30 年代就开始在全球收集作物种质资源，其中苏联的瓦维洛夫就到过许多国家，收集到 20 多万份种质资源，日本在 20 世纪 30 年代就开始收集、保存和利用野生稻种质资源。我国的种质资源收集、保存工作起步与世界基本同步，但是由于整个 20 世纪的前期国内都处在战争之中，使得原收集到的种质资源遭到破坏或丢失，如广西在 1935 年中央农试场成立时就在全区 99 个县征集稻农家品种 3 000 多份，但是随着时间的推移，到新中国成立时保留下来的仅 300 份，仅剩 1/10。可见战争给中国带来的损失十分惨重。新中国成立后，中央十分重视作物种质资源的收集和保存工作，1955 年就开始全国性的作物品种资源征集工作，并取得了显著成就。但是由于多种原因，建立国家作物种质库的工作仍落后于发达国家。1978 年前，我国的作物种质资源没有统一的国家机构集中保存管理，基本上是各单位分散保存各自收集的作物种质资源和育种材料，保存方法原始、落后，有效安全保存年限短。1978 年后在国家的支持下，通过各种渠道筹集资金，逐步建立起具有现代保存条件的种质库（圃）。1978 年，中国农业科学院成立的作物品种资源研究所，是唯一一个国家级专门从事作物种质资源收集、保存、鉴定、评价和利用的综合性研究机构。它的成立开创了国家作物种质资源研究的新时代。

1. 国家作物种质资源中期库

国家作物种质资源中期库是在原国家长期库的基础上重建而成的。1999 年农业部批准拆除原国家长期库，改建为国家农作物种质保存中心，承担粮食作物中期库任务，主要进行国内作物种质资源的交换和利用。国家作物种质资源中期库保存的种质类别与份数见表 2–16。

表 2–16　国家作物种质资源中期库保存的种质类别与份数（方嘉禾，2003）

作物名称	保存份数	作物名称	保存份数	作物名称	保存份数
稻类	39 200	大麦	13 300	小麦	35 100
荞麦	447	玉米	5 700	高粱	5 500
谷子	7 379	大豆	25 240	食用豆	14 830
考察材料	21 000	优良种质	20 300	实验材料	4 600
特殊遗传材料	2 750				

2. 国家作物种质资源长期库

国家作物种质资源长期库是经过较长时间酝酿规划后才落实建设的。1974 年春季，农林部主持召开了全国农作物种质资源工作会议，建议在北京、西北、华中、华南等地建设低温种质库，对我国丰富的作物种质资源进行妥善保存。1974 年 7 月和 11 月，中国农林科学院两次向农林部上报了“关于低温种子库基建设计任务书”的报告和补充报告。后由于多种原因，种质库到 1978 年 12 月才动工兴建，1980 年土建结束，1984 年全部竣工，1985 年正式投入使用，被称为国家种质 1 号库。该库总建筑面积 1 100 m^2，冷库 2 间，室温控制为 –10℃和 0℃，面积分别为 111 m^2 和 214 m^2，库内相对湿度不控制，库容量为 20 余万份。然而，1984 年全国开展了野生稻、野生大豆等 15 项考察，收集到各类作物种质资源 7 万余份，又从国外先后引进作物种质资源 8 万份（次），累计收集种质达到 42 万份（含重复），国家种质 1 号库已不能满足国家保存作物种质资源的需要。1999 年农业部批准将原库拆除，原址改建为国家农作物种质保存中心。

1984 ～ 1987 年，在国家科委、计委、农牧渔业部的支持下和美国洛氏基金会的资助下，投资 1 700 万元（其中洛氏基金 125 万元）另建国家作物种质资源长期库。早在 1972 年中美恢复外交关系时，美国洛氏基金会在中国寻求合作的愿望就得到中国农业科学院的响应。1980 年 1 月 19 ～ 23 日，中国农业科学院邀请美国洛氏基金会访问中国，并就中国农业发展和需求交换意见，经会晤讨论达成一致，认为建立一个全国性遗传资源保存库最为合适；同年 6 月，洛氏基金会再次派 6 人代表团对中国作物种质资源工作及贮存情况进行

了考察，再次同中方深入探讨建库事宜；至同年 12 月，洛氏基金会正式通知中国农业科学院，洛氏基金会理事会已经批准帮助中国建立农作物种质资源长期库。1982 年 2 月，洛氏基金会再次派员访问中国，商定捐资 100 万美元，后又追加 25 万美元帮助中国建设国家农作物种质资源长期库。中国政府配套投资 400 万元，启动国家作物种质资源长期库筹建工作。1982 年 11 月，双方工程技术人员对种质库的建筑方案包括初步设计和施工图的绘制等问题进行讨论。1983 年 5 月，双方批准了初步设计和工程预算。1984 年 6 月，中国工程设计人员赴美会同美方人员共同校对基因库图纸，完成了工程的全部设计。美国建筑师陈璋源担任种质库的设计，北京建筑设计院六室工程师马明益等 6 人翻译施工图纸。1984 年 8 月 15 日动工兴建，1985 年完成土建工程，1986 年 10 月竣工建成，同年 10 月 15 日举行落成典礼。时任全国人大常委会副委员长严济慈，农业部部长何康，洛式基金会主席莱曼博士、顾问格雷博士和国际植物遗传资源委员会官员陶嘉龄博士等出席庆典仪式，何康、莱曼、陶嘉龄代表各方致辞，严济慈与莱曼共同为种质库落成剪彩。该库 1987 年正式投入运转。

国家作物种质资源长期库是当时世界上库容量最大、现代化水平较高的种质库，总建筑面积 3 200 m^2，按使用功能分保存区、前处理加工区、实验研究区、信息办公服务区及其附属用房区。至 2006 年底，固定资产总额 3 700 万元，2 万元以上仪器设备合计 107 件。该库设计的库温为 −18 ± 2℃，相对湿度 50% ± 7%，温度可调范围 −18 ～ 0℃，缓冲间温度 0 ～ 10℃，种子存放采用密集型活动种子架，库容量 40 万份。

种质库于1984年5月17日收到第一批入库种子，为河南省农业科学院的973份高粱种子，经发芽检测、干燥包装处理后，临时存放于1号库。1990年冬季存放于1号库的种子全部搬至长期库。长期库第一个种质为“一壳双粒”，统一编号为“0000388”。1986～1995年是大规模抢救性入库阶段，10年间共完成入库保存312 487份，保存数量居世界各种质库之首。这得益于国家将农作物种质资源工作列为国家“七五”“八五”重点科技攻关项目，由中国农业科学院原作物品种资源研究所牵头，组织协调全国各方力量协作共同攻关。入库高峰期每天启动两条入库流水线，日入库种子处理量超过400份。

1996～2006年是入库量相对缓慢的阶段，至2006年底入库保存量达到160余种作物、隶属735个物种的种质352 549份，仅比1995年存量增加40 062份。国家种质库的长期保存量仅次于美国国家种质库（47万份），居世界存量第二位。国家种质库保存的种质80%是国内收集的，许多种质属于我国特有种质，其中地方品种占60%，珍稀名特和近缘野生植物约占10%，如野生稻5 648份、野生大豆6 644份、小麦近缘植物2 009份，还存有野生蔬菜、野生油菜、野生花生、野生烟草、野生棉、野生牧草等。

国家种质库的保存研究大致可以分为三个阶段（卢新雄等，2006）。

（1）入库前准备阶段（1978～1985）

该阶段主要工作是构建种子入库保存操作处理技术和管理贮藏标准，为种子入库保存做好技术准备。如确定了种子入库的主程序：种子接纳→种子熏蒸→编库号→种子发芽检测→种子干燥→含水量测定→种子包装→入库定位。经过研究，初步提出了国家种质库种子长期保存技术框架雏形。

（2）大规模种子入库阶段（1986～2000）

该阶段着重于种子发芽、干燥技术问题研究。进一步完善种子入库保存操作处理技术和管理贮藏标准，为大规模种子入库提供可靠技术保证。同时进行了超干燥贮藏和库存种子生命力跟踪监测研究，取得了显著成果。首先，建立和完善了种子干燥处理技术系统。在国内外首次研究确定了各类作物种子适宜的干燥温度和相对湿度。其次，首次提出并补充完善了60多种作物种子的适宜生命力测定技术方法，首创了利用超低温处理解决野生大豆等多种近缘野生种种子难发芽的破休眠快速检测生命力技术，开创了一系列切实可行的种子生命力测定技术方法。再次，进一步完善了种子入库程序和贮藏标准：种子接纳→查重（种子熏蒸）→种子发芽检测→编库号→种子干燥→含水量测定→种子包装→入库定位。提出并完善了库存种子生命力跟踪监测与预警技术标准体系。获得小麦、水稻、大豆、花生、棉花等25种作物超干贮藏实验结果。最后，建立了长期库与复份库紧密结合的国家作物种质资源长期安全保存技术体系。

（3）库存种质安全保存阶段（2001～2006）

由于大规模种子入库工作已经结束，种质库的工作重点转移到如何确保库

存种质的安全保存，同时开展无性繁殖作物种质离体保存技术研究，为离体种质库建立提供技术储备。该阶段取得库存种子生命力临界骤降年限过程，确定检测关键时间折点；获得主要作物（水稻、大豆、小麦）生命力丧失拐点水平及预警指标；制定了种质生命力监测数据分析、评价、预警软件技术规范；完善了库存种质遗传完整性分子检测技术；获得马铃薯、甘薯、香蕉、百合、山葵、李等作物超低温离体保存实验结果，创建超低温保存技术体系。至此，国家种质资源长期库完成了735个物种35.25万份的入库和安全保存的重大任务。

国家作物种质资源保存与利用依据《农作物种质资源管理方法》进行，国家种质资源长期库保存的种质资源是国家战略资源之一，原则上不对外供种，只有中期库贮藏种子已经绝种时才提供原种进行繁殖补充。国家种质长期库最早向外提供种质的时间为1998年3月，共提供燕麦种质12份。为了促进国家作物种质资源的利用，在国家科技基础平台建设期间，国家科技部进一步明确要求国家种质资源库（圃）加快作物种质资源的开发利用，自2004年平台项目试点开始，国家种质资源长期库加快了作物种质资源利用的步伐，2005年提供利用的种质达到28 204份（次）。

3. 国家作物种质资源长期复份库

为了保证国家种质资源的安全，提高种质资源长期保存的安全系数，国家作物种质资源长期库与青海省农林科学院合作，在“八五”期间（1991～1994）承担并完成了国家科技攻关项目“青海国家复份库的完善及30万复份转移”。项目投资160万元，于1992年完成了青海省西宁市国家作物种质资源长期复份库兴建完善任务。该库的库温为-10℃，不控湿度，库容量40万余份，1994年5月投入使用。至1995年底完成了30万份复份种质的安全转移，创建了长期库与复份库结合的农作物种质资源安全保存体系。2007年农业部出资对该库进行改扩建，建成后库容量达70万份，库温为-18℃。至今，国家作物种质资源长期保存任务由北京的国家长期库及其所属的青海国家复份库承担。

早在20世纪60年代末70年代初，种质资源界的科学家就开始考虑如何从改善保存作物种质的环境入手，来延长种子的生命力。1974年农林部率先在国内多处选点建造农作物品种资源保存库。当时农林部科教司的赵乃文、中国农业科学院（中国农科院）的许云田等同志先后赴青海勘察选点建库，最终确定在自然温度冷凉、空气干燥的西宁地区为中国农科院建造一座能较长时间保存作物品种的种子贮存库，1979年该库建成时称为西宁种质自然库。1986年国家种质资源长期库在北京建成后，为了完善国家种质资源保存体系，提升种质资源保存的安全系数，防御不可预料和难以抗拒的天灾人祸，如战争、地震、水灾、火灾等，各方认为有必要建设复份库进行异地保存。经专家考察和充分论证，最终在西宁种质库的基础上建设国家作物种质资源长期复份库，保存复份种质。1991年兴建青海国家作物种质资源长期复份库，1994年5月投入使用，总建设面积284.0 m^2，库容量可达40余万份。当时存入33万份复份种质，库温控制在-10℃。经过多年的运行，设备老化，功能欠佳，于2007年3月改建，2008年竣工使用，改建后总建设面积18 11.5 m^2，库容量达70万份。其复份存量（至2006年底）见表2-17。

表2-17　国家作物种质资源长期复份库保存种质资源数量表（马晓岗等，2006）

作物名称	保存份数	物种数	作物名称	保存份数	物种数
水稻	67 831	21	油菜	5 875	13
小麦	40 947	14	芝麻	4 462	1
小麦近缘种	—	120	蓖麻	1 887	1
大麦	18 132	1	花生	6 078	16
燕麦	3 205	3	红花	2 378	2
荞麦	2 582	3	苏子	471	1
玉米	16 939	1	向日葵	2 542	2
高粱	16 868	1	烟草	2 799	22
粟类	27 103	8	棉花	6 768	19
稷	7 965	1	西瓜	992	1
大豆	30 919	4	甜瓜	962	1
食用豆	24 830	16	绿肥	663	71
麻类	4 353	7	甜菜	1 243	1
牧草	3 295	387	其他	1 459	8
蔬菜	30 156	115			

青海国家作物种质资源长期复份库主要贮存国家种质长期库的复份种质。至 2008 年共接受国家长期库转来复份种质 6 批次，共 35 科 192 属 712 种的 356 900 份复份种质资源。

4. 地方作物种质资源种质库

广西壮族自治区农业科学院种质库（基因库）是我国最早建成并投入使用的地方农作物种质资源低温干燥保存种质库，它是时任自治区政府副主席黄祝光（后任中共广西壮族自治区顾问委员会副主任）访问日本时，看到日本采用低温冷库保存种子后，想到广西农科院保存有近万个品种的水稻资源，而特批拨款建立的。1980年建成，1981年开始分批进行水稻品种的田间更新繁种，1982年开始入库保存，至1984年底完成栽培稻种的更新繁种入库工作，从根本上解决了稻种资源安全保存难的问题。至1987年底完成了入库保存的广西稻种地方品种目录共两册8 970个品种的编写任务，上交中国农业科学院作物品种资源研究所，统一出版发行，为国家稻种资源安全保存和今后的研究与利用提供了完整的信息资料。

1985 年国家作物种质资源长期库建成后，广西按国家指令性计划繁殖种子送交国家种质库保存，同时复份保存在广西地方库。至 1990 年底，广西地方作物种质资源种质库保存的稻种资源达到 13 217 份；至 2016 年底，库存品种超过 22 000 份。广西种质库成为全国库保存稻种资源最多的地方种质库。

5. 专业作物种质资源中期库

国家为了加强作物种质资源专业化保存、鉴定与利用，自 1959 年始，建立了专一作物的种质资源保存库，至 2006 年共建立了 9 个专业种质资源中期库，分属中国农业科学院各作物研究所，见表 2-18。

表2-18　国家级专业作物种质资源中期库

序号	库名	建设时间	运行时间	至2006年底保存数（份）
1	国家水稻种质中期库（杭州）	1989～1990	1991	75 106
2	国家棉花种质中期库（安阳）	1959～1960；1979～1982；2000～2002	1960（老库）；1982；2002（新库）	8 868
3	国家油料作物种质中期库（武昌）	1999～2000	2002	28 218
4	国家麻类作物种质中期库（长沙）	1989～2001	2004	9 304
5	国家蔬菜种质中期库（北京）	1999～2000	2001	29 629
6	国家甜菜种质中期库（哈尔滨）	2000～2001	2002	1 500
7	国家烟草种质中期库（青岛）	1979～1980	1980	4 642
8	国家牧草种质中期库（呼和浩特）	1988～1989	1989	5 692（现6 466）
9	国家西瓜甜瓜种质中期库（郑州）	2000～2001	2001	2 372

从表2-18可见，水稻种质中期库保存的品种数量最多，至2006年12月底达到75 106个（份）品种。从资料看，国家牧草种质中期库保存的牧草遗传资源科、属、种的数量最丰富，共保存177科1 411属6 466种，其中国产野生牧草177科1 391属6 262种（亚种、变种和变型），引进国外（我国不产的）20属204种。

国家水稻种质中期库是1981年6月国务院批准建立的中国水稻研究所的重要组成部分，1989年开工兴建，建设面积2 658 m^2，造价1 519 192元，1990年12月25日竣工，1991年1月24日正式启用。至2006年底保存稻种种质75 106份，包括稻属23个种（2个栽培稻种，21个野生近缘种）和近缘属2个种（密穗野生稻和钻穗野生稻）。国家水稻种质中期库保存的种类与数量具体见表2-19。

表2-19　国家水稻种质中期库保存的种类与数量（魏兴华等，2006）

物种学名				保存份数			保存类型	种质类型
科	属	种	亚种	总计	已编目	待编目		
禾本科 *Gramineae*	稻属 *Oryza* L.	亚洲栽培稻	籼	23 007	21 065	1 942	种子	地方品种
				4 920	1 768	3 152	种子	选育品种
				284	252	32	种子	杂交水稻
				1 018	0	1 018	种子	遗传材料
				14 054	2 918	11 136	种子	外引品系
			粳	12 371	11 630	741	种子	地方品种
				4 487	1 124	3 363	种子	选育品种
				99	99	0	种子	杂交水稻
				7 660	0	7 660	种子	遗传材料
				7 205	2 376	4 829	种子	外引品系
		非洲栽培稻		47	0	47	种子	地方品种
		普通野生稻		1 256	824	432	种茎	野生种质
		尼瓦拉野生稻		60	56	4	种子	野生种质
		短叶舌野生稻		10	6	4	种茎	野生种质
		长花药野生稻		5	0	5	种茎	野生种质
		南方野生稻		6	6	0	种茎	野生种质
		展颖野生稻		8	4	4	种茎	野生种质
		斑点野生稻		9	9	0	种茎	野生种质
		小粒野生稻		5	3	2	种茎	野生种质
		药用野生稻		84	11	73	种茎	野生种质
		根茎野生稻		6	1	5	种茎	野生种质
		紧穗野生稻		10	4	6	种茎	野生种质
		阔叶野生稻		16	16	0	种茎	野生种质
		高秆野生稻		5	5	0	种茎	野生种质
		重颖野生稻		6	1	5	种茎	野生种质
		澳洲野生稻		15	15	0	种茎	野生种质
		颗粒野生稻		10	5	5	种茎	野生种质
		疣粒野生稻		521	517	4	种茎	野生种质
		长护颖野生稻		5	1	4	种茎	野生种质

续表

物种学名				保存份数			保存类型	种质类型
科	属	种	亚种	总计	已编目	待编目		
禾本科 *Gramineae*	稻属 *Oryza* L.	马来野生稻		6	2	4	种茎	野生种质
		短花药野生稻		5	5	0	种茎	野生种质
		极短粒野生稻		1	0	1	种茎	野生种质
	Porteresia	密穗野生稻		2	2	0	种茎	野生种质
	Rhynehoryza	钻穗野生稻		2	2	0	种茎	野生种质

国家水稻种质中期库保存种质的特点是种质资源种类和类型较全面，包含全球 21 个野生稻种、2 个栽培稻种，以及 75 个产稻国的栽培稻品种。国家水稻种质中期库除了负责种质的保存、更新繁殖的基本工作外，还承担国家科技部、自然科学基金委员会、农业部的各类研究项目，至 2006 年底共 150 多项。主要基础研究有 4 个方面：

①国外优异水稻种质的引进、评价和利用。至 2006 年底先后引进 28 770 份各国水稻种质，经全国 13 个实验点综合评价，直接命名推广的品种有 37 个，做恢复系配组了 28 个新组合，1 900 份高产、优质、多抗、耐逆、广亲和材料已被用作育种亲本，向全国各科研、育种单位发放种质 8 000 余份。直接种植面积累计约 1 650 万 hm^2，增产稻谷 842 万 t，效益显著。例如，巴西陆稻品种 1996 ～ 2006 年全国累计推广超过 20.7 万 hm^2。

②水稻核心种质构建。经 5 年研究，以 56 220 份中国栽培稻种质材料为基础，对 35 个形态 9 种等位酶和 20 个位点进行 SSR 分析，初步建立 4 355 份核心种质。

③遗传多样性与遗传结构研究。对 6 632 份中国栽培稻进行 12 个等位酶点的遗传多样性分析，结果表明，粳稻的遗传多样性低于籼稻；西南高原和华中稻区的栽培稻的遗传多样性高于华南和华北稻区；选育品种遗传多样性以华中稻区最高，东北稻区最低；栽培稻等位基因数和基因多样性指数分别为普通野生稻的 70.2% 和 88.2%，而选育品种等位基因数仅为地方品种的 81.1%。

④有利基因发掘与种质创新。在 5 599 份不同类型的稻种资源中筛选出 163 份广亲和种质，在亚种间超高产育种中育成恢复系“中 413”，配组成“协

优 413”“汕优 413”在生产上应用，累计推广面积 60 余万亩。以高产优质早籼品种“中 86 – 44”为母本，高抗褐飞虱的广西药用野生稻为父本，远缘杂交获得 F_1 完全不育植株。再以“中 86 – 44”为轮回亲本进行回交，结合胚挽救技术，杂交 2 代，经自交后获得株型好、结实正常、抗褐飞虱的稳定株系“75–2”“79–1”和“79–11”，并分发国内水稻育种单位应用。

五、稻种资源保护与创新利用的重大意义

全球保存有约 42 万份（含复份）栽培稻品种，可分为籼稻、粳稻两大亚种，水稻、深水稻、旱（陆）稻等类型的品种，具有丰富的遗传多样性，是栽培稻育种不可替代的遗传基础，特别是提高产量、品质、抗病虫害性、抗逆性优异基因的安全基础，具有不可替代性。随着全球气候恶化，人口急速增加，耕地较少，粮食安全成为一个全球都得认真应对的事情，安全保存稻种质资源和创新利用稻种遗传多样性是解决粮食安全的重要途径。因此，保存种质资源和创新利用优异的种质资源具有十分重要、不可替代的历史意义和现实意义。

（一）为现代稻种改良提供坚实基础

稻种资源含栽培稻种质资源和野生稻种质资源两大部分，它们是稻属内的物种，是植物界亲缘关系最紧密的物种，是现代稻种改良最有用的遗传基础。由于它们同为稻属的物种，其基因及基因产物对人类生存发展是最安全、最有利用价值的生物种质资源（基因源）。由于世界各地生态环境和栽培条件的不同，特别是远隔重洋的长期生理隔离的原因，造就了它们适应不同环境和栽培条件的基因型，人们利用其基因型差异和基本基因型相似的基因基础，以及地理远缘、亚种远缘、种间远缘的杂种优势，改良现有的水陆稻品种，提高现有品种的产量、质量、抗病虫性、抗逆性、广适性、丰产性。例如，在普通野生稻中含有广谱高抗白叶枯病的 Xa23 基因，在长雄蕊野生稻种中含有 Xa21 基因，在尼瓦拉野生稻中含有抗草状矮缩病基因，这些都是栽培稻品种

没有的基因，它们的成功导入使培育出的优良新品种均能有效提升抗病能力。

（二）有效保存稻种遗传多样性

稻种资源保护与创新利用能够有效保存稻种的遗传多样性，因此，有效保存稻种多样性具有十分重大的意义。有效保存稻种资源就能保存其多样性，保存稻种资源的基因多样性。稻种资源多样性是人类智慧的历史见证和宝藏。

（三）有利于稻作基础理论研究

稻种起源演化研究已经取得显著成果,然而还有许多有关生命本质的问题，如进化、演化过程中的诸多问题有待解决。安全保存稻种资源，保存更多的稻种遗传多样性，为稻作基础理论研究、解决基础理论问题提供更加有力的物种基础，以获得更加精准的研究结果及科学规律。同时，有利于稻作生命本质的研究及其新陈代谢的生理生化途径研究。

六、栽培稻遗传多样性研究思考

稻米是人类长期以来的主要粮食作物，今后也将是主要粮食作物，这点不会改变。因此，水稻（含陆稻、深水稻）的种质资源永远不会被舍弃，这也是十分肯定的。栽培稻种质资源安全保存就成了人类永恒的主题。

（一）加强长期安全保存

栽培稻种质资源的安全保存工作，在过去主要是搞种质资源的技术人员的任务。但是，自20世纪中后期国际上出现低温干燥保存农作物种子的保存库——基因库（又称种质库）以来，安全保存就成了种质库的主要任务，极大地减轻了种质资源研究者的安全保存压力。然而随着种质库保存能力的加强（保存50年才更新），种质资源研究者也出现安全保存意识淡薄的现象。特别是新加入种质资源队伍的年轻人，安全保存的理念更加淡薄。实际上有了种质库并不等于种质资源的技术人员就能放松安全保存意识，只是知识侧重点有所变化而已。过去安全保存全过程都要由种质资源的技术人员负责，而现在由种质库负责日常保存工作。库里的技术人员负责种子生命力的监测，保证种子存活，维持库房的温度、湿度在安全范围。要保证稻种的安全，还有许多工作需要种质资源工作者自己干。如弱势或生命力临界的种子更新，种质农艺性状鉴定、核对，目录编写、数据录入，数据更正、发布、提供利用等工作都是种质资源技术人员的任务，一样都少不了。其中种子更新，种质农艺性状鉴定、核对，目录编写、数据录入、数据更正的每一个环节都会影响种质资源的安全保存。例如，种子更新工作不做好，某份种质就会丢失，安全保存就无从谈起；性状鉴定、核对出现失误会导致原来的种质资源发生变化，就等于丢失了原来的种质。这样不仅会给利用者错误的信息导向，浪费利用者的人力、物力及时间，而且会给国家造成严重的损失。因此，种质资源工作者需要时刻保持长期安全保存的意识，自觉加强安全保存工作，单位和项目组的老同志要经常教育指导年轻的同志做好安全保存工作。

（二）强化基因组学研究

目前，我国已经收集了大量的稻种质资源，这些资源基本上进入国家作物种质长期库或地方作物种质资源中期库，以及国家种质野生稻圃、国家级野生稻原生地保护点保存，种质资源安全保存得到初步保障。然而按国家野生稻种质资源描述符标准及栽培稻、野生稻鉴定技术规程的要求，全面进行一次完整的鉴定还有许多工作要做，特别是在基因组 DNA 测序等方面还做得很少。例如，野生稻种质资源的基因组测序工作在资源保存机构的野生稻圃及野生稻种子保存的种质库中基本上没有开展研究，所有基因测序工作都是种质资源界以外的单位进行的，如由中科院系统、高校的研究队伍在做。因此，今后野生稻保存机构应加强自身基因组学的测序研究或组织全国力量进行大协作，把基因组学的功能基因、启动子终止子的测序工作尽早开展起来，挖掘更多新的基因，进而构建基因文库或基因片段。

（三）加强技术与种质创新

中国是世界上保存稻种资源最多的国家，而且主要是中国自己的品种，在世界上是独一无二的，经过3次全国性征集和国家作物种质库长期库的多年保存检测结果证明，这些稻种资源是安全的。野生稻的苗圃、原生境以及种质库的三位一体互补性保存体系也是很安全的。因此，今后应在安全保存的基础上，进一步加强技术与种质创新研究。

1. 创建高水平的稳定队伍

近年来，稻种资源研究队伍又到了新一轮人员更替时期，老同志退出后急需增加新鲜力量。目前，部分省区的队伍出现人员不足的现象，需要及时补充。建议在种业改革的同时，加强作物种质资源研究队伍建设，加强技术培训，提升种质创新的技术水平，包括人员的分子生物学理论和技术水平，如基因组测序，功能基因的鉴定评价、分离克隆、转导，优良新种质创新技术的培训，以及转基因技术培训、考察收集技能培训、细胞工程保存与创新技术培训、蛋白质组学技术培训，甚至写作技能培训等，全面提升原有队伍的技术水平，创建一支高水平的稳定的稻种资源研究队伍。这是提升稻种资源保存与利用技术水平的基础。

2. 挖掘新基因种，加强种质创新

现代生物学理论和技术发展迅速，基因测序和功能基因的分离、提取、克隆技术越来越成熟，在原有的优异性状鉴定评价基础上把具有优异特征特性的种质进行基因测序，挖掘有利基因，并加强种质创新利用是具有一定科学基础的。同时还可以继续对未鉴定的种质进行深入的鉴定评价，进一步挖掘优异种质，或通过分子辅助创新技术，培育一批含有多种抗性基因聚合的、高产优质的新型种质。这是加强稻种资源利用的必由之路，种质资源界的专家与技术人员应进一步重视这项工作，将其与保存、评价工作有机结合起来，加快优异稻种资源的利用。

3. 密切与育种界的合作

进入现代科技大数据信息时代，稻种资源界的工作者应加强与育种界以及种业界的专家、企业合作，根据他们的实际需要，开创资源的鉴定评价和创新利用工作。把育种者和种业者的需要作为资源鉴定评价和创新研究的主要目标，明确资源利用就是为他们服务的发展方向，进一步强化与他们合作的关系，建立合作命运共同体，形成新的共赢局面。

4. 加强稻种资源保护重要性的宣传

保护稻种资源就是保护生物多样性，就是保护我们自己。这是国家民族发展的需要，是国计民生的战略性基础。稻种资源界应该加强与媒体合作，结合中华民族优良传统农耕文化扩大宣传范围，加大科技成果宣传力度，提高稻种资源文化的社会普及度，提升全国人民对保护稻种资源重要性的认知，提升国家及社会各界对稻种资源的重视程度，进而提升人们主动保护稻种资源，特别是保护野生稻种质资源的积极性，提升保护和利用效果。

第三章

栽培稻种的进化演变

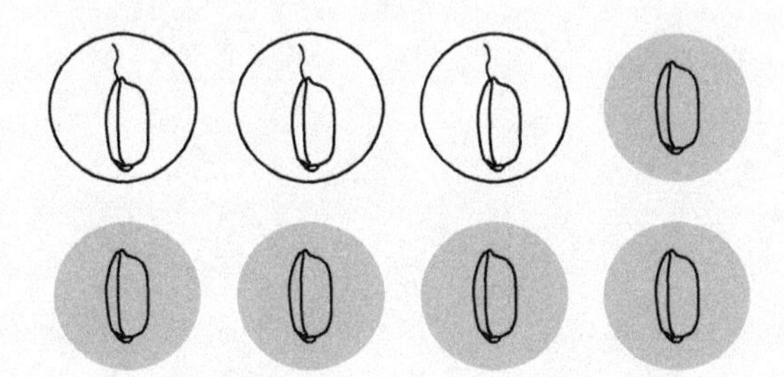

目前世界上有两种栽培稻，一种是亚洲栽培稻（*O. sativa* L.），另一种是非洲栽培稻（*O. glaberrima* Steud.）。这两种栽培稻的起源进化演变途径是不一样的。长期以来，稻种进化途径、起源中心等问题一直是稻作基础理论研究的热点。虽然已有许多研究成果，但是也存在不同学术观点的争论。由于世界上 2/3 的人口以稻米为主粮，因此研究其起源进化演变途径，弄清其基因演变规律具有重大意义。

一、栽培稻种进化研究的重大意义

世界各国的工业化进程已经造成严重的废物污染、生态破坏、气候变暖等威胁人类生存与发展。研究栽培稻这个为人类上万年生存发展做出不可磨灭的历史贡献的进化演变，探明其进化演变的基本规律，对于人们进一步掌握其基因型变异、新基因的产生规律，并利用这种规律培养出更高产更优质的新品种具有重要意义。

（一）有利于栽培稻新品种的培育和创新

栽培稻是人们主要的粮食作物，每时每刻都关系到人们的生活。当今世界面临着环境污染、气候变暖、生物多样性急剧减少等全球性生存发展的大问题。而耕地减少、水资源缺乏、人口膨胀，以及社会老龄化等威胁许多国家生存发展，缓解贫困、减少疾病、保障粮食安全（食品安全）更是发展中国家急需优先解决的大事。要保证粮食安全，首先要做好水稻、玉米、小麦等主要粮食作物的种质资源、育种、栽培、肥料、植保等的研究及生产推广应

用工作。其中最基础的就是品种的基础理论研究，即栽培稻品种的进化演变，以及品种的遗传改良研究。如果掌握了栽培稻进化演变的规律，以及进化过程中基因的变异和稳定遗传原理，将有利于培养出更高产、更优质、更抗病虫害、更安全的新品种，用于生产，可减轻人们的粮食压力，促进社会的文明和进步。

（二）有利于稻种资源的保存与创新

栽培稻种质资源十分丰富，全球已经保存约 42 万个品种（含重复保存）。长期以来人们一直努力开展栽培稻遗传学、基因组学的研究，并取得许多重大突破。从遗传因子（基因）概念的提出，到孟德尔遗传分离定律的发现、摩尔根自由组合定律的证明，形成孟德尔—摩尔根遗传学理论，进而细胞遗传学、分子遗传学、基因组学的研究，使人们对生命本质遗传规律的认识不断深入，生物技术特别是分子生物技术及转基因技术的应用，使人们初步掌握了生物遗传变异的调控。就栽培稻进化演变而言，目前还有许多奥秘尚未解开。进一步在基因及基因组水平揭秘栽培稻进化机理，将有利于世界稻种资源的安全保存和种质创新利用，特别是在稻种的保健功能创新利用方面将有更大的发展和新贡献。

（三）有利于转基因粮食和食品安全

从 20 世纪 70 年代遗传工程技术的兴起、80 年代微生物植物的基因克隆技术的突破，到 90 年代的转基因技术在主要农作物新品种培育和生产利用的成功，以及美洲种植转基因大豆等转基因植物以来，就存在着激烈反对者，而且反对力量很大，许多人担心转基因食品安全问题，其中包括支持转基因研究和转基因育种者也担心的转基因安全问题。转基因技术和转基因新品种的生产应用是生物技术发展的必然，也是人类社会科学技术发展的必然，是人类智慧的结晶。然而，转基因技术是一把双刃剑，存在风险问题。它是基因密码水平的生物大一统，完全打破生物物种的生殖隔离，使人们关于有毒物种和可利用、可食用物种的观念受到极大的冲击，让人们普遍担心把病毒、有毒物质的基因转入农作物中，人类食用后会不会引起严重的不良后果。然而，如果我们把稻种进化演变的基因及基因组在进化过程中的演变规律研究清楚，完全掌握稻种基因的合成、遗传、变异、表达等生命本质机理，就有能力掌控转基因粮食和食品安全问题，进一步提升人类对转基因食品安全性的认可，同时快速提升农作物育种、农业生产科技水平和产业化水平，提高粮食及食品安全系数。

（四）有益于稻作基础理论研究的深入发展

栽培稻种的进化演变研究就是稻作基础理论研究的主要领域及主流方向，因此，开展该领域的研究能够直接推动稻作基础理论研究事业向前发展。特别是采用现代基因组测序技术及转基因技术、蛋白质组学技术，配合生理学、生物化学等技术，以及结合传统的农艺性状变异、个体演变，进一步研究稻种演变进化的规律，探讨稻种演变的生命本质，乃是稻作基础理论研究深入至基因水平的必然之路。

二、亚洲栽培稻进化研究的历史概述

由于非洲栽培稻和亚洲栽培稻的种植面积、起源地和祖先种完全不同，因此在学术研究上的易难程度也明显不同。由于过去的科学研究受到限制，各研究者掌握的稻种材料来源、数量、种类多少、代表性的优劣各不同，因此得出的稻种起源进化结论也相去甚远。虽然农作物进化演变的一般规律是一年生作物在人工的栽培驯化下起源于一年生的近缘野生植物种，然而，栽培稻的进化演变则有所不同。

非洲栽培稻的起源地应理解为非洲。研究发现，到目前为止，该稻种的种植面积较小，仅限于西非的几个国家种植，其适应性、丰产性以及许多农艺性状和特性与非洲的短叶舌野生稻极为相近。因此，稻作科学家普遍认为短叶舌野生稻是非洲栽培稻的直接祖先种。其进化途径：短叶舌野生稻→非洲

栽培稻。由于非洲栽培稻的种植面积不大，品种类型不多，产量也比亚洲栽培稻低，因此从事研究的人员较少。其进化途径一经提出后也没有多少人关注，大家基本上均认可。然而，亚洲栽培稻种的进化演变就有较多的观点。

目前，亚洲栽培稻种的地理分布十分广泛，可以说遍布全球五大洲，特别是在亚洲各地均有种植，在垂直分布上，海拔 2 ～ 2 750 m 均有种植。同时其遗传多样性十分丰富，研究其演变途径首先需要进行栽培稻种的分类，并从历史记载、古代地理分布、古生物学证据，以及植物学性状、生理生化学特征特性等诸多方面进行考证。

（一）亚洲栽培稻种分类研究成果

亚洲栽培稻进化时间久远，因此研究其进化途径与其历史有密切关系，历史文献的记录、考古发现的古稻样本都是重要的佐证。在此基础上，首先要证明谁是其直接祖先种，只有确定其直接祖先种才能进一步研究其进化演变的过程。当今考古发现，中国是世界上稻作农耕文化发轫最早的国家。

1. 中国稻种分类的古籍记载

丁颖（1949）的研究结果认为，早在距今 1 800 多年前的许慎《说文解字》中，已把稻种分为粘与不粘（黏）两大类型，即秈（稴、籼）为“稻不粘者”，而粳（秔、粳）则为“稻之粘者”，这是我国对籼粳特性的最早区别。段玉裁在《说文解字注》中写道：“稻最粘的是糯，次粘的是粳，不粘的是籼。”此外古籍中还以芒的有无，熟期迟早，香气多少，稻穗短长，谷粒大小、圆扁等为籼粳区别的特征。现在籼粳稻植物特性的区别更加详细，还有剑叶开度大小，叶片大小、长短、软硬，叶绿浓淡，叶毛多少，稃毛多少，茎秆大小、长短、软硬，穗颈长短、弯直，稃毛疏密、长短等的不同。但是熟期、穗、芒、谷粒等性状依然是区别的指标。依生理特性区别，还有谷粒吸水、发芽盒生长迟速，耐肥和耐寒性强弱，对稻瘟病抵抗性大小等的不同（卢守耕，1934；管相桓，1946）。

关于现代的籼粳稻种研究，丁颖（1949）认为加藤茂包等（1928）首次从杂种结实性和品种间的血清反应来区别籼粳，把粳稻种定名为日本型（*O.*

sativa subsp. *japonica* Kato），籼稻种定名为印度型（*O. sativa* subsp. *indica* Kato），而似乎还未知所谓日本型是在公元前一二世纪来自中国，也未知那时在中国已划分稻种为粘与不粘两大类型。

丁颖（1949）认为，我国于公元前 2 世纪初已明确“粘与不粘”两大类。据古典记载，公元前后数百年间在黄河流域发展的稻作属于粳稻，粳稻是我国古代黄河流域栽培稻种的代表，当时传入日本的也是粳稻。1953 年在洛阳市郊的汉墓瓦仓中发现类似粳型稻谷和其他谷类多种，为古籍记载给予了相当的物证。然而，当时在江南地区栽培的主要是籼稻，如《说文解字》提及伊尹时代（公元前 1700）的“南海之秏”也应是籼稻；直至魏晋（220 ～ 427）古籍提及的稻种，指出籼稻包括粳稻（魏张揖《广雅》）或直指粳稻种为籼稻种（魏李登《声类》）。自宋大中祥符四年（1011）从福建取运占城稻（原种在现越南）三万斛（十斗为一斛）分给两浙江淮三路作种子，播植于高旱的民田，此后江淮以北的籼稻种植逐渐增多。

由于籼稻种的旱生、耐旱、耐瘠特性，其在黄河流域上游逐渐占据重要位置，至 1949 年新中国成立前，河南由淮河上游至黄河之北，河北的五河上游，以及陕西由汉中至陕北，都有不少籼稻品种分布。但由于地理环境条件和品种的适应性能等关系，自黄河流域以北至西南高原，主要仍为粳稻分布区域。其他如淮南地力丰饶地区，太湖稻作高产区域，湖南、广东、福建、江西山区，以至热带的海南五指山少数民族地区，台湾高山族地区，在 500 ～ 2 000 m 的高地也有粳稻存在（俞履圻，1944、1945；卜慕华，1945；缪进三，1945；丁颖，1949）。至于分布在华南地区的平地粳稻，只有一般的晚季大糯（粳糯）和台湾特别育成的平地粳稻“蓬莱种”。更南至越南和赤道直下爪哇，也有许多粳稻品种（水岛宇三郎，1948）。

根据上述籼粳稻种种植发展过程和地理分布看，籼型稻种适宜种植在热带和亚热带的华南和华中地区，粳型稻种适宜种植在气候暖和的温带和热带高地。现分布于亚洲、非洲热带及其附近地区的也几乎全属籼型稻种。由于栽培稻种起源于热带及其附近沼泽地区的野生种（*O. sativa* L. f. *spontanea*），籼型稻种又是栽培稻种的基本型，因此有理由认定粳型稻种会随着地理环境，特别是在热带高地和温带区域受温度条件的影响分化形成了适于暖和环境的

气候生态型（丁颖，1949）。这些推定，丁颖参考了昝维康、程侃声等（1955）和云南省农业试验站（1957）关于云南籼粳稻种垂直分布的调查结果，并获得了明确的根据。

此外，关于引用我国古籍问题，要说明一下。在20世纪前期的三四十年间，古史学家对“神农”持怀疑态度，但怀疑不等于否定。在史前期的“神农”事迹虽属于民族传说，但如《易经》《左传》《国语》《管子》《孟子》《吕氏春秋》《淮南子》等不限于一家一说（诸子百家中），相当普遍地把神农创建我国农业文化的事迹记载下来。这些古籍与荒诞的神话不同，具有相当的“纪实”价值，已为古代制度文物研究者熟知。故关于“神农”事迹，在未有其他确切的否定论证以前，就可作为一定程度上的理论根据。

丁颖（1949、1961）研究认定，在战国时代的《山海经》中，已记载现今华南一带有冬夏播植的早晚季稻。杨孚（1～2世纪）的《异物志》也说“交趾稻夏冬又熟，农者一岁再种”。《诗经·豳风·七月》（约公元前8世纪）已有“十月获稻”的记载。周代的10月约为今9月，豳的地理位置在今陕西西部，当地的割稻时间现今也是9月，稻穗发育分化期在7月。因而公元前8世纪黄河中游栽培的稻作属于早稻品种。晋郭义恭《广志》说：“南方有禅鸣稻，七月熟；有盖下白稻，五月获，获讫，其茎根复生，九月熟；累子稻、白汉稻，七月熟。”左思《三都赋·吴都赋》也说：“国税两熟之稻。”说明中国南方在公元前3世纪已有早晚稻或再生稻。郦道元《水经注》（公元6世纪初）也说：“九真（今广西边境与越南边境）七至十月种白谷，十二至四月种赤谷。”《唐书》记载：“开元十九年（公元731年）扬州有再熟稻2 800顷。”可见中国早季稻栽培有着悠久的历史。丁颖认定早季稻是从基本型晚稻分化形成的变异型，是农民群众从长期生产实践中选择培育出来的。

栽培稻为多型性植物，除了人工就晚稻个体变异中加以选择培育外，还有晚稻类型中不同品系的自然杂交，也能得到比一般晚稻提早出穗的早、中季品种。此外，野生稻也可能由于环境或天然杂交引起变异，如广东省惠阳县（现惠州市惠阳区）、广四县（现四会市）的洼地周围有近似栽培稻的直生型野生稻株，其中就有早季出穗的个体。

丁颖（1949、1957、1961）认定在稻作历史最悠久的中国，最先栽培的应当是水稻而不是陆稻，即水稻品种当是栽培稻的基本型，而陆稻品种则是由水稻品种通过人工选择培育出来的变异型，在中国也有悠久的历史。《淮南子·修务训》中说："神农相度土地干湿肥瘦高下，教人民播种五谷（黍、稷、稻、菽、麦）。"这个一开始就播种在低洼地的无疑是水稻。《淮南子·坠形训》还说："江水肥而宜稻。"《淮南子·说山训》进一步明确说："稻生于水，而不生于湍濑之流。"司马迁在《史记·夏本纪》中说，禹疏九河，命令伯益给人民稻种，播植于低湿地方。《诗经·白华》也说："滮池北流，浸彼稻田。"《周礼》特设"稻人"掌管低湿地方的稻作，并制定有相当完整的灌溉排水制度。《战国策》的记载最明确："东周欲为稻，西周不下水。"汉末杨泉《物理论》说，稻为灌溉作物品种的总名。左思《三都赋·魏都赋》也说，水植稌稻。在殷商晚期已有沟渠灌溉，春秋战国时期更有大规模的灌溉工程。这些都说明中国古代所栽培的是水稻。在周代遗留下来的金文（稻米黑敦）上，还有左侧下方从水的稻字（容庚金文篇），象征稻是生于水中的植物。

丁颖认定水陆稻品种在形态上差异很小，在生理上则差异较大。由于栽培土壤的水分多少引起了环境适应性的变异，一个地方的籼型或粳型的早、晚水稻，就可能有从基本型的水稻植株驯化成的适于旱作土壤生态型的陆稻。实际上，水利条件不良的地方有不少水陆两用品种，在幼苗耐旱检测时，也常发现水稻中有比陆稻耐旱性更强的品种。此外，也可能有野生稻直接经人工栽培驯化而成为陆稻的品种。

丁颖（1949、1957、1961）研究发现野生稻都是秥（占、粘）稻，由野生稻驯化和培育出来的，最先应当是秥稻，即秥稻是基本型，而糯稻则是由秥稻演变形成的变异型。中国古籍记载，古代在黄河流域栽培的是粳（秔）稻，至汉初始见糯（秫）稻，明代始见籼型糯稻。然而，汉初虽始见糯稻品种，但没有专名，如《礼记·月令篇》的"秫（糯）稻必齐"，是借稷秫（糯性的粟）的秫来作糯稻的名称。以后如《氾胜之书》曰："三月种秔（粳）稻，四月种秫稻。"魏张揖《广志》曰："秫，稬稻也。"晋崔豹《古今注》曰："稻之粘者为秫。"《晋书·陶潜传》曰："乃使一顷五十亩种秫，五十亩种秔。"这些古籍均借用"秫"字。至唐陆德明《经典释文》引晋吕忱《字林》

（公元288年），始专称稉为糯，并注明为黏稻，以后就通用糯，但至公元五六世纪江东（长江流域下游）仍少糯米。据梁陶弘景《名医别录》指出：道家方药俱用稻米粳米，稻米白如霜，江东无此……粳米即常食米，有白、赤、小、大异族4、5种。丁颖（1949、1961）认为所谓色白如霜的稻米即是糯米，追溯我国自开始种稻至陶弘景时已有3 000多年，然而当时江东仍然没有糯稻栽培，可知糯稻品种出现很晚。在这些时代前，历史资料所记载的糯稻几乎都属于粳稻，至黄省曾《理生玉境稻品》始载有籼型糯稻。其书中有糯种13，其中早熟种2，晚熟种11；早熟种中有名籼糯的粒最长，4月种，7月熟，显然是早熟长粒的籼型糯稻。由于秥糯的栽培技术日益进步，品种数量不断增多，至明代如广东、江西、四川等各省志书似照地方惯用名称，开始区分为秥稻和糯稻两大类，即粳糯和籼糯统称为糯稻，普通食用的粳稻和籼稻则统称为秥（占、粘）稻。李时珍《本草纲目》则称秥为占，清代地方志如湖北省汉阳县、湖南省邵阳县也称为黏（粘），江西省南丰、宜春等县则称为秥，表示与粘、黏有别。丁颖（1949、1961）认为秥稻与糯稻的主要区别在于米粒黏性的强弱，籼稻米黏性最弱，粳稻米黏性较强，糯稻米黏性最强，而一般粳糯（华南和西南均称为大糯）又比籼糯（华南称作小糯）黏性强。秥稻与糯稻的粒色和淀粉性不同。从系统演变过程看，糯稻与籼粳因不同地带的温度条件的变异、早晚季稻因不同季节或不同维度的日照条件的变异和水陆稻因不同土壤水分条件的变异比较起来，小得多，而仅仅是同一地带、同一地区、同一季节、同一土壤条件的栽培品种类型内的一个特性即淀粉性的变异。这在我国水稻品种栽培发展过程中也得到恰好的说明。

2. 近代稻种分类研究成果

新中国成立后，稻作文化的科学研究进入了新的历史快速发展时期。我国著名的稻作研究泰斗丁颖教授，对中国及世界栽培稻种进行了系统深入的研究，取得前所未有的成就。他认定：

①华南的野生稻有普通栽培种的原种（*O.sativa* L. f. *spontanea*）和疣粒野生种（*O.meyeriana* Baill.）共两个种。所有栽培稻种除个别地方有少数品种类似疣粒野生稻种或有些类似小粒野生稻种（*O.minuta* Presl.）外，一般属于普

通栽培稻种（*O.sativa* L.）。

②我国栽培稻种可分为籼粳稻型、早晚稻型、水陆稻型和粘糯稻型共四个主要类型。籼粳稻主要是因栽培地带的温度高低不同而分化形成的气候生态型，早晚稻主要是因栽培季节的日照长短不同而由籼型或粳型种分化形成的气候生态型，水陆稻是由栽培地区的田土水分多少不同而从籼粳和早晚稻中分化形成的土地生态型，粘糯稻只是特性中最明显的一个淀粉性变异形成的栽培种型。这些类型的系统关系见图 3-1。

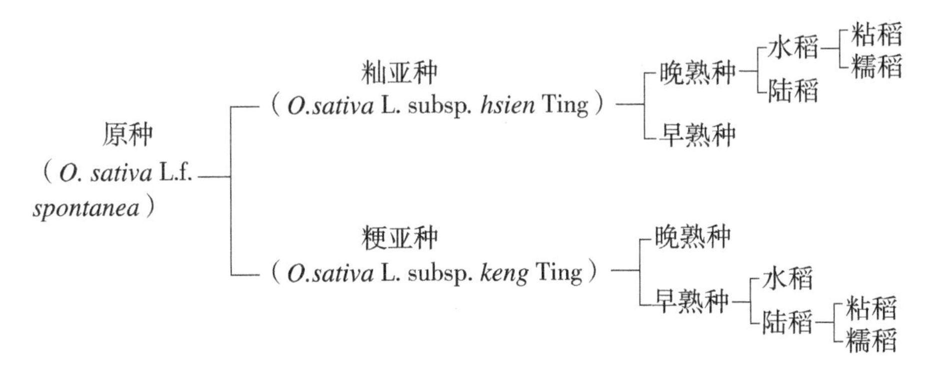

图 3-1　中国栽培稻种分化演变示意图（丁颖，1957）

注：早晚熟种各有水稻和陆稻，水陆稻各有粘糯稻的分化，粘糯稻各有许多不同的品种。

中国普通野生稻后改用 *Oryza rufipogon* Griff. 为种名。

③我国于公元前在黄河流域创建稻作文化的栽培种主要是粳型稻种；现在分布于迤北和西南高原及热带高山地区的，仍主要是粳型稻种；分布于热带和亚热带平地各季节早熟的和温带平地在高温季节早熟的主要是籼型稻种。作者曾认为这是我国栽培稻种的两大系统，广布于国内热温带的低地、高地和朝鲜、日本等国，根据我国古代的籼粳分类法，定籼型稻种为籼亚种，粳型稻种为粳亚种，并认为粳种是由基本型的籼种所分化形成的。现据昝维廉教授、云南农业试验站主任程侃升等关于云南稻种垂直分布的调查研究结果，作者更相信籼粳类型演变的说法是符合事实的。

④在我国南北各地带中出穗成熟于短日季节的，为短日性连作晚季种或单季晚稻种；出穗成熟于长日季节的，为中间性的热带和亚热带的早季种、中季种、冬季种或温带早熟种。根据周年播植的实验结果，这些中间性的早季种以至早熟种，是由基本型短日性的晚季种或晚熟种主要受不同的光照条件

所影响而变异形成的。这个早熟性的稻种于公元前数千百年已栽培于我国黄河中游和西南地区。这个类型的选出，使得热带及其附近地区的全年各季节和温带地区的高温季节都能把稻作事业发展起来。

⑤根据我国史前的民族传说和之后的信史记载，人工栽培后逐步发展起来的稻种是水稻，古文“稻”字还有象征稻生于水中的字形，而“陆稻”则为后起的名称。水陆稻特性差异在植物生理上虽然较多，而在植物形态上则极少；沼泽植物特有的体中通气机构依然残存在陆稻的植物体中；当水陆稻种的栽培环境转变时，有关的植物器官也随之转变。作者因此认定陆稻是由水稻受不同的土壤水分条件所影响而分化形成的。

⑥我国在公元前的周代已以稻米酿酒，至公元前约 2 世纪有糯（秫）稻出现，至公元 3 世纪始有糯稻专名。根据植物遗传变异和生物化学的研究结果，糯稻是由基本型的“粘（占）稻”特性之一的淀粉变异所形成的品种类型，与一般由某一个植物性状变异所形成的栽培类型无多大差别。

⑦应注意的是，多型性的稻种可随着环境、栽培条件或本身的生理生化关系而演变形成籼粳、早晚、水陆、粘糯等多种多样的种型，故为了适应今后农业生产的要求，对稻种进一步加以人工选育改造的可能性是很大的，同时通过栽培环境条件的调整改造，使品种优良特性得以积极发挥的可能性也是很大的。

丁颖是稻作文化研究较系统较全面的农学家、稻作学家，他在稻种起源演化上的研究也是较深入较完整的，虽然没有过多的涉及外国的稻种，但是中国是世界上驯化野生稻成为栽培稻的国家，中国的稻作文化一直领先于世界，弄清中国栽培稻起源演化问题就是弄清世界稻种起源演化问题。因此，他从历史学、语言学、古物学、人种学、植物学以及粳籼稻种地理分布学等多方面考察考证了中国稻作之起源演化过程，进而认定栽培稻起源于中国华南地区。他将栽培稻分为籼粳稻型、早晚稻型、水陆稻型和粘糯稻型共 4 个主要类型，并形成栽培稻的 5 级分类法。该分类法一方面继承了中国 1.2 万年以上的稻作文化传统，又兼顾栽培稻种的植物学特征特性，同时结合生产需要及稻米食品安全需要，是一种兼容各方面的综合性、科学性很强的稻种分类法，值得后人传承和发扬光大。

（二）进化途径研究成果

稻种进化途径研究，首先是对具有栽培稻相同 AA 染色体组的野生稻进行鉴定评价，从 21 个野生稻种中确定哪一个野生种是亚洲栽培稻的近缘祖先；其次是对该野生种进行籼粳分化的农艺性状、同工酶、核 DNA、线粒体 DNA 和叶绿体 DNA 的多样性分析，探讨籼粳分化状况；最后，研究野生种演化成栽培稻的实验途径，以得到明确的结果。

1. 直接祖先种的确定

Sampath 和 Rao（1951）、Sampath 和 Govindaswami（1958）认为多年生野生稻（*Oryza perennis*）的多年生类型是亚洲栽培稻，也称普通栽培稻（*Oryza sativa* L.）的近缘祖先种。Oka（1964、1974）也有与 Sampath 等相同的看法。Sano 等（1980）认为 *O.perennis* 的中间类型比典型的多年生或一年生类型更有可能是亚洲栽培稻的祖先种。Chatteriee（1951）接受苏联专家 Roschevicz（1931）的稻种进化观点，认为一年生的野生稻（*Oryza sativa* L. f. *spontanea* Roschevicz）是亚洲栽培稻的近缘祖先种。它们的进化途径见图 3-2。

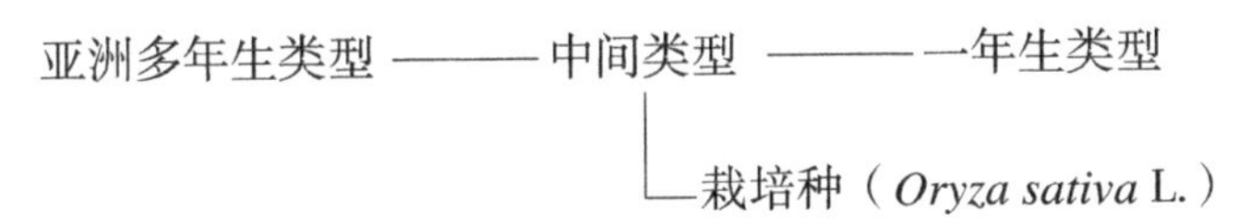

图 3-2　一年生类型向栽培种进化（Sano，1980）

国际水稻研究所著名的华裔稻种资源专家张德慈（1976）和中川原（1977）认为，亚洲栽培稻的染色体组是 AA 染色体组，其祖先种也应是相同染色体组的野生稻种；并认为一年生禾谷类作物起源进化普遍规律是多年生的野生植物向一年生的野生植物进化，再向一年生的作物进化。因此，他们认为一年生的野生稻种（*Oryza nivara* Sharma et Shastry）是亚洲栽培稻的直接祖先种，它们同为 AA 染色体组，又具有像栽培稻一样的较高的种子生产能力及相似的特性，而 *Oryza sativa* L. f. *spontanea* Roschevicz 是属于野栽杂种类型。张德慈（1976）对亚洲栽培稻的近缘祖先种进行了深入研究，他把稻属不同种分为三大群：① Satiava 群，包含 2 个栽培稻种和 4 个野生稻种，都具有 AA 染色体组；② Officinalis 群，含有 7 个野生稻种，均具有 CC 染色体组；③混杂群，

包含有 7 个野生稻种，有 EE、FF、HH、JJ 等染色体组。其中与亚洲栽培稻同属 AA 染色体组（基因组）的野生稻种是 *O.rufipogon*、*O.nivara*、*O.barthii*、*O.longistaminata*。后两个野生稻种与亚洲栽培稻杂交的亲和性不如前两个野生稻种。属于 Officinalis 群的药用野生稻（*O.officinalis* Wall et Watt），以及属于混杂群的疣粒野生稻（*O. meyeriana* Baill.）与亚洲栽培稻杂交不亲和性表现非常突出。因此，根据一年生农作物普遍起源于一年生野生种的规律，张德慈（1976）等一部分学者认为尼瓦拉野生稻（*O.nivara* Sharma et Shastry）是亚洲栽培稻的近缘祖先种。

我国普通野生稻在农艺性状、生长特性与晚籼稻有许多相似之处，丁颖认为亚洲栽培稻的祖先种是我国华南的普通野生稻，并把我国普通野生稻命名为 *Oryza sativa* L. f. *spontanea* Roschevicz。后来吴万春（1981）、李道远和陈成斌（1986、1992）等经过系统研究，特别是对 2 000 多份普通野生稻的农艺性状及生长特性进行多年试验观察记录，对比国际水稻研究所及有关专家研究认可的 *O.rufipogon* Griff. 的形态特征特性，认为我国普通野生稻应定名为 *Oryza rufipogon* Griff.，并认为其就是亚洲栽培稻的直接祖先种。

陈成斌（1992）结合自己的研究结果，并综合众多学者的成果，认为亚洲栽培稻的近缘祖先种应符合这些标准：①植物学形态特征与生物学特性基本相同；②染色体组型相同，在杂种及后代中的染色体完全配对，野生种与栽培种不存在特异的生殖隔离；③野生种与栽培种原始类型分布在同一地区，具有相同的生态条件；④野生种应具有足够多的形态类型，供驯化时人工选择与自然选择，并具有广泛的适应性；⑤野生种的特异等位基因比栽培种具有更丰富的多样性，栽培种的等位基因存在于野生种之中，如特异同工酶位点的等位基因就是如此。

陈成斌等在 1990 年曾经在一季度中做过 1 万余朵小花的杂交试验，但拿不到 1 粒栽培稻与药用野生稻的杂交种子，后采用幼胚挽救技术，在试管内培养幼胚获得杂种苗；随后进行的试管内杂交也获得 10 多株杂种苗。杂种植株生长旺盛，茎秆、叶片、叶舌等诸多农艺性状，以及穗部性状均像药用野生稻，仅植株矮化明显，株高为 90 ～ 110 cm，一年可以抽穗 4 次，穗粒数 200 以上。然而，种植多年未获结实种子。中国水稻研究所以高产优质的早籼品种“中

86–44”为母本，高抗褐飞虱的广西药用野生稻(*O. offincinalis*)为父本远缘杂交，获得杂种 F_1 完全不育植株；再以“中 86–44”为轮回亲本进行回交，结合胚挽救技术，回交二代经自交成功地获得株型好、结实正常、抗褐飞虱的稳定株系“75–2”“79–1”和“79–11”，并分发国内水稻育种单位应用。他们采用相同的远缘杂交结合生物技术方法，在国内外首次获得栽培稻“粳稻 02428”和紧穗野生稻（*O. eichingeri*）之间的远缘杂种，选育出“栽培稻—紧穗野生稻”异源附加系和异位系，再利用改良的水稻荧光原位杂交方法以及克隆的 CC 基因组特异的重复序列探针，鉴别栽培稻外源紧穗野生稻染色体或染色体片段，定位了一个来自紧穗野生稻的褐飞虱抗性基因［*Bph*–11（t）］，并成功地将紧穗野生稻的抗褐飞虱基因导入栽培稻中，创造了一批抗褐飞虱且农艺性状优良的中间材料。该研究成果获 2001 年浙江省科技进步二等奖（魏兴华等，2007）。疣粒野生稻也做过不少杂交与试管内杂交实验，但从未获得杂交种子或种苗。其他非 AA 染色体组的稻种与亚洲栽培稻同样具有严重的杂交不亲和性，形态特征特性也有诸多明显不同，不可能是亚洲栽培稻的近缘祖先种。因此，最有可能的是亚洲栽培稻近缘祖先种就是普通野生稻(*O.rufipogon* Griff. ）和尼瓦拉野生稻（*O.nivara* Sharma et Shastry）两种。然而，尼瓦拉野生稻的遗传多样性远远少于普通野生稻，也不如亚洲栽培稻的遗传多样性复杂，因而很难满足亚洲栽培稻多型性、广泛适应性、遗传多样性复杂的需求。

2. 普通野生稻籼粳分化研究

陈成斌（1994）采用程侃升（1993）对亚洲稻籼粳亚种的鉴别标准，对来自广西 10 多个县、30 多个原生地共 2 000 多份普通野生稻进行 6 项形质观察，外加统计全国 6 个省区的普通野生稻 4 000 多份的谷粒长宽比，探讨普通野生稻的籼粳分化程度。结果发现，普通野生稻各项形质的籼粳分化表现不一。具体表现如下。

①叶毛的籼粳分化表现。在参试的 2 057 份普通野生稻中普遍存在同一植株下部叶片毛多、上部叶片毛少的现象，相差一个级差以上。在 1 845 份匍匐生态型材料中有差异的占 22.38%，在倾斜生态型材料中有差异的占 57.28%，在半直立型和直立型材料中分别占 66.18% 和 63.41%。剑叶无毛的材料占参

试材料总数的 93.05%，以倒数 3 叶为鉴定对象，结果是很多毛（籼型性状，H）的占7.73%，多毛（偏籼性状，H'）的占 2.38%，叶毛中等（中间类型，M）的占 1.90%，叶毛少（偏粳性状，K'）的占 15.31%，无叶毛（粳性状，K）的占 72.68%。因此，叶毛的籼粳分化明显，总体表现粳型较多。②1 ～ 2 穗节长的籼粳分化表现。在 2 017 份普通野生稻材料中，1 ～ 2 穗节最长的为 6.25 cm，最短的为 0.9 cm。其中 K（＞3.5 cm）占 28.21%，K'（3.1 ～ 3.5 cm）占 20.67%，M（2.6 ～ 3.0 cm）占 19.88%，H'（2.1 ～ 2.5 cm）占 25.38%，H（＜2.0 cm）占 5.85%。1 ～ 2 穗节长度的籼粳分化也很明显，粳与偏粳的材料比籼与偏籼的多。③抽穗时颖壳颜色的分化。共鉴定了 2 034 份普通野生稻，发现 H（绿白）占 6.49%，H'（白绿）占 86.73%，M（黄绿）占 0.88%，K'（浅绿）占 5.89%，K（绿）占 0.05%。抽穗时颖壳颜色的籼粳分化表现基本为偏籼型或籼型，粳型极少。④稃毛的籼粳分化表现。共鉴定了 2 037 份普通野生稻，发现 H 占 51.35%，H' 占 47.52%，M 占 0.59%，K' 占 0.54%，K 的表现没有材料。因此，在稃毛的籼粳分化上基本上属于籼型。⑤谷粒长宽比的籼粳分化表现。共测定了 2 230 份普通野生稻，其中 H（＞2.60）占 7.00%，H'（2.60 ～ 2.41）占 46.01%，M（2.40 ～ 2.21）占 42.24%，K'（2.20 ～ 2.10）占 4.57%，K（＜2.10）占 0.18%。对全国 6 省区编目的 4 372 份普通野生稻的谷粒长宽比进行统计，结果发现，其变幅最小数值为 1.86，最大为 5.46。其中，偏籼的最多，占 44.85%；中间型和籼型次之，分别为 37.58% 和 12.53%；偏粳及粳型最少，分别为 4.73% 与 0.30%。然而，半直立型和直立型野生稻中偏粳与粳型的比例越来越多，偏粳的分别占 14.59% 和 15.38%，粳型的分别占 1.23% 和 2.31%，这说明随着植株的直立性增加，粳性表现越明显。⑥苯酚反应的籼粳表现。对 818 份普通野生稻种子进行苯酚反应实验，结果发现，H 占 94.50%，H' 占 4.65%，M 占 0.37%，K' 为 0，K 占 0.49%。该性状的粳性分化较弱。综合 6 项形质评分，属于籼和偏籼分值的占大多数，分别为 13.64% 和 83.44%，偏粳的仅为 2.92%，参试材料未发现典型粳型材料。是否有粳型普通野生稻，还需要扩大实验范围。另外，普通野生稻作为一个独立的稻种也不可能与栽培稻雷同。

陈成斌（2001、2005）认为，普通野生稻具有分化籼粳型性状的基因，具有涵盖亚洲栽培稻种的生态群和生态类型的基础。他把普通野生稻分为10个类型，见图2-1。

王象坤（1996）报道了对普通野生稻是否存在籼粳分化的研究结果，指出才宏伟等（1993、1995）、黄红燕等（1995）、孙立新等（1995、1996）对野生稻、栽培稻的同工酶研究结果表明，中国和南亚普通野生稻均发生了籼粳分化，中国普通野生稻以Acp-1^{2}Acp-2^{0}Amp-2^{2}Est-2^{0}Cat-1^{2}Mal-1^{1}基因型为主，是偏粳型；南亚普通野生稻以Acp-1^{2}Acp-2^{0}Amp-2^{1}Est-2^{1}/Est-2^{0}Cat-1^{1}Mal-1^{2}基因型为主，是偏籼型。但是中国普通野生稻也存在少数偏籼型，南亚普通野生稻也存在少数偏粳型。因此，对于中国普通野生稻是否存在籼粳分化这一问题，过去的研究认为普通野生稻不存在籼粳分化，只是潜伏着籼粳分化的可能性（Oka、Morishima，1982）；后来Morishima（1987）和Sano（1989、1991）的研究又倾向于普通野生稻存在籼粳分化。Second（1982、1985）明确提出普通野生稻存在籼粳分化，并认为中国普通野生稻偏粳，南亚普通野生稻偏籼。

王象坤（1996）还报道了对普通野生稻基因组DNA是否存在籼粳分化的研究结果，指出孙传清（1995、1996）、才宏伟（1996）、王振山（1995、1996）等分别对普通野生稻的核DNA、线粒体DNA、叶绿体DNA的研究，以及王振山（1996）对DNA重复序列的研究表明，除原始型普通野生稻外，多数普通野生稻存在籼粳分化，而且在核DNA、叶绿体DNA、线粒体DNA及DNA重复序列中的籼粳分化有一致的材料，多数参试材料是不一致的。中国普通野生稻的核DNA多数偏粳，但也有不少是偏籼的；在中国普通野生稻的mtDNA中多数偏籼，少数偏粳；而中国普通野生稻的cpDNA的籼粳比例基本上表现为1∶1；然而，参试的29份中国普通野生稻的DNA重复序列均表现为偏籼。王象坤认为中国普通野生稻以及南亚与东南亚野生稻的籼粳分化都是十分复杂多样的。孙传清对34份中国普通野生稻的DNA综合分类，分为3大型10类，见图3-3。

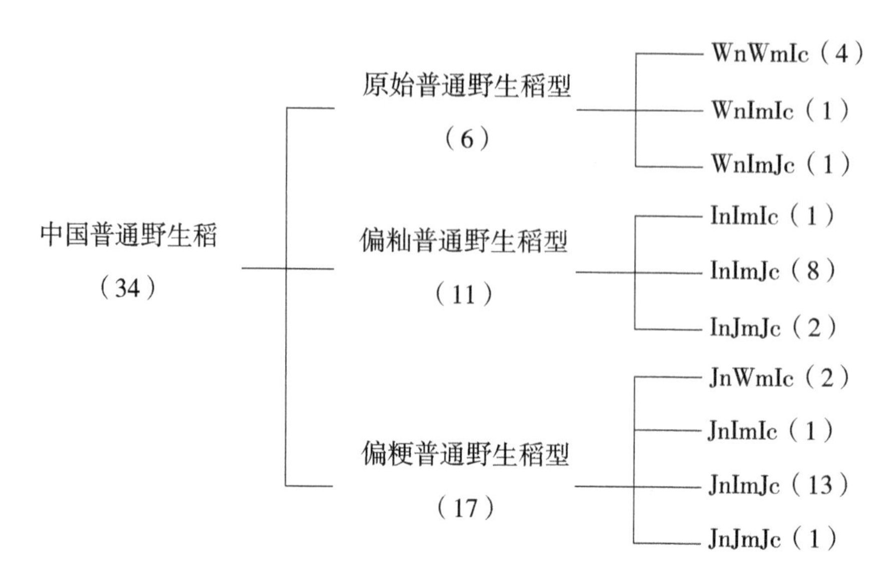

图 3–3　中国普通野生稻 DNA 籼粳分化综合分类（孙传清，1995、1996）

注：n 代表核 DNA，m 代表线粒体 DNA，c 代表叶绿体 DNA，W 代表普通野生稻，I 代表籼，J 代表粳，括号内数字为参试份数。

王象坤课题组在普通野生稻籼粳分化问题的研究取得了多种同工酶、核DNA、线粒体 DNA、叶绿体 DNA 多样性遗传分化的重大进展，与陈成斌的普通野生稻农艺性状籼粳分化观察结果完全相同，证明了普通野生稻已经存在基因组的籼粳分化，出现了原始类型和偏籼、偏粳类型，为人工栽培驯化、选择栽培稻种奠定了坚实的遗传多样性及籼粳分化演变的基础，将栽培稻起源演化理论研究推向新台阶。然而，实验试材数量较少，很难说就能代表中国的普通野生稻、南亚野生稻的真实遗传基础。因此，中国野生稻偏粳，南亚野生稻偏籼的说法需要更多的研究加以证明，这是其一。其二，所使用的试材都是现代的普通野生稻，对照的栽培稻也是现代品种，考古出土的炭化稻样本已经有 1.2 万年以上的历史，因而，在一万多年前的普通野生稻是否出现籼粳分化呢？这是谁都没有办法拿出证据的事情。唯有选取更大量的试材，特别是选用原始类型的普通野生稻和原始栽培稻农家品种中的籼粳类型进行大量的研究，才有可能获得更接近真相的结果。

3. 中国普通野生稻具备直接近缘祖先种的条件

根据多年来的研究结果，可以肯定，中国普通野生稻具备亚洲栽培稻近缘祖先种所需的必备条件。

①直接近缘祖先种与栽培种的植物学形态特征特性基本相同，即与亚洲栽培稻在植物学特征特性上具有基本相同的数据标准。

②普通野生稻种具有与亚洲栽培稻种相同的 AA 染色体组，杂交亲和度较高。长期以来作者课题组做了 700 多个普通野生稻与亚洲栽培稻杂交组合，以及广西壮族自治区农业科学院水稻研究所做的杂交育种组合，不管是籼野、野籼、粳野、野粳组合都能获得杂交种子，F_1 的育性较正常，一般情况下不存在特异性生殖障碍。某些组合的杂交结实率还高于典型籼稻品种与粳稻品种杂交的组合。

③普通野生稻多样性丰富。普通野生稻的生态类型有 3 大生态群 10 个生态型，生态环境类型也有 9 种，包含了亚洲栽培稻的生态环境类型。从同工酶位点、分子标记、QTL 位点等的多样性研究结果看，普通野生稻的遗传多样性能够涵盖亚洲栽培稻的多样性。这是尼瓦拉野生稻（*O.nivara* Sharma et Shastry）所不能及的。野生稻的祖先种应具有足够多的形态类型、生态类型和广泛的生态适应性与应变能力，满足人们在驯化时开展人工选择与自然选择。

野生稻种的基因基础比亚洲栽培稻具有更大的遗传多样性，包含了栽培种的等位基因。普通野生稻具有籼粳分化的基因基础。陈成斌（1994）采用程侃升（1993）对亚洲稻籼粳亚种鉴别标准探讨普通野生稻籼粳分化表现，对来自广西 10 多个县 30 多个原生地共 2 000 多份普通野生稻进行 6 项形质观察，外加统计全国 6 个省区的普通野生稻 4 000 多份的谷粒长宽比。结果表明，6 项形质性状都表现出不同程度的籼粳分化现象，说明普通野生稻含有亚洲栽培稻籼粳分化的基因基础，在同工酶的等位基因位点多于栽培稻种。

④基因测序表明中国普通野生稻是亚洲栽培稻的祖先种。韩斌（2012）用全球 1 000 多份亚洲栽培稻品种，以及来自全球的 400 多份野生稻，其中 100 多份来自广西的野生稻，进行全基因组测序，比较后提出栽培稻起源于广西的学说。这是第一次采用基因组测序得到的结果，证明了广西普通野生稻是栽培稻祖先种。魏鑫等（2012）利用野生稻及栽培稻的叶绿体、线粒体和核基因组的基因区域（cox3 trnC–ycf6，ITS 和 Hdl），研究普通野生稻和亚洲栽培

稻之间的亲缘关系，并探讨中国栽培稻的起源地。结果表明，中国普通野生稻是栽培稻的直接祖先种，其叶绿体、线粒体和核 DNA 序列多样性研究结果进一步证明了韩斌的稻种核基因组测序结果的准确性。

4. 进化演变途径

由图 3–1 可知，丁颖认定亚洲栽培稻起源于中国华南的普通野生稻（他当时定名为 *Oryza sativa* L. f. *spontanea* Roschevicz）。后来，许多学者也认为普通野生稻（20 世纪 80 年代改为 *O.rufipogon* Griff.）就是亚洲栽培稻的近缘祖先种。

陈成斌在 1994 ～ 1997 年参与王象坤教授主持的国家自然科学基金重点项目“中国栽培稻起源与演化”，承担普通野生稻演变成栽培稻的人工重演研究任务。选用了广西普通野生稻的匍匐生态型和倾斜生态型的 120、199、303、250 号和云南“元野”等 5 份试材的多年自交后代种子，进行 $^{60}Co-r$ 射线半致死处理。然后，按 45 cm × 60 cm 的插植规格，单株种植，套袋隔离自交收种。按《全国稻属野生种种质资源观察调查项目及记载标准》对辐射后各世代的质量和数量性状共 16 项进行观察记录，分析其变异状况，并进行匍匐与直立两个重要习性的重点选择。收种、再种植、观察记载、选择收种，连续循环 6 个世代。结果发现，在匍匐型普通野生稻中有比较原始遗传的类型存在。例如，匍匐型的广西普通野生稻 120 号，其 M_1 代的植株几乎没有出现很大的变化，极倾斜的变异仅占 4.32%，而 95.68% 的后代植株基本没有变异，保留原有的匍匐状态；在 M_2 代出现的变异也比其他参试材料少，见图 3–4。而匍匐型的广西普通野生稻 199、250 号两份材料 M_1 代均出现倾斜、半直立、直立型的变异，M_2 代出现更复杂的变异，见图 3–5。

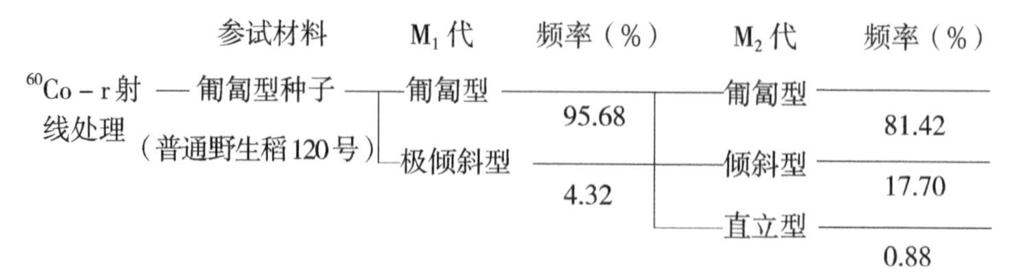

图 3–4　原始匍匐型普通野生稻诱变选择演化图（陈成斌，2005）

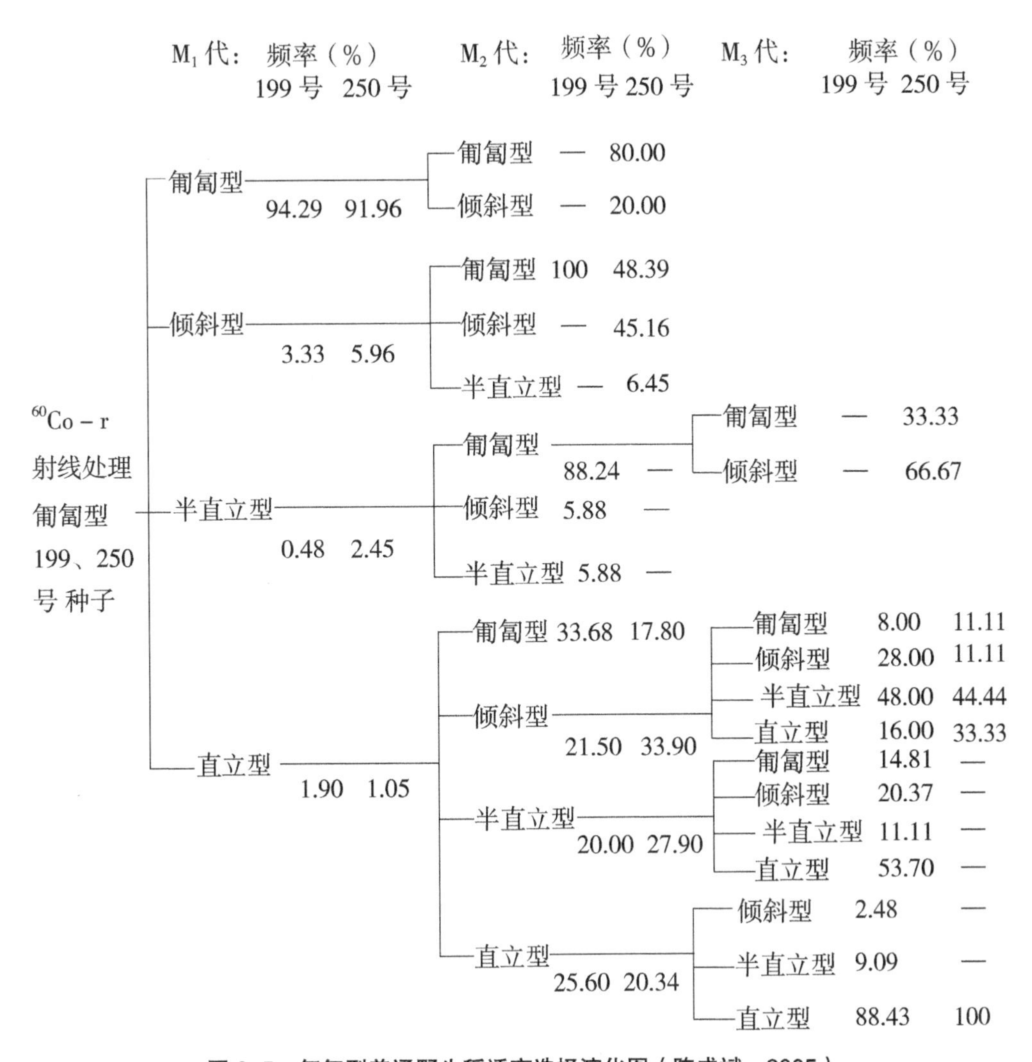

图 3–5　匍匐型普通野生稻诱变选择演化图（陈成斌，2005）

注：M_3代出现的直立型株系在M_4代及其以后的世代都表现出稳定遗传。

在匍匐型普通野生稻中出现复杂的习性变异，可分成 4 大类 8 小类，即匍匐型分为极匍匐、匍匐、稍匍匐，倾斜型分为极倾斜、倾斜、稍倾斜，半直立型和直立型。广西普通野生稻 199 号和 250 号经 ^{60}Co–r 射线半致死处理后，M_1 代有 91% 以上的材料保持原有的匍匐习性，只有不到 9% 的材料产生变异。选择普通野生稻 199 号 M_1 代倾斜型材料，在 M_2 代 100% 的植株恢复原有的匍匐习性；选择 M_1 代半直立型材料，在 M_2 代出现 88.24% 的匍匐材料；继续保持半直立型的材料，比例由 M_2 代的 0.48% 升至 M_2 代的 5.88%，但没有直立型材料出现；选择 M_1 代直立型材料，在 M_2 代出现匍匐型的材料占 33.68%，也

有倾斜型和半直立型的材料出现，保持直立型变异的材料升至25.60%，若继续选择直立型材料，在M_3代就出现88.43%的直立型材料。广西普通野生稻250号在M_1代时倾斜、半直立型的变异材料比199号稍高，选择到M_3代就出现100%直立型的株系，它们在后来的世代中均保持直立习性，其他农艺性状接近老农家品种的茎秆较细、穗子谷粒着粒疏、落粒性减弱等形态特征。在普通野生稻250号M_1代直立变异株250–M55号的谷粒无芒，在M_2代出现5个单株无幼穗分化的无性生殖材料，其中4株为极匍匐型和匍匐型，1株为倾斜型，均表现出极强的分蘖力；在无芒匍匐变异单株250–M42号的M_2代材料中也出现1个倾斜型植株无幼穗分化。这些无性生殖材料后来连续种植2年均无幼穗分化，一直保持无性生殖状态。这说明无性生殖的极匍匐型野生稻是普通野生稻中更原始的类型，也就是说在历史进化过程中，普通野生稻由无性生殖极匍匐型向匍匐型无性兼有性生殖类型演变，并在深水条件下向倾斜型、半直立型演变，也说明匍匐型的普通野生稻在合适的环境条件下通过人工选择能够向栽培稻方向演化。

倾斜型普通野生稻广西普通野生稻303号经^{60}Co– r射线辐射处理后，M_1代也产生匍匐型、半直立型、直立型的变异，而匍匐型变异的比例达到11.48%，但也同原来匍匐型野生稻一样，仍保持大量原来的倾斜型材料，达到83.28%；半直立型和直立型材料分别为2.95%和2.30%，比匍匐型种子辐射的半直立与直立型变异高很多（图3–6），说明倾斜型普通野生稻很可能来源于匍匐型的变异。

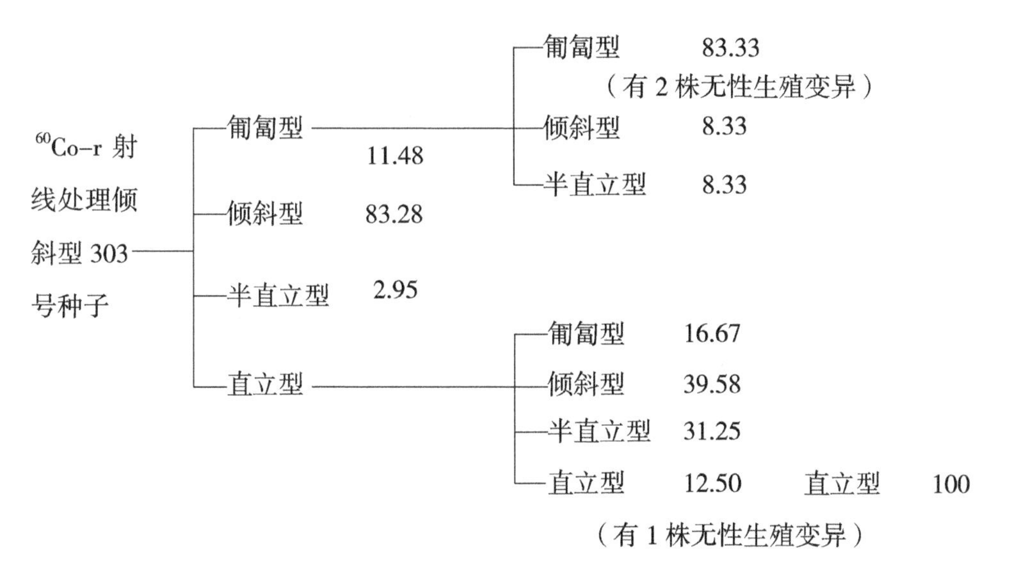

图 3-6　倾斜型普通野生稻诱变选择演化图（陈成斌，2005）

陈成斌（2005）认为，上述实验结果说明了稻种起源演化的几个关键问题。

①普通野生稻是亚洲栽培稻的直接近缘祖先种。它们在半致死剂量的 ^{60}Co-r 射线处理后，M_1 代即产生多种多样的农艺性状变异，在人工选择下，M_3 代就能够获得直立的像老农家品种的栽培稻株系，M_4 代及以后的各世代均能够保持直立习性的稳定遗传，即可以演化成为栽培稻。这是稻作进化理论和技术的重大突破。

②早晚季稻都直接起源于普通野生稻。该实验在 M_2 代植株中发现 0.48% 的早季抽穗成熟的植株，所收种子晒干后采用破休眠方法在晚季播种种植，在 10 月中旬能正常抽穗，M_4 代完全稳定成为早季稻的株系。这说明早季稻也可以直接起源于普通野生稻，早季稻和晚季稻是“兄弟”关系，非“父子”关系。

③普通野生稻由极匍匐的无性生殖野生稻进化而成，其生长习性进化演变方向是无性生殖极匍匐型→无性兼有性生殖匍匐型→无性兼有性生殖倾斜型→半直立与直立型野生稻。在自然界中，匍匐型野生稻在水层深浅不同的环境条件下出现多种变异，在深水环境下向倾斜型野生稻演变，并在人工选择下演变成为深水稻种群。

④在实验中演化成直立型株系的主要农艺性状表现为籼型性状，特别是穗部性状、谷粒性状基本上表现为籼型性状，结果与丁颖（1949）的野生稻先演化成籼稻再成为粳稻的结论一致，而不是韩斌认为的广西普通野生稻先演化成粳稻（Huang et al，2012）。由于参试的云南元野材料在对照（未做 ^{60}Co–r 射线辐射）材料中也出现不同习性的变异，很难认定其原来的种子为纯系种子，故对其实验结果仅有记录，未做分析评价。

陈成斌（1992、2005）根据诱变实验结果并结合多年来的野外考察，以及野生稻种质资源的鉴定评价，认为亚洲栽培稻起源演化途径如图 3–7 所示，即野生稻祖先种为匍匐无性生殖野生稻，在自然进化过程中演化为有性兼无性生殖的多年生原始普通野生稻，在浅水或短期缺水环境条件下演化成匍匐生态群（含原始匍匐型），在深水环境条件下演变成深水生态群，然后在基因变异、交流过程中产生多种多样的匍匐型、倾斜型、半直立型、直立型及近栽型，从而构成当今普通野生稻（*O.rufipogon* Griff.）的遗传多样性。其自身也出现籼粳基因变异的籼粳性状分化现象。在水生环境条件下栽培，会出现在深水环境条件下栽培的野生稻逐步演变成深水栽培稻类型；在浅水条件下栽培演变成水稻类型；随着种植面积扩大或天气变化，前期幼穗在干旱的条件下仍能够生长，人们在旱地继续种植，便出现陆稻（旱稻）类型；在早期栽培过程中，在原始稻种中发现早季抽穗的变异株，经反复种植并逐步演变成早季稻类型。因此，野生稻经过人类的长期循环重复种植、选择优胜劣汰，以及近代的人工品种改良、遗传育种，进一步发展成为现代亚洲栽培稻。由于在普通野生稻种中已经存在籼粳农艺性状分化，以及核 DNA、线粒体 DNA（mtDNA）、叶绿体 DNA（cpDNA）的籼粳分化，表明在早期栽培过程中就可能出现籼粳的同期分化，又因长期在不同地域或不同海拔地域种植，以及人类的不断选择，而得以进一步分化和加强，形成籼粳稻两大亚种。在普通野生稻宿根越冬苗中，常能发现早季抽穗结实的植株，在辐射实验中，M_2 代就变异出早季抽穗结实的植株，收种后晚季接着催芽种植，当年还能抽穗结实，并能稳定遗传。这说明早晚季稻可能同源于普通野生稻，并在长期的人类选择压力下形成早中晚季稻类型。作者在大量的野生稻种质资源鉴定中发现，普通野生稻基本属于粘米，偶尔见到糯米的材料，而在水稻糯与非糯遗传研究结果中发现，F_2

的糯与非糯比例表现为 1 ∶ 3，分离符合孟德尔的遗传分离规律，糯性由一对隐性基因控制。因而，非糯（粘稻）是基本型，糯稻是变异型，结论与丁颖（1949）的研究结果相同。

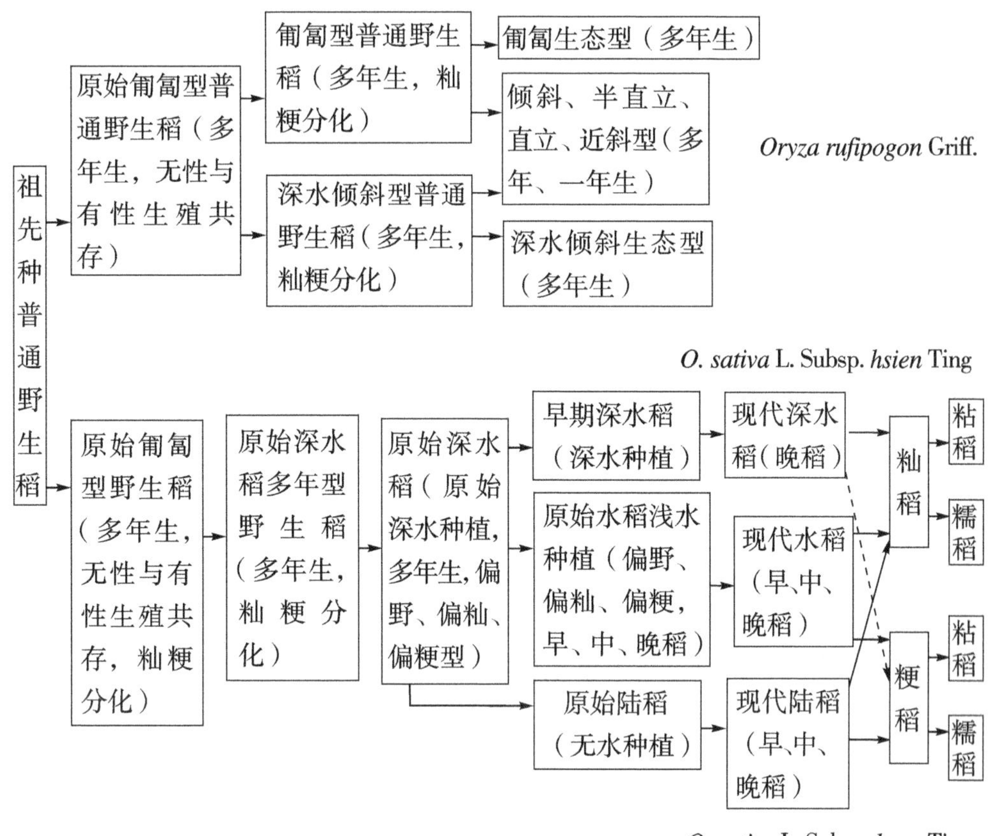

图 3-7　亚洲栽培稻起源演化途径（陈成斌 1992、2005）

这是首次人工诱变普通野生稻变异选择演化成栽培稻的成功实验。它为人类稻种进化理论和技术实践给出了最明确的结果，即广西普通野生稻是亚洲栽培稻的直接近缘祖先种。这次实验结果完善了稻种起源理论，支持了韩斌院士等（Xuehui Huang，Nori Kurata，Xinghua Wei，et al，2012）栽培稻起源于广西的假说，以及杨庆文等（魏鑫等，2012）认为广西普通野生稻分布有 4 个遗传多样性中心，北回归线珠江与红水河流域、南流江流域最有可能是亚洲栽培稻的起源中心的观点。

然而，栽培稻起源于广西的假说最受人质疑的是广西境内的古稻谷米样品年限仅有 4 600 余年，这与考古发现的 80 万年前右江河谷的古人类遗迹相差甚远，而且在其东边几十里的湖南道县出土了距今 1.2 万年的炭化稻样本。此外，参试材料与现存普通野生稻与栽培稻品种数量相比依然偏少，有必要加大参试样本数量，以得到更充分的数据。作者认为采用丁颖的华南起源说，在目前更能说明问题。因为华南普通野生稻的地理分布主要在珠江流域，而广西地处珠江的中上游地域，从野生稻自然传播与水流关系密切来看，广西是起源中心在生物学上是有道理的。

三、亚洲栽培稻进化研究的发展重点

回顾 200 多年以来的稻种起源进化研究，自从稻作研究泰斗丁颖教授（1949、1957、1961）提出栽培稻起源于中国华南地区的学说以后，陆续出现了许多不同的研究结论，如印度说、云南说、黄河说、长江中下游 – 华南说、淮河上游 – 长江中游说等（王象坤等，1995），说明稻作学家们在努力探索稻作基础理论的真理，且每个历史时期都有一定的进展。然而，这些研究结论都有一个致命的弱点，就是过度依赖考古成果，同时各参试材料严重欠缺代表性。例如，在中国积贫积弱的历史时期，有的研究者仅用为数不多的品种试验，就把亚洲栽培稻的两个亚种称为日本型和印度型。在中国考古研究不够系统，出土文物较少时期，甚至出现日本起源、印度 – 缅甸起源演化的结论。因此，今后的稻种起源研究，除继续以考古成果作为参考外，重点要开展物种基因进化与表型演变结合的研究。

（一）加强华南地区的考古研究

由华南普通野生稻演变进化为栽培稻的研究结论从丁颖教授（1949、1957）提出后经过多年的研究争论，近年来的分子生物学技术研究结果，特别是基因测序结果又一次证明华南地区是栽培稻的起源地，普通野生稻是直接近缘祖先种。但是在广西境内出土的古稻样本年限较短，因此，今后亚洲栽培稻起源演化应加强以下研究。

1. 史前稻作文化研究

史前稻作文化研究对稻种起源演变研究十分重要，然而史前稻作文化研究的内涵丰富、领域广阔。今后，重点应该是以古稻种样品与文物的挖掘为主，文献考证、查询为辅。进一步确认亚洲栽培稻种起源演变的具体地点、具体年代、古稻的样子，以及祖先种的古野生稻的起源年代与地点，争取有一个普通认同的说法。

2. 民间传统稻作文化研究

由于人类文字起源年代与人类进化年代相差较远，因此民间传统稻作文化研究对稻种起源演化研究就显得十分重要。应该及早深入乡村调查，收集口口相传的民间传统稻作文化资料，进行口传资料的收集和整理，以免失传。应制订调查计划，结合考古挖掘发现，在古遗址周边进行调查采访，收集民间传统稻作文化资料，再进行研究整理、分析，进而推进稻作文化起源研究。同时，弄清楚各地对稻种起源的时间折点，以便传承、弘扬优秀的传统稻作文化。

3. 农业作物种质资源与农业古物学结合研究

及早立项，推动农业作物种质资源与农业考古研究联合的稻作古物学研究，重点在华南地区及周边地区进行，特别是以韩斌团队基因测序得出的稻种起源地——以广西为中心的周边省份。以现有普通野生稻原生地、古村落及相关稻田为挖掘重点，以寻找古稻样品遗存为主攻方向，争取早日取得新成果。

（二）加强普通野生稻的基因组学研究

国家种质野生稻圃已经收集保存有大量的普通野生稻种质样本，应进一步开展基因组学的相关研究。一方面为稻种起源演变进化提供物种基因序列变化的证据，另一方面可以进一步挖掘新的有利基因，为育种提供基因源，提升品种改良的效率。

1. 强化普通野生稻的收集保存工作

野生稻种质资源是基因挖掘的重要战略物质基础，只有不断强化收集保存工作才能保证其安全存活，才能为育种及基因组学研究服务。目前，国内野生稻种质资源的收集工作已经告一段落，应该加强国外野生稻的收集保存工作，争取收集、保存更多的国外野生稻种质资源，用于战略储备及基因测序研究，进而解开稻种演变进化之谜。

2. 重点进行各地普通野生稻及农家品种基因测序

目前，存在着多个稻种起源及遗传多样性中心的学术观点，因此，今后应进行更多地点的普通野生稻基因测序研究。第三次全国性作物品种资源征集发现，还存在个别农户栽培 100 年以上老品种的情况。这些老品种比现代育成品种含有更多的原始基因，因此在进行普通野生稻基因测序的同时也应该进行同一地区的老农家品种的基因测序，寻找进化过程中基因变异更接近原始的栽培稻基因序列，从而在基因结构演变上得出进化结果。

3. 加强野生稻种人工演化及基因测序

加强野生稻种的人工演化实验，并对实验变异材料进行基因测序，以期发现由普通野生稻演变成栽培稻品系的基因序列变异实况。陈成斌（1994 ～ 1999）对广西、云南普通野生稻进行人工演变实验时，由于经费及技术的局限，没有开展基因测序研究。现在基因技术成熟、经济状况良好，完全有条件把这项研究搞好。建议国家立项，各组织联合攻关，未来将取得惊人的成就。

（三）促进野生稻基因利用

野生稻种质资源保存、鉴定、评价的目的是利用，稻种演化途径研究也是为了更好地为人类发展服务。因此，今后可以把稻作基础研究与加强利用的研究结合起来，进一步促进野生稻有利基因的利用。

1. 强化新基因挖掘

目前，国家野生稻圃保存的野生稻种质资源，还有很大部分尚未进行农艺性状、抗病虫性、抗逆性鉴定评价，以及稻米品质的鉴定评价。挖掘新的有利基因，首先应从优异种质鉴定评价开始，从而获得具有明确优异特性的材料，用于新的有利基因的挖掘。建议今后加强这一领域的研究。

2. 构建野生稻基因库

利用目前已经知道的野生稻优异种质，以及今后发现的优异种质，不断进行野生稻附加系、基因渗入系、基因导入系的构建和选育研究，进一步把野生稻优异基因导入栽培稻中，建立野—栽基因库，保存具有优异形态特征、特性的基因型材料，从而更有益于育种利用。

再者，也可以分离、克隆优异基因转移到微生物载体上以构建基因文库，把野生稻有利基因逐个分离、克隆出来，进行基因测序和功能分析，弄清楚其内外子、启动子及终止子，为转基因研究提供基因源，也为分子育种、分子标记辅助育种提供精准的有利基因。

3. 创造野－栽新基因系

采用转基因技术或分子育种技术，创造出更多的聚合野生稻优异基因的栽培稻新品系、新品种，加快野生稻优异基因的开发利用。同时申报更多的新基因系专利，在世界“基因大战”中占据更多的知识产权高地，为实现中华民族伟大复兴储备更多的高新技术与优异基因源。

第四章
栽培稻起源中心的研究成果

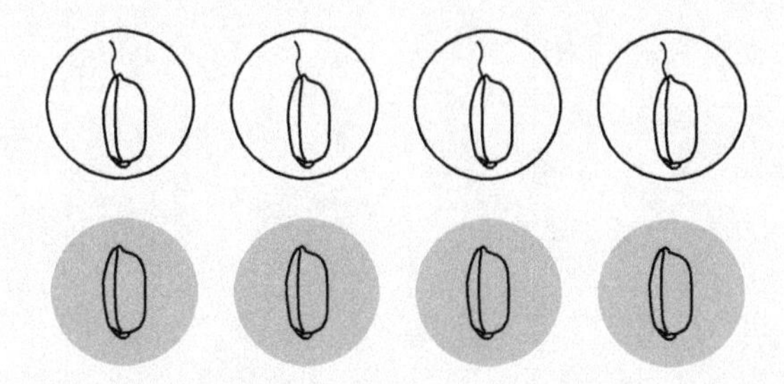

当今世界上有两种栽培稻，一是亚洲栽培稻，又称普通栽培稻（*O.sativa* L.），二是非洲栽培稻（*O. glaberrima* Steud.）。非洲栽培稻仅分布在西非较小的区域，其人工品种改良的程度较低，非常接近西非的短叶舌野生稻（*O. barthii* A. Chev.），因此人们公认西非就是其起源地，短叶舌野生稻就是其直接近缘祖先种。栽培稻起源中心（地）的研究及争论主要是针对亚洲栽培稻而论。

一、亚洲栽培稻起源中心学说

长期以来，亚洲栽培稻起源问题一直是农业起源研究的中心议题之一，也是稻作基础理论研究的中心议题之一。中国是目前世界上保存稻种资源最多和发现早期稻作遗存最多的国家，又是最丰富的普通野生稻种质资源传统分布区域，更是具有举世瞩目的历史悠久的古老传统稻作文化。因此，中国栽培稻起源研究结果一直倍受国内外学术界的广泛关注，中国栽培稻起源问题也就成为世界栽培稻起源研究的大事情。亚洲栽培稻种起源地的近代研究成果主要形成以下 5 种不同的观点。

（一）阿萨姆 - 云南说

该假说首先是由康德尔（A. De Candolle）于 1884 年提出的，但若细分起来，这种观点在内部认识上也有区别，如日本学者渡边忠世认为，稻作起源地为从印度阿萨姆到中国云南省，包括缅甸克钦州等地在内的一个椭圆形丘陵地带。张德慈认为稻作可能起源于尼泊尔—阿萨姆—云南地区，经由云南引入黄河流域，并由越南经海路引入长江盆地。部分中国学者则认为稻作主要起

源于云贵高原。阿萨姆—云南说的主要依据是云南地势与气候复杂，垂直分布高幅很大，从海拔 40 ～ 2 695 m 都有栽培稻种分布，不仅数量众多，而且种类丰富。同工酶分析显示，云南部分栽培稻的酶谱类型与普通野生稻相似，表明两者具有较近的亲缘关系。然而，此学说至今缺乏考古学材料的支持，渡边忠世所依据的主要是云南发现的为数不多的几处稻作遗存，年代最早的也只有 3 800aBP。而根据云南野生稻调查结果，与栽培稻最亲近的普通野生稻目前只有景洪、元江有零星分布，大量分布的野生稻是疣粒野生稻和药用野生稻，这使得阿萨姆—云南起源说处于更加不利的地位。

栽培稻的祖先，一般认定的即上述广泛分布于亚洲南部以至南洋一带的野生型（*O. fatua* = *O. sativa* L. f. *spontanea*）（Roschevicz，1931）。这些野生型，如在华南沼泽地方所发现的，与栽培稻的籼粳稻，特别是与籼稻无大差别，只有分蘖散生、穗粒稀疏、不实粒多和脱粒特易等与栽培种不同。此外在安徽巢湖流域淹水地方也发现野生稻，形如粳稻，因而有学者认为其是粳稻祖先（周拾禄，1948）。但把它的种子作普通种栽培时，其生长和结实情况与普通水稻种相同，因此认为其是野性化的稻种。

在印度，有学者认定小粒野生稻（*O. minuta* Presl.）为小粒栽培稻的原种（Koernicke，1885），或药用野生稻（*O. officinalis* Wall.）与某些水陆稻种有关（Watt，1908）。疣粒种稃面特有显著的疣粒突起，药用种特有地下茎，小粒种为四倍体植物，在亚洲可以完全肯定为普通栽培稻的祖先的，就只有普通稻的野生型（*O. sativa* L. f. *spontanea*）一个品种。非洲的栽培种除一般的是由亚洲传入之外，在热带非洲地区有与当地野生稻的短叶舌种（*O. breviligulata* A.Cheval et Rocher.）和光身种（*O. glaberrima*）类似的，但这些非洲特有的栽培种还未传播到其他地区，从广泛传播于世界各国的品种来看，也认定是来源于普通稻的野生种（Copeland，1924）。

从我国古籍《管子 · 轻重戊》《新语 · 道基》《淮南子 · 修务训》等记载看，我国稻作开始于公元前约 3 000 年的神农时代，为世界稻作最古老的国家。在公元前 2 000 年前后的仰韶村新石器时代的遗址，发现有栽培稻的植物体和种粒（Edman，1929）。在公元前十二三世纪（公元前 1401 ～公元前 1123）的安阳殷墟的甲骨文中，便发现有“稻”字。这说明了我国稻作文明在那时已发展至一定程度。同时民族传说中关于稻作的古籍记载的可靠性，也获得一定程度的事实证明。还有人认为，汉初司马迁的《史记》记有黄帝（约公元前26世纪）栽培五种谷类（黍、稷、稻、麦、菽），大禹、后稷、伯益等（约公元前21世纪）疏治九河，教农民在低湿地方种稻。至周代（公元前1046～公元前256）在黄河流域已有相当大量的水稻栽培，周代春秋绝笔前所遗留下来的民歌（即最可信的古籍诗经）曾有不少明确的描述，并且周代出土的钟鼎有关于稻米供旅行食用等的记载；加上春秋战国时代（公元前722～公元前221）稻作灌溉事业的发展，认定我国稻作可能发轫于距今5 000年前的神农时代，扩展于4 000年前的禹稷时代，至2 200年前的周代，就奠定了我国在黄河流域广泛栽培水稻的基础（丁颖，1949）。

印度与中国同为古老的稻作国家，但康德尔（A. De Condolle，1884）认为印度的稻作起源在我国之后。据察脱杰（Chatterjee，1951）研究，约公元前1 000年的阿婆吠陀（Artharva veda）赞美歌中始见"稻"字（Vrihi），北印度巴佛哈拿加（Bahudhanaka）的游得希亚（Yaudheya）民族确知有稻，是在距今2 000年前。其他梵文古籍提及稻的，概在公元前一二世纪。这个"稻"字（Vrihi）的语音系统与我国稻（Dau、Tao）、稌（Tu）等完全不同。反之，华南地区在古代（伊尹时期，约公元前1750）称稻为"秏"（Hao，见《说文解字》），今云南傣族称稻为"毫"（据程侃升私人通信），在闽南、广东各地的福老语称稻为"Deu"或"Teu"，西南山区苗族古语称稻为"Tsuo"（西村，1928），越南称稻为"Gao"，泰国称稻为"Kao"。作者根据我国五千年的稻作文化创建过程，及华南与越泰连接地带的野稻分布和稻作民族的地理接壤关系，认为我国的栽培稻种起源于华南。

（二）华南起源说

我国栽培稻种起源于华南，这是丁颖（1957）报道的研究结果，他认为我国栽培稻种起源于南方。我国人民对于栽培稻种祖先的野生稻比对其他作物祖先的野生种更加关心，因此对野生稻有较多的文字记载。2世纪初许慎《说文解字》有"秜"字，3世纪初张揖《埤苍》有"穭"字，这些字均指田野间

自生的稻。记载野生稻事实的，最早约在公元前3世纪的《山海经·海内经》，说："西南黑水之间，有都广（南方）之野，爰有膏（滑泽）菽膏稻，百谷自生，冬夏播琴（殖）。"《山海经·海内经》指出了距今2 300年前，华南地区有自然生长的豆和稻谷，而且冬夏都可以播种繁殖。其后《三国志·吴书》记"黄龙三年（公元231年）……由拳野稻自生，改为禾兴县。……十二月丁卯大赦，改明年为嘉禾元年。"此后如《宋书·符瑞志》记吴郡嘉兴生野稻，《梁书》记吴兴生野稻及徐州旅生稻稗，《新唐书·地理志》记（乾符元年）沧州上野稻水谷，《文献通考·物异考》记宋代宿州符离县、温州静光院、江陵公安县、襄州襄阳县先后均生穞稻或野稻，即西自江汉平原以至襄阳地区，东至江浙，北经扬州、徐州、宿州以至渤海沿岸的沧州，都有野生稻，有人推测这些地方可能与华南同为我国野生稻的分布地区。

华南以珠江的东、西江流域为中心，东自台湾，西至云南，南至海南岛的低洼地方，都有野生稻广泛分布。这些野生稻除宿根生长、有水中匍匐茎及结实特少、谷粒未熟先落等特点外，所有根茎叶穗花实等的植物学特征及其与强光、短日、高温、多湿和土壤水分关系等的生物学特性，都与栽培稻种没有两样，因而可以认定为栽培稻的野生型。这些野生型的分布地带也就可以认为是我国栽培稻种的发祥地带，而华中和华北的沼泽地也都发现有这些野生型。

也有人根据华北有新生代的犀象化石等而认为当时可能有野生稻。但据我国古生物学的研究结果，犀象在距今约10 000年前的全新世已完全绝迹，而且代表北方型的动物如披毛犀、洞熊等的存在，似乎表示当时华北还不是正常的温带气候。而且像上述史书记载，只限于一时一地，且首先指明为"符瑞"或"物异"，而不是普通生长的野稻；或称之为"稻稗""野稻水谷"，是否为稗草或禾本科的沼泽植物？如"秜""穞"等在书中只注明为"今年落，来年自生"，是否为栽培稻落粒自生的稻株，仍是一个问题。兼之在现今江、淮、河、汉的沼泽地又全没有野生稻的残迹发现，与华南低洼地方的野生稻随处自然生长完全不同。从而根据上述记载，就很难肯定黄河或长江流域为栽培稻种的发祥地带。

根据历史、语言、出土文物等方面的研究结果，对中国稻种的古籍记载研究最深入、最系统的是丁颖（1949），他就古籍考之。《管子·轻重戊》曰："神农作，树五谷淇山之阳，九州之民乃知谷食。”《淮南子·修务训》曰：“古者民茹草饮水，采草木之实，食蠃蟒之肉，神农相土地燥湿肥瘠高下，因天之时，分地之利，教民播种五谷。”东汉高诱《淮南鸿烈解》注云：“五谷，菽麦黍稷稻也。”神农氏亦曰炎帝，亦曰烈山氏，数见于《易经·系辞》《左传》《国语》及周秦诸子，其为当时氏族之一或诸氏族之代表者，当无可疑。在神农后完成中国肇始期之稻作者，尚有黄帝及禹稷。司马迁《史记·五帝本纪》曰：“轩辕……治五气，艺五种，抚万民度四方……”因此，丁颖认定中国栽培稻起源在历史记录上应起源于神农时代。

在语言学上的考证，丁颖认为语言先于文字记载，故研究事物起源，须于语言学求之。中国语言文字有系统的古籍当推东汉许慎《说文解字》。《说文解字》曰：“稻（Tao），稌（Tu）也，从禾，舀声。稌，稻也。稬（糯），沛国谓稻曰稬。秏，稻属，伊尹曰，‘饭之美者，南海之秏’。”可见《说文解字》记载当时稻稌互训。周秦时期之《尔雅》也说：“稌，稻也。”据Kargren（1923）研究，北平（今北京）谓稻为“Tau”，广东为“Ta’u”，山东为“Dau”，古汉语为“Daû”，故稻、稌、秏、稬等可谓为音同而字异者。中国古籍读“稻”为“Dau”“Tao”“Tau”或“Tu”，现在粤、闽的福老语读“Deu”或“Teu”，广西壮语读“Hao”或“Ho”，苗族古语为“Tsuo”（西村，1928），全国古今均同一语系。据金文，稻字左形从禾或从米，右声从舀（yao）或从道。其字体或易横列为竖列，字形亦有从方人（㫃声，旗也）如穗形者，有从水象生于水中者。甲骨文则上从米，字亦“道”声。由此，丁颖根据殷商关于稻之依声造字称为“Tao”“Tu”“Dau”等声，认定其与今之华南沿海福老语谓稻为“Deu”，越南为“Gao”，泰国为“Kao”者有关，即中国之稻种来源与古之南海即今之华南有关，而与马来语系之“Padi”及印度语系之“Vrihi”者不同系统。而印度和欧美属于Arishi、Oryza、Rice语系；南洋、印度尼西亚属于Padi、Bras语系。

丁颖还从古物学和人种学的领域进行稻作文化起源背景的研究，取得了在当时比较系统全面的科学结论，为后人研究稻作起源提供启示和参考。

支持华南起源说的主要论据：一是这一带至今还是公认的栽培稻近缘祖先种——普通野生稻的主要原产区，东起台湾桃园（121° 15′ E），西达云南

景洪（100° 47′ E），南起海南三亚羊栏乡（18° 15′ N），北至江西东乡（28° 14′ N）。在这一带的河塘、湖泊、沼泽广布，气候温和，雨水充沛，十分适合稻类作物的生长发育。二是中国众多古籍记载，自神农时代起就有稻作文化，并在距今 1 800 多年前就把栽培稻分为籼粳（粘与不粘）两大亚种。三是华南保存有全国最多的农家稻品种，类型齐全，其他地区无法相比。然而，也有不同的观点，如张居中等（1996）认为这一论点至今尚未能得到早期稻作遗存材料的支持。

（三）长江中下游－华南起源说

该假说以严文明（1989）为代表。因为有彭头山、八十垱、河姆渡、高虬庄等遗址考古稻材料的支持，又有普通野生稻分布或很靠近现今普通野生稻分布区等野生稻证据的支持，所以张居中等（1996）认为该假说是目前得到多数学者支持的学说。

（四）黄河流域起源说

该假说以李江浙（1986）为代表，认定水稻为秦人之祖先大费在河北、济南、河南、江苏交界地区首先培育而成的。许多史料记载都说明，黄河流域的稻作文化起源较早，神农时代就进行水稻栽培。在史料上，黄河流域几乎成为中华民族农耕起源的正统地域，因而李江浙等一批专家据此认定亚洲栽培稻起源于黄河流域。但是，张居中等（1996）认为黄河流域起源学说这一论点过于依靠文字训诂，存在对考古学和年代学资料引用不当的问题，但未能引起人们的足够重视。作者认为，在当代稻作理论研究界，多数人均认可黄河流域是传统意义上的旱作区，水稻仅仅是引进作物，加之一直以来没有黄河流域野生稻分布的记载和发现，也影响了公众的认可，客观上黄河流域是水稻起源地的可能性极小。

（五）长江中游与淮河上游起源说

该假说以王象坤、张居中、陈报章等（1995）为代表。淮河上游的河南省舞阳县贾湖新石器时代遗址（地理位置：33° 37′ N，113° E）发现（出土）炭化稻米约500粒，其中197粒较完善；贾湖古稻样本距今7 800～8 800年，与在长江中游的湖南澧县彭头山出土的彭头山古稻样本的年代相仿或稍晚；1996年又在长江中游的湖南澧县八十垱遗址出土了大量距今8 000年以上的炭化稻，并比浙江省的河姆渡与罗家角的古稻提早了1 000余年，是当时考古出土的最古老的古稻谷米样本。贾湖遗址和彭头山遗址相隔约400 km，属于长江中游和淮河上游地区。另外，该地区在中国古籍记载中又属于古普通野生稻分布区。因此，王象坤（1996）认定长江中游与淮河上游地区完全符合稻作起源地所必需的前提条件：该地发现我国最古老的原始栽培稻，同时该地发现栽培稻的野生祖先种——普通野生稻，该地或其附近有驯化栽培稻的古人类群体及稻作生产工具，该地当时具备野生稻生存的气候与环境条件。因此，他们提出长江中游与淮河上游地区是栽培稻种起源中心的假说。

二、栽培稻起源中心具备的条件

作物品种一般起源于野生种，水稻也不会例外。康德尔（A. De Candolle，1884）著《作物起源》时，估计中国有野生稻，并认定由亚洲南部的中国迄西到印度孟加尔一带，稻的存在比其他作物早。栽培稻的祖先，一般认定的即上述广泛分布于亚洲南部以至南洋一带的野生型（*O. fatua* = *O. sativa* L. f. *spontanea*）（Roschevicz，1931）。这些野生型如在华南沼泽地所发现的，与栽培稻的籼粳稻特别是与籼稻无大差别，只有分蘖散生、穗粒稀疏、不实粒多和脱粒特易等与栽培种不同。

王象坤、张居中、陈报章等（1995），崔宗钧等（1996）均认为长江中游与淮河上游地区符合中国栽培稻最初发祥地所必须具备的4个基本条件：①起源地必须发现有最早的栽培稻古稻遗存；②起源地必须发现有栽培稻的野

生祖先种——普通野生稻；③起源地具有适应于栽培稻及其野生祖先种生长发育的气候与环境条件；④起源地或其附近要有以栽培稻为主要食品，并具有将野生稻驯化为栽培稻的发展水平以及相应能力的古人类群体，以及相应的稻作农业生产工具。对于构成一个起源中心地，这四个是缺一不可的条件，并认为①②是成为亚洲栽培稻发祥地的直接物证，③是发源地必须具备的客观气候、地理生态条件，④决定野生稻能否成为栽培稻的根本。在栽培稻起源时代，该起源地或其附近应该生活着一群先民，他们的部落采摘和狩猎技术水平较高，思想意识较发达或先进。但是随着人口增多，采集或狩猎资源日益减少，在部落中经常出现季节性食物供不应求甚至出现因季节性食物不足造成人口减少的生存压力。在这种持续生存压力下才有可能最终发现野生稻果实（稻米）能充饥，并易于保存，从而走上驯化种植、选择野生稻的道路，这构成稻作起源的部落社会背景。作者基本同意发源地必须具备这 4 个条件，但还需增加一个条件，即栽培稻的直接祖先种野生稻必须具有多型性，其多型性在植物学特征、生物学特性、蛋白质组学、基因组学的多样性表现均多于或等于栽培稻的多型性。

把野生稻驯化成栽培稻是一个漫长的历史过程。首先是古先民遇到季节性狩猎加采摘新鲜食物不能满足部落人口食用，甚至在人口大量减员的情况下，才注意到被埋在地面的整片野生稻谷粒。进而尝试着吃食，发现米粒的可口性，接着收集谷粒作为食物，并在不断的采收过程中发现，野生稻是众多食用植物中种子数量最多，食味较好，又易于收藏的食物，从而将其作为重点采集对象进行强化采收。这是古先民将野生稻作为食用植物的第一阶段，是人们认识野生稻，认可其作为食用植物，并从众多食用植物中逐步强化采集、选择出来的阶段。第二阶段是人类进入选择野生稻种的阶段，重点选择那些对人类有利的野生稻遗传变异，如穗大粒多的变异类型、早熟类型、脱粒弱的类型，从而增加种子数量、减少种子损失，并不断加强栽培种植，提升单位籽粒产量，促进野生稻的改进，从而促进其进化演变。在野生稻的不断变异、遗传、人类的选择这三项要素的无数次的反复循环过程中，人类最终将野生稻驯化成为栽培稻，并从起源中心向北、向东、向南、向西传播和发展，形成遍布世界各地的主要栽培作物物种。

张居中、王象坤、崔宗钧等（1996）认为淮河上游和长江中游地区是最早具备上述4个条件的地区。特别是他们根据施雅风、孔昭宸（1992）的研究结果，认定进入全新世以后，气温急剧升高，10kaBP的气温已达到现代水平，9kaBP左右的气温已稍高于现代，8.5～8.7kaBP的气温急升至45°C，同时降水量也相应增加，非常适于稻作生产。按游修龄（1990）对汉代以来古籍的考证，公元2世纪以来，野生稻的分布地域北限为30° N至38° N，东西夸幅为107° E至122° E，它覆盖了长江中下游、江淮地区、汉水流域、黄淮地区至东部沿海一带。在贾湖遗址等地发现了史前野生稻样本，因此他们认为江淮、黄淮地区均为野生稻传统分布区。他们认为当时的气候也有很大的波动，在8.7～8.9kaBP之间的强低温事件，以及7.8kaBP和7.3kaBP两次温度下降等冷暖交替、气温不稳定波动等严重气候灾难，给这一区域刚刚从最后冰期熬过来的人类群体的生存重新带来麻烦，迫使他们寻找战胜严寒和饥饿的方法。因此，处在野生稻分布边缘，食物经常性出现冬季短缺的边缘地区的人群，在生存压力下更加积极着手探索利用野生稻栽培驯化，进而创新出包括水稻栽培技术、稻米加工技术在内的稻作文化。淮河下游地区在5.5～6.3kaBP时期已开始对稻种进行优化选育，与此同时，长江中游地区的大溪文化时期所栽培的稻种仍处于以小粒稻为主的阶段。相同时期的淮河上游贾湖地区和长江中游的彭头山及稍后的城背溪文化与皂市下层文化均达到了相当高的水平，特别是贾湖地区发达的原始音乐和原始宗教文化，在当时应是处于领先地位的，这就需要雄厚的物质基础。张居中等（1996）认为当时的云南和华南地区不具备稻作起源的必备条件，很难成为栽培稻的起源地，至少目前尚无足够的考古证据，而云南和华南地区稻作文化普及于4kaBP左右的石峡文化以后，则是无法否认的事实。

作者认为长江中游与淮河上游稻作起源说的核心证据是1994年淮河上游河南舞阳贾湖遗址出土的贾湖古稻样本（7.5～8.5kaBP）和1996年长江中游湖南澧县彭头山出土的古稻样本及八十垱遗址出土的炭化稻样本（距今8.0kdBP）。外加1994年淮河下游江苏高邮龙虬庄遗址出土的距今6.0～7.5kaBP的大量炭化稻，以及淮河、长江中下游发现许多考古遗址出土的年代久远的大量古稻样本及稻作工具，为该稻作起源说提供支撑。例如

淮河流域上游有贾湖古稻，中游地区有侯家寨下层文化（6.0～7.5kaBP），下游地区有龙虬庄文化（亦称“青莲岗文化”，6.0～7.5kdBP）、大汶口文化（4.5～6.0kaBP）及王油坊文化（4.0～4.5kaBP），淮南地区有薛家岗文化等遗址；长江中游地区有八十垱文化、彭头山文化（7.5～8.5kaBP），城背溪文化与皂市下层文化（6.0～7.5kaBP），大溪文化（5.0～6.0kaBP），屈家岭文化（4.5～5.0kaBP），石家河文化（4.0～4.5kaBP）；长江下游地区有河姆渡文化与罗家角文化（6.0～7.0kaBP），马家滨文化（5.5～6.0kaBP），崧泽文化（5.0～5.5kaBP），良渚文化（4.5～5.0kaBP）。这些古稻遗址的发现，证明淮河上游地区与长江中游地区自8.5kaBP以来的沿河延伸下游地区，逐步成为稻作农业经济区。其稻作文化是世界上同期最发达地区之一。在学术上，古稻样本年限成为支撑稻作起源学说的根基，以及传播的核心证据。然而，建立在完全依靠出土古稻年限长久与否的学说往往会有被考古发现牵着走的感觉，不依赖出土古稻年限又常常被认为无实物证据而被认为有人为杜撰之嫌疑。作为稻作起源地，应该有年限最长久的古稻（近似栽培稻或野栽混存之样品），但不能完全依赖古稻的出土，因为考古发现有很大程度是带有偶然性的，炭化稻及其秸秆的地下遗存也是由诸多因素影响的。某些地方一时间没有发现古稻，甚至考古专家在一定时间内费很大的劲，也不一定能如愿以偿。因此，有野生稻或古籍记载该区域曾经有过野生稻，才是核心的证据，而古稻样本遗址实物是重要证据。

三、栽培稻起源中心最新研究成果

长期以来，亚洲栽培稻起源于何地一直都是农学界、考古界十分关注的重大学术问题，也是希望解决的重大基础理论问题。一直以来，只要有机会，科学家们就会进行亚洲栽培稻起源问题的研究，并提出新的研究成果。

（一）稻作文化考古新发现

《人民日报》1999 年报道在广东省英德发现稻作遗址，出土了距今 1.2 万年的古稻谷米样本；之后不久（2000 年），又在湖南省零陵地区道县的稻作遗存发现了距今 1.2 万年的古稻米样本。这两处古稻作遗址的考古发现，进一步支持了华南稻种起源中心学说。

（二）普通野生稻人工演化实验

早在 1994 ～ 1997 年，陈成斌参与中国农业大学王象坤教授主持的国家自然科学基金重大项目“中国栽培稻起源演化”，承担人工重演栽培稻进化任务。1996 年报道选择广西、云南普通野生稻纯系为试材，采用 Co^{60}-r 射线半致死处理种子，M_1 代种子发芽，种植后的植株农艺性状（植物学特征）发生广泛的遗传变异。然后，采用隔离自交单株收种，并向直立与匍匐两个方向进行单株选择。经过 4 个世代的自交单株选择，在广西普通野生稻试材后代的第 5 代中出现稳定的类似栽培稻老农家品种的株系，以及完全匍匐的、后来经过两年种植均无幼穗分化的无性繁殖株系。在实验期间还获得早季抽穗结实，收种后，再播种晚季抽穗结实的株系。实验结果既证明了广西普通野生稻是栽培稻的祖先，又证明了栽培稻的早晚稻类型、籼粳亚种均有同期起源于普通野生稻的可能性。在人工选择的压力下，广西普通野生稻的辐射后代能够向直立型的原始栽培稻方向发展，也能够向极匍匐完全没有幼穗分化的无性繁殖的方向发展。辐射后代的多样性变异完全能够满足亚洲栽培稻适应世界各地各种环境变化生存需要的遗传多样性要求。这也进一步支持华南稻作起源学说，是稻作进化理论的重大补充。

（三）核基因图谱的新学说

2012 年 10 月国际顶尖科学杂志《自然》发表了中国科学院院士韩斌主持研究的成果——《水稻全基因组遗传变异图谱的构建及驯化起源》。该文章认为广西可能是栽培稻最早驯化的区域，即亚洲栽培稻可能起源于广西，并

认定中国广西的粳稻是世界各地栽培稻最原始的类型，其与广西野生稻图谱最接近。在参试的普通野生稻中，中国野生稻比其他参试材料的基因组更原始，其中广西野生稻最近似栽培稻的原始类型，广东次之，随后为江西、湖南、海南，最后为云南的普通野生稻。其后，又推论稻作起源时间在距今 8 000 年以上。作者认为目前对他们的结论虽然有争论，但是，这是当前用最先进的技术研究得到的最新结果。他们在基因组学水平上进一步支持了丁颖的华南起源说，也因此引起了包括稻作学界在内的社会各界有关人士的广泛关注，特别是广西文化界、自然科学界的广泛关注。

（四）细胞质基因组新进展

紧接着，中国农业科学院作物科学研究所杨庆文课题组与广西农业科学院水稻研究所陈成斌团队合作，在对中国普通野生稻遗传多样性分子标记研究和对广西普通野生稻遗传多样性地理分布特征特性研究取得显著成果的基础上，进行野生稻细胞质叶绿体、线粒体基因组测序及多样性研究。杨庆文的学生魏鑫等（2012）利用野生稻及栽培稻的叶绿体、线粒体和核基因组的基因区域（cox3 trnC-ycf6、ITS 和 Hdl），研究普通野生稻和亚洲栽培稻之间的亲缘关系，并探索中国栽培稻的起源地。结果表明，广西普通野生稻分子标记（SSR）结果与细胞质基因组多样性的分布呈现为桂东北、桂西、红水河及北回归线珠江流域、南流江流域等 4 个遗传多样性中心，而其中红水河及北回归线珠江流域、南流江流域最有可能是亚洲栽培稻的驯化起源中心。他们的研究结果进一步支持韩斌等（2012）稻种核基因组测序的结论，并更进一步明确稻作在广西起源的具体区域，丰富了华南起源说的内涵。

作者认为广西北回归线珠江流域和南流江流域为亚洲栽培稻起源中心的可能性很大。理由：①广西是亚洲古人类活动最早的地区之一。在广西右江流域有 80 万年前的古人类化石，以及旧新石器时代的众多石斧等古物出土，而右江是珠江上游，是普通野生稻的桂西多样性中心；在北回归线珠江与红水河流域有古人类“柳江人”遗址（白莲洞遗址），出土了 4 万年前的古人类化石及相关化石，由此可知，人类在该地区活动很早，且一直延绵不断。②

珠江中段古稻谷、稻米出土样本年限古老。例如，湖南道县的古稻样本距今1.2万年，就在珠江中段，并近邻南流江流域。③广西古代农耕文化发达。广西发现众多1万年前的大石铲农耕遗址，证明古代广西的农耕文化具有领先世界的发达时期。④普通野生稻分布密集及气候环境优越。作为亚洲栽培稻直接祖先种的普通野生稻在广西密集分布，使广西成为全国乃至世界上普通野生稻分布最密集的地区。普通野生稻具有适应性广泛、遗传变异丰富的特点，而广西具有形成多样性中心的优良地理区位条件，促进其自然演变进化，为人类驯化提供坚实的遗传多样性基础。

四、亚洲栽培稻起源地研究的思考

过去提出亚洲栽培稻起源地都是以考古出土古稻样本的同位素测定年限最久的地点为主要依据，这样就造成许多稻种起源地的学术观点被考古发现牵着鼻子走。因此，作者认为，今后亚洲栽培稻起源地研究，重点应在以下三个方面。

（一）进一步挖掘已经出土最古老栽培稻样本的遗址

古稻样本的出土对确定栽培稻起源地具有决定性的作用。由于考古发掘的被动性，作者认为对现已出土最古老古稻样本的遗址，应进一步审视。如果论证认为还有进一步挖掘价值的，应该再次扩大挖掘范围和深度，争取获得更多的稻作文化信息，进一步提升其历史作用，也为快速解决稻作起源地的争论提供更好的科学依据。

（二）加强普通野生稻原生地及周边稻田的考古发掘

具有普通野生稻分布的地区或古代曾经有过野生稻分布记载的地区才有可能成为亚洲栽培稻的起源地，这是学术界共同认定的不成文的规定。因此，作为古稻样本的寻找目标地，作者认为加强对现有普通野生稻分布区的考古发掘十分重要，特别是经过稻作学家研究肯定的野生稻分布区或古籍记载的分布区。另外需要适度改变过去以古墓为主要目标的单一被动式的考古方法。因为在国王、贵族们眼里，稻谷并没有黄金白银及标志权力的铜鼎那么重要。古稻样本的挖掘应另辟蹊径，寻找那些更贴近水稻耕作的地方或储存稻谷、稻米的地方，甚至以现有野生稻分布的地区或过去记载有野生稻分布的地区为线索，进行专门的、主动的挖掘寻找，可能更容易找到古稻样本。

（三）加强基因测序比较认可的可能起源地的考古挖掘

在栽培稻老农家品种和普通野生稻全基因组（包括核基因、线粒体基因、叶绿体基因）测序的结果指引下，在基因测序结果认定的起源地区进行考古挖掘，发现远古稻种样本，确定亚洲栽培稻起源地，应该更可靠。

第五章

稻种传播途径

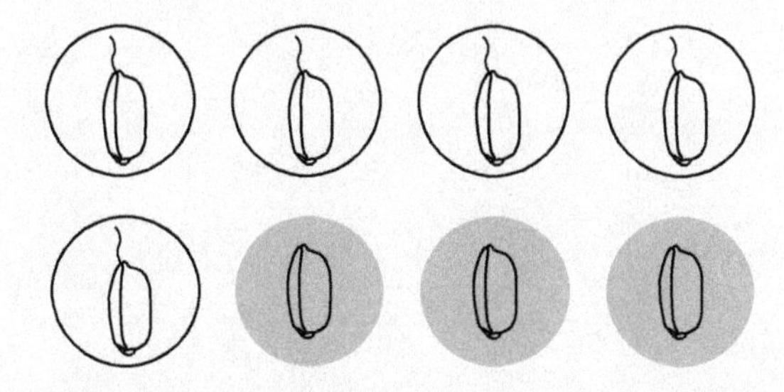

关于稻种传播的研究，研究者都是根据各自持有的稻种起源地的学术观点提出的，要确定稻种传播途径，必须与稻种起源地联系在一起才能真正地理解。前文提到目前世界上仅有2个栽培稻种，其中非洲栽培稻（*O. glaberrima* Steud.）的种植面积较小，主要集中在西非的几个国家，其传播途径相对简单，没有必要进行更多的研究。而亚洲栽培稻（*O.sativa* L.）的传播途径较为复杂且争论较多，所以需要进行深入系统的全面研究。经过2个多世纪的研究和多个学说的比较，特别是在20世纪90年代，中国的众多考古遗址中出土了古稻谷米及古稻秸秆炭化样本，使亚洲栽培稻起源地有了更明确的古物学证据。因而，也使亚洲栽培稻的传播途径有了更明确的说法。由于认定的栽培稻起源地点不同，其传播的路线也就不同，本章列举了众多的栽培稻起源学说中比较有代表性的起源地的传播路线，供有兴趣的读者参研。

一、稻种传播路线学说

纵观稻作文化研究近代史中众多学者的研究结果，较有影响力的亚洲栽培稻种传播途径学说有以下五个。

（一）阿萨姆－云南中心传播学说

该学说认为亚洲栽培稻起源于印度的阿萨姆—缅甸北部—中国云南地区。其传播路线以该地区为起点，向东进入中国长江流域，然后以长江流域为中心，向南进入华南地区，向北进入中国黄河流域，再向东进入朝鲜，传至日本。向西经印度进入伊朗后传入巴比伦，后传至非洲和欧洲，新大陆发现后传入

美洲。向南经缅甸、泰国进入南洋诸国，再传至大洋洲。该传播途径的特点是，起源地强调在印度阿萨姆—缅甸北部—尼泊尔—中国云南广袤地区，该地区现在还存在普通野生稻。其余的传播大方向，与其他学术观点近似。

（二）华南中心传播学说

丁颖在《中国栽培稻的起源问题》一文中提出，中国的水稻在南方或北方栽培先后和稻种传播问题，可参考中国科学院考古研究所和各省文物管理委员会 10 年来的研究结果，如长江中游的稻谷遗存出现于京山屈家岭文化期，长江下游的稻谷遗存出现于淮安青莲岗文化期，而河南西部渑池县仰韶村和五河县濠城镇的新石器时代稻谷遗存出现在仰韶文化末期，与屈家岭文化期大致相当。由于此时长江流域的稻作已分布很广，遗物出土很多，因而可以推定黄河流域的稻种来自长江流域，即稻作在长江流域比黄河流域发展较早。

根据周秦两汉时期的书籍所记载的我国民族的史前期传说，开始种稻的为神农氏时代，约在公元前 27 世纪；其后黄帝、夏禹、后稷、伯益也教民种稻，约在公元前 21 世纪。从近年来出土的遗物看，可以认定这些史前的民族传说有着一定的可信度。至公元前十二三世纪的安阳殷墟甲骨文有“稻”字和“秜”字。至公元前 12 世纪末期及之后的周代（公元前 1046～公元前 256），据《诗经》所载，在黄河流域已有大量的水稻栽培。《周礼》记载，在今陕西以东至河北、山东，陕西以南至淮河、长江以南都是宜稻区域，其栽培发展已不限于黄河流域，且似乎经过了很长的栽培时期。又如孔子（公元前 551 ～公元前 479）是鲁国人，鲁在今山东西部，他已有“食夫稻，衣夫锦”的表述，也可说明当时山东地区已有水稻。从而今后在河南以东的黄河下游，还有可能发现大批的稻谷遗存（20 世纪 80 年代以来，诸多稻作遗址出土的大量古稻样本证明了丁颖教授的推论）。

丁颖（1949、1957、1961）认为，从古籍记载方面看，我国稻作先出现在黄河流域（这些记载与当时黄河流域的民族文化发达程度有关）；而从出土遗物方面看，则似先出现在长江流域，再传到黄河流域。如果根据植物学上的野生稻种自然繁殖区域，栽培稻种类型的地理分布及其演变过程，以及籼粳稻、早晚稻、水陆稻等各类型的生长发育特性与日照高温和华南野生稻特性的关系等方面看，则各种类型的栽培稻种均当来源于华南地区的普通野生稻种。至于南北各地的各种栽培类型的发展先后，当然与该地的民族文化和水稻栽培事业的发展程度有关，而不是一直受品种起源地区的限制。作者认为古籍记载是当时胜利部族编写的，后人则跟着说。长期以来，中国均以北方和中原地区的文化为正统，即黄河文化为正宗。因此，稻作起源地及其传播更应侧重以植物学的地理分布和出土遗物为依据。华南说的稻作传播应是从华南地区向北传至长江中游延至下游，再向黄河流域；向东传入朝鲜半岛后进入日本列岛；向南传至越南及南洋诸岛，直至大洋洲。

（三）长江中下游－华南中心传播学说

该学说以严文明（1989）为代表。根据长江中下游有诸多7.5kaBP以前的稻作遗址被发现，华南有诸多野生稻分布，认为稻作以长江中下游－华南地区为中心，然后向四方传播，其传播路线与华南说有相似之处。该稻作传播中心的学术观点是以该地区考古发现众多6 000～8 000年前的古稻样本遗址，以及发现7 000年前左右的古稻田遗址为主要支点，结合该地区尚存许多普通野生稻分布点为主要依据而确立的稻作文化起源中心，并依据古籍记载认定传播途径。该学说融合了华南中心学说的主要内容，又扩大到长江流域，实际上是指中国南方是稻作文化起源中心，然后传播至中原，进而扩展到整个中华大地，然后传播给世界各地。

（四）黄河流域中心传播学说

该学说以李江浙（1986）为代表。认为水稻是秦人之祖先大费在河北、山东、济南、江苏交界地区首先培育成功的，然后向各方传遍中国，再向境外传播。该学说的主要依据是中国古籍的记载，在很大程度上，文字记载代表着国家历史传承的正统，具有丰富的历史文化内涵。然而，丁颖（1949、1957）多年的研究结果表明，中国古籍记载的稻作文化，关于中国北方、黄河流域的稻作记载最多，而且主要是水稻的粳稻亚种的记载，籼稻记载出现较晚。可是这不能充分说明其就是稻作文化的传播起点，因为水稻的籼稻亚种是基本型，粳稻是变异型，变异型不可能演变在基本型之前。张居中（1996）等专家认为，该学说过于依赖古籍文字记载，并对考古学及年代学之资料引用存在不当，因而未能受到人们的重视。

（五）长江中游与淮河上游中心传播学说

张居中、王象坤、崔宗钧等（1996）认为长江中游与淮河上游早在7.5～8.5kaBP已经成为稻作中心，在7kaBP时期，长江流域与淮河下游整个地区都已成为稻作农业经济区。随着4～5kaBP全新世大暖期气候波动和缓，在亚热带北界——35.5° N一带，适合稻类作物生长。山东龙山文化遗址发现有竹子，在华北沿海一带的龙山时代遗址中发现栽培稻古物，如江苏赣榆盐仓城、山东日照尧王城、栖霞杨家圈等龙山文化遗址（4kaBP左右）均有稻作遗存。从考古学文化上讲，淮河中下游龙山文化时期主要分布着王油坊类型，山东沿海一带主要为两城类型，胶东半岛分布杨家圈类型，这几处遗址和遗物在许多方面均有一定的共同因素，特别是生产工具呈现出更大的相似性，反映了这几个地区的先民有着较密切的联系。古籍记载这些地区为东夷部族的传统聚居区，文化传统一致，便于稻作文化的传播，是水稻北传的社会因素。5～7kaBP是我国稻作农业大发展时期，不仅在传统的稻作区长江流域，而且原属粟作农业区的黄河中下游地区也成为稻粟混作农业区，如华县泉护村、郑州大河村等遗址均发现稻粟共存，甚至位于35° 25′ N的山东王因遗址也发现有水稻花粉。1992年以来，忠北大学博物馆在韩国清州市家瓦地遗址发现大量保存完好的稻壳及陶片和残石器，经C^{14}测定，年代为4 721 ± 50aBP，经树轮较正为5 020aBP，这时期与我国仰韶文化晚期大致相当。在日本的千叶、贝花贝冢出土的网坠和长野、井户出土的石斧，与胶东半岛的也比较接近。但是，在朝鲜半岛北部和日本列岛，至今未见有4kaBP左右的稻作遗存。因此，张居中等（1996）认定水稻东传不排除中路和南路直接传至日本列岛的可能性，但最早的和主要的路线仍以山东沿海—朝鲜半岛中部—日本列岛的可能性最大。承家瓦地稻作遗址的发现者——韩国忠北大学博物馆馆长李隆助教授曾告知，在朝鲜半岛西侧其家乡，晴天可以看到山东半岛，两地渔民自古就有频繁的交往。认定在大汶口文化时期，山东沿海的稻作文化有可能直接向东传播至朝鲜半岛中部汉江下游，然后向南北两个方向传播，北传至朝鲜北部，南传至日本列岛。

因此，张居中等（1996）认为在距今一万年左右的全新世之初，由于气候与环境的逐渐好转，淮河上游、长江中游可能同步进入稻类作物的原始驯化阶段，9kaBP之后，由于气候的波动，迫使淮河上游和长江中游的先民率先掌握稻作栽培技术。至7kaBP，此技术在淮河流域和长江中下游地区普及，5kaBP之后，可能迫于人口的压力或谋生的需要，稻作栽培技术向南北两个方向传播，向南广布至华南地区，进而传至印度和东南亚；向北从淮河下游沿山东沿海地区经山东半岛、朝鲜半岛直至日本列岛。3kaBP后，由于气候逐渐趋冷，全新世大暖期结束，亚热带北限南移至淮河干流以南，黄淮地区先民的稻作农业逐渐被粟作农业取代，直至今日，这一带仍为旱作农业的传统地区。

二、稻种传播途径

稻作文化传播途径研究常常受到起源学说的影响，认为起源中心地区是传播的起点。自20世纪90年代中后期，国内考古成果层出不穷，出土了距今1.2万年以上的炭化稻，为亚洲栽培稻起源与传播提供了确凿证据。为了使人们更加了解稻作传播研究历史情况，作者将有关研究成果简述如下。

（一）中国国内稻种传播途径

1.2万年前在中国华南地区，由于气候条件逐渐转好，先民们发现野生稻之稻米可以食用，并能够贮存，可解决季节性食物短缺问题，而进行原始栽培。中国的栽培稻驯化栽培首先是在华南地区，并逐步向周边缓慢发展。然而，由于古代道路交通不畅，扩展缓慢，稻种的驯化也非常缓慢。长江流域的冬季相对于华南来说更加漫长，在人口不断增加的情况下，冬季经常出现食物紧缺的现象，而稻谷可以储存，能够解决季节性粮食急缺的问题。8 000 ～ 9 000 年前，水稻就已经向北传至长江中游—淮河上游地区，并得到较大规模的发展，成为当时湖南省澧县彭头山（1994 年考古出土炭化稻米）、澧县八十垱（1996 年和彭头山一起出土大量炭化稻）、长江中游和河南舞阳县贾湖（1994 年出土）等淮河上游地区的主要粮食作物。在那个时期，水稻已经在河南以南地区得到较大发展。到 7 000 ～ 8 000 年前，在淮河下游的江苏高邮龙虬庄遗址及周边平原地区，水稻逐渐沿长江、淮河流域平原向东发展，逐步遍布江淮流域。1973 ～ 1977 年，考古工作者两次在浙江省余姚县河姆渡遗址进行挖掘，出土了 6 000 ～ 7 000 年前的古稻谷和稻作生产工具，说明当时长江、淮河下游已经大规模种植水稻。并且再向北进至黄河流域，即从淮河下游由山东向北进至辽东半岛后，遍布东北；沿着山东沿海地区经山东半岛传至朝鲜半岛，再传至日本列岛。完成国内水稻由南向北传播途径，再传入东北亚国家和地区。水稻在华南地区向西传至云南，向西北传至四川，乃至西北地区。稻种由云南传至印度，然后由印度传向中东，至非洲和欧洲各国，向南传至越南、老挝等东南亚诸国。这个人工驯化的、为人类发展提供粮食安全保障的物种——水稻，发挥了其广适性和丰产性。

作者认为古籍记载多为北方之粳稻，虽然有甚多原因，但不可忽视的历史事实是，中国历史发展以黄河流域及中原文化为主流，而中国南方长期被视为南蛮之地。历次重大历史转折之战争，多数情况下，均以北方及中原势力为胜利者，南方民族记载的史料很难进入胜者记载的史册，故很难在古籍中出现稻作起源之记载。在考古发现方面，南方是被统治地，很难有高等级的王公、贵族墓葬。加之南方地下水位高、气候闷热、微生物繁殖快，尸体谷物腐烂比北方严重，因而古稻谷、稻米等样本的完好遗存比北方及偏北的江淮地区难。华南地区，特别是广西，在秦始皇统一中国之前，普遍实行二次葬的习俗，直至现在还存在二次葬的习俗。这种二次葬的方式很难将炭化稻米保存于墓葬中。而且华南地区的近代考古技术力量也不如中原、华北及首都地区，考古研究的方向也不集中在稻作方向。

（二）世界稻种传播途径

过去的研究认为，世界栽培稻种起源和传播途径：①由中国东北经朝鲜半岛传至日本诸岛；②由云南经缅甸传到印度后传至中东、欧洲、非洲、美洲；③由两广地区、海南经越南、老挝、泰国传到爪哇，再传至南洋各地。丁颖很系统地研究了中国古籍记载的“稻”字的语音表达，以及印度和欧美的语言表达的差异，认为中国古籍读“稻”为“Dau”“Tao”“Tau”或“Tu”，现在广东、福建的福老语读“Deu”或“Teu”，广西壮语读“Hao”或“Ho”，全国古今均同一语系；而印度和欧美属于 Arishi、Oryza、Rice 语系，南洋、印度尼西亚属于 Padi、Bras 语系，可见我国稻种的起源、传播有其独立系统。而印度在公元前 1000 年的 Artharva Veda 赞美歌中才发现有“稻”字，因此，他认为中国栽培稻起源于印度之说是不符合历史事实的。印度在语言文字上出现稻字比我国晚了数千年，是中国栽培稻传播到印度，而绝非印度传给中国。由此，丁颖教授沿用我国 1 800 多年前的历史命名传统，将籼稻定名为籼亚种（*O. sativa* L. Subsp. h*sien* Ting），粳稻定名为粳亚种（*O. sativa* L. Subsp. *keng* Ting），从而还原水稻的历史名字和传播途径。

根据历史、语言和出土遗迹各方面的研究结果，全世界栽培稻种的起源和传播途径：①在公元前一二世纪由我国东传至日本（安藤，1951；野口，1956）；②公元前 10 世纪由我国云贵高原的云南传至印度，向西经伊朗传入巴比伦，然后分别传至非洲和欧洲，直至新大陆发现后传至美洲（A. De Candolle， 1884；Blankenburg，1935）；③爪哇于公元前 1084 年已开始植稻，但南洋各地的稻作文化则是在公元前 1 000 年前后澳尼民族（Austronesian）由大陆南下时所传播的（宇野，1944），从而形成南洋的 Beras（米）和 Padi（谷）的特别语系。Ramiah（1953）认为印度栽培种起源于本土或来自中国，但还没有定论。察脱杰（Chatterjee D.，1951.）引马提哈善（Mahdihassan）之说，谓拉丁语的“Oryza”非来源于印度语的“Arishi”，而是来源于我国宁波方言的“Ou-Li-Zz”；印度语的“Arishi”，非来源于印度本土，而倒是由宁波方言的“Li-Zz”或“Zz-li”，再转为南印度语的“Sali”。这个说法，我们认为有一定道理，但是也需要进一步的论断性材料。然而，印度稻作起源在我国

之后和我国原始稻种没有来自印度的可能性，当然无可怀疑。

丁颖（1949）在《中国稻作之起源》中有言，次于中国、世界最古稻作国是印度，唯其稻作起源远在中国之后，康德尔（1884）已经言之。公元前1000年的《梨俱吠陀》尚无关于稻类的记载（Zi mmer，1879；Schreader，1906），其后《阿阇婆吠陀》之《赞美歌》中始见“稻”（Vrihi）字，氏书（1890）记载有白米、透明米、暗色米、早熟米、大粒米及野生米等。反之，公元前一二千年中国古籍关于稻作之传说记载极多，已如前述，且在公元前13世纪至公元前11世纪间之殷墟遗迹已有“稻”字。约公元前2000年，仰韶遗迹已见稻作，其所栽培之粳种，在印度又迄未之知，故中国之稻作来源与印度无关，自极明显。此外中西亚及欧美稻作传自印度，日本稻作传自中国，南洋稻作传自马来（宇野，1944），皆在中国之后，故全世界稻作当以中国——迄今约5000年者为最古。丁颖写《中国稻作之起源》时我国处在积贫积弱的年代，而西方及日本则处于工业革命高速发展的时期，考古及稻作研究也比中国发展得快。历史发展到21世纪的今天，我国的考古发现和稻种基因测序结果均证明，中国是亚洲栽培稻的起源中心，具体地点落实在华南地区，基因测序结果直指广西（韩斌等，2012）。

李济（1933）研究殷墟铜器所推定之说，以为殷墟文字所表示的农产物，不但有麦，还有米，且有由南方传来的水牛的兽骨；麦在中亚出现最早，稻米则为东南亚的文化，故就农业说，殷商文化乃是中亚与东亚的集合；其遗物中之半截石像，雕有满身刻纹，无疑为代表当时的文身习惯，此种习惯起源于中国南方，后来只遗留于中国东南沿海的民族，此殷商文化含有南方成分之又一证据；此外青铜工业之原料及肩石斧之制作亦均南方，等等。李氏谓殷商文化来自南方，裴氏则意以为殷商文化以城子崖为中心而传达于东南沿海。其究竟如何？固有待将来研究证明。然李济窃以为殷商民族与东南沿海之越族关系，正如夏殷民族与越族之关系同；且香港及海丰史前民族之养豚遗迹，与尔时之夏殷民族者特同，彼此关系尤为密切，而与其他东西民族迥殊之确证。

Geldern（1932）研究东亚民族之移动，可分为前后三期。第一期为具有椭圆形剖面石斧文化的巴布亚（Popuan）语系民族（Proto Austroasian），于公元前3000年由中国、日本南下，分布于南洋米兰尼西亚（Melanesia）等地，或至大洋洲。第二期为具有肩石斧文化的澳亚语系民族（Austroasian），于公元前 3000 ～公元前 1000 年分布于东南亚，成为原始的越族与马来族，其来源不详。第三期为具有四角剖面石斧文化的澳尼民族（Austronisian），于公元前 10 ～公元前 1 世纪，在亚洲西南大陆即今之云南或其附近，经湄公河南下，分布于南洋诸岛，而分别与第一、第二次移民之文化沟通。Geldern 以为澳尼民族之发祥地为今之云南北部，约于公元前 3000 年，上溯黄河流域、河南之仰韶附近，与由华南南下至越南而发展肩石斧文化之澳尼民族之祖先结合，由此产生中国之稻作文化，知有米食，并创行稻作。然而宇野（1944）认为，中国稻种应起源于印度，遂修改 Geldern 的起源传播学说，将中国稻作说成是澳尼民族东移，由孟加拉国经越南、我国华南而扩大的民族文化运动，以达黄河流域。作者认为宇野的观点与中国稻作起源的论证和当今在华南发现 1.2 万年前的古稻遗存的事实相差极远。就是在丁颖研究时的 20 世纪三四十年代，也与中国 5 000 多年前就有相当发达的稻作文化事实不相符。

丁颖（1949）认为所谓澳尼民族系分布于印度南洋一带，乃以里海人种（Caspian）为基本，而杂入原始澳亚族系（Proto-Austroasian）者；澳亚民族则分布于印度东北至越南一带，属于南蒙古利亚种群（Southern Mongolian）者。裴文中（1947）论史前时期之人类，引用美国魏敦瑞教授（Prof. Weidenreich）之说，认为人类起源于印度北部，由印度猿人渐次迁移至中国南部，演变成中国南部之巨人（Gianthopithecus）。其后裔分两支，一支南行经马来至爪哇，演变成爪哇猿人，另一支北行至北京附近住山洞，能用火，能制石器，是中国猿人（Sinanthropus Pekinensis）。中国猿人演变成现蒙古人种，爪哇猿人演变成现代的澳洲土著人种。达维生（Davidson，1925、1928）研究中国史前人种，认为仰韶村及辽宁沙锅屯遗骸所代表人种体质，与现在之华北人同属一派，甘肃人种亦复相似；青海西宁附近之朱家寨及马厂期者，似有原形华人与西亚民族混合之标征。凡以上关于中国史前人类学及古物学之研究，虽不充分，而已使中华民族为土著乃至中国文化土著之主张获得合理的根据，亦使夏殷民族不过氏族区别，而均与越族同源之历史的考察不至徒托空言；同时在新石器时代与所谓“诸夏”同系统之民族已广布中国现在之全境，则稻种来自华南，稻声与南亚诸民族相近，其随南亚特产水牛、犀、象及南洋米兰尼西亚人之遗

骸，并与东南亚及南洋之文身习惯见于新旧石器时代者俱来；暨公元前1750年前后之伊尹已知南海产稻之优美，公元前3000年前后之神农时代可能在黄河流域创建中国稻作文化，而没有必要像宇野说之强求稻种来自印度，殆益有可信者。可见中国稻种向南传播的基本思路是比较清晰的。

综合诸多研究结果，作者认为亚洲栽培稻的世界传播途径，主要以中国华南为起点，北传江淮地区后，经山东半岛进至朝鲜，再传至日本列岛，为东传路线；中国华南地区向西至云南，进至印度、缅甸、尼泊尔，经印度传至伊朗后传入巴比伦，后传至非洲和欧洲，至新大陆发现后传至美洲，为西传路线；中国华南地区向南经越南、老挝、柬埔寨、泰国后传至南海诸岛，直传至大洋洲，为南传路线，以至亚洲栽培稻传遍世界各个角落。然而，中国境外的稻种传播路线，需要依靠所在国的科学家进行研究确定，并经过大联合的国际研究，才能获得真实的结果。习近平总书记提出和亲自部署落实的“一带一路”的经济建设，构建人类命运共同体的伟大决策，将加快全球稻种研究的合作进程，也将加快弄清稻种传播途径的历史真面目，得到正确的科学结论。

三、当代中国栽培稻新品种的传播对世界粮食安全之贡献

中国先民驯化发明栽培稻的稻作知识和耕作技术，并将其无私地传向世界各地，在历史上已经为全人类提供粮食安全和幸福生活做出了无与伦比的贡献。当今稻作理论研究和育种新成果不单是解决中国人民把饭碗牢牢掌握在自己手中的问题，也为世界粮食安全做出极其重要的贡献。

世界可耕种之地是有限的，当今是人类发展历史上人口增长最快速的时期。中国用世界7%的耕地养活世界22%的人口，经过作物育种专家的艰辛努力，培育出杂交水稻、超级稻等系列高产、超高产的优良新品种，以及玉米、小麦、大豆等新品种，在生产上大面积应用，为解决世界粮食问题做出巨大贡献。就水稻作物而言，1960～1970年的矮化育种，利用矮脚乌占、矮脚南特等矮秆种质，培育出一大批早、中、晚季稻品种，大幅提升水稻单产，从150～200

千克 / 亩提高到 300 ～ 400 千克 / 亩，单产翻了一番。三系杂交水稻育种的配套成功进一步提高了水稻大面积生产的单产，从原来的 300 ～ 400 千克 / 亩提升到 400 ～ 500 千克 / 亩，增幅普遍超过 20%。并且协助联合国举办全球杂交水稻培训班，将杂交水稻育种和生产技术推向世界产稻国，为世界粮食安全做出巨大贡献。中国周边国家都在应用中国的杂交水稻种子，提高其水稻生产的单产水平。例如，越南过去是大米进口国家，在引种中国的杂交水稻后迅速成为大米出口国。目前，东盟的大陆国家都在种植中国的杂交稻。湖南袁隆平农业高科技股份有限公司在菲律宾建立有规模很大的杂交水稻育种、制种营销基地，解决了菲律宾的粮食问题，并有出口。凡此种种，都是中国栽培稻品种对世界粮食安全之巨大贡献。近年来，我国超级稻的单季产量已经超过 1 200 千克 / 亩，广西的超级稻不但产量高（年亩产超过 1 500 kg），而且米质优，有不少超级稻品种的米质达到国家优质米一级全部指标。我国栽培稻技术突破了传统水稻育种中的技术难题，如高产不优质、优质不高产以及亲本种质基因源问题。

（一）粮食问题是世界大事中的大事

长期以来，发展中国家与发达国家间的“南北问题”，很大程度上是由发展中国家的粮食短缺问题和发达国家的粮食过剩问题引起的。中国属于发展中国家，对粮食问题一直不敢掉以轻心。一方面，我国的可耕地资源、水资源与人口比例处于相对不足（即我国利用世界 1/10 的耕地资源养活着世界 1/5 的人口），这一基本国情不可改变；另一方面，我国农业现代化水平长期落后。在中国历史上，曾经出现 20 世纪 50 年代末至 60 年代初的饥荒、90 年代中期禁止粮食出口等事件，1995 年从大米和玉米净出口国（1 815 万吨 / 年），到 1996 年主要粮食全部变为净进口国，当年净进口量达到 994 万吨（陈永福，2004）。虽然，在党中央的领导下，中国快速发展成为世界经济的引擎，达到世界第二经济实体的地位，并初步实现全面小康的目标。但是，粮食生产是个动态的过程，解决中国人的粮食安全问题是一个长期的永远不能掉以轻心的重大问题，解决好了也是对世界粮食安全的重大贡献。因此，粮食安全问

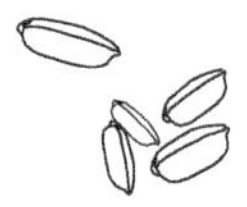

题是中国的大事，更是世界大事中的大事，万万不可掉以轻心。党中央、国务院一直在努力解决中国粮食安全问题，并取得了重大成就。

（二）中国水稻矮化育种初步解决温饱

从20世纪50年代开始，中国就开始了以高产为主要育种目标的水稻新品种改良、选育大规模活动，选育出“老来青”“矮脚南特”“南京1号”“中山红”“包胎白”等一大批优良新品种，并进行水稻生产扩种、单改双等措施，保证了当时的粮食安全；到60年代，我国各稻区的农业科研单位都加强了水稻、小麦、玉米、大豆等主要粮食作物矮化育种工作，与世界上的作物育种“绿色革命”同步。在华南稻区，育种家们培育出“广选3号”“团结1号”“包选二号”等具有代表性的优良品种，在生产上大面积推广应用，它们都是当时的主栽品种（当家品种），对国家粮食安全起到不可替代的保障性作用。到20世纪60年代末至70年代中期，为了保证香港、澳门的大米市场供应，华南稻区的育种家们还集中精力育成一大批优质米品种，如广西农业科学院育种室就育成有“特眉”“桂713”等优质品种；博白县农科所育成有“05占”“细黄占”“团黄占”等优质品种（陈成斌等，2016）；广东农业科学院及其有关县农科所分别育成有“丝苗”系列品种，如“野澳丝苗”是利用普通野生稻与澳洲丝苗杂交选育的优质品种。广西的大米出口从年出口量不足1万t逐步发展至年出口量11万t，最高供应量占香港市场的60%，都是得益于育种家们培育的优良品种。

（三）“东方魔稻”是现代中国的奇迹及重大贡献

1976年，中国的三系杂交水稻在生产上大规模推广应用，促进了水稻单产的大幅提高，种植各地普遍增产20%左右，震惊西方世界，他们称其为“东方魔稻”。“东方魔稻”不单为中国粮食安全做出巨大贡献，也为东南亚国家粮食安全做出杰出贡献。随着中国改革开放的不断提速，从20世纪80年代起就向越南、老挝等东南亚国家出口杂交稻种子，特别是90年代的“汕优桂99”“博优桂99”“博优253”“博优258”等杂交稻组合在越南大量销售，促进了越南的水稻生产快速发展，使其从粮食进口国变成出口国。例如，1988 ～ 2002 年用“桂 99”配组的杂交水稻组合在越南推广，应用面积累计为 3 195 万亩；2001 ～ 2008 年“博优 253”“博优 258”等组合在越南累计推广，应用面积达0.5亿亩，新增产值39.11亿元，为越南农业生产发展做出巨大贡献。后来湖南隆平高科种业有限公司还把杂交水稻的育、繁、制基地建在菲律宾，促进菲律宾水稻生产。这就是当代中国水稻品种向南传播的例子。近年来，广西农业科学院在越南的水稻试验基地，从国内带去171个品种(组合)进行试验，选出 55 个适应越南种植的高产优质品种，并进行百亩连片示范，帮助推广取得显著效益。其中，2011 ～ 2014 年累计推广 LS1 等品种 171.51 万亩，新增粮食总产值 34 576.416 万元。直接促进中国农民生产杂交水稻种子获利 1 131.9 万元，实现企业新增销售纯收入 1 029 万元；带动企业年均出口越南各类种子 2 000 多吨，增加销售收入 4 320 万元 / 年；4 年带动企业销售其他种子累计增加 17 280 万元，利润 3 456 万元；累计项目新增效益 40 193.316 万元，其中 2014 年新增 19 217.10 万元，并继续保持良好的应用势头，社会经济效益非常显著。这对推动“一带一路”经济合作、推动全球经济快速发展效果显著，也证明中国水稻品种南传既是历史悠久又是连绵不断，持续促进世界稻作文化的发展。

（四）超级稻的育成使中国水稻育种再度处于世界领先地位

中国超级稻育种是 1996 年由农业部立项实施正式开始育种研究的，到 2014 年中央电视台现场直播国家杂交水稻中心第四期超级稻实地实收测产验收，100 亩连片平均亩产达到 1 020 kg，取得举世瞩目的水稻育种重大突破，使中国水稻育种再次登上世界育种最高峰。将来中国超级稻品种的传播将给世界水稻产量带来翻天覆地的变化，为世界粮食安全再创辉煌。

近年来，中国超级稻 100 亩连片试验，单季平均亩产已经超过 1 200 kg，发展势头很好。超级稻育种向着高产优质相结合的方向发展，并取得很好的成果。广西农业科学院水稻研究所近 5 年来育成的超级稻品种在 100 亩连片试种示范区中平均亩产超过 750 kg，年产超过 1 500 kg，稻米品质达到国家优质

米一级的标准，实现高产优质的育种目标，为人们提供高档的优质稻米。

“东方魔稻”的国际杂交水稻技术培训班，加速了杂交水稻品种的世界性传播。超级稻品种的国际培训，也会将超级稻品种由中国向越南等东南亚国家传播，并通过国际水稻培训班传向全世界。

（五）“海水稻”将促进世界沿海地区粮食生产大发展

中国“海水稻”的研究早在20世纪90年代就在广东湛江市开始了，陈日胜经过10多年的选育，使耐盐的水稻品种产量提高到300 kg以上。2016年，由国家投资、袁隆平院士主持的国家海水稻研究中心在青岛建立了。他们将具有耐盐碱性的水稻品种称为海水稻，并正式纳入国家的水稻育种规划，立项实施。项目验收现场，平均亩产超过450 kg。海水稻的大面积种植，将为中国人实现把饭碗牢牢地掌握在自己手里的梦想增加新的举措和保障。如果把全世界沿海盐碱地的面积都种上海水稻，稻谷产量将大幅提升，为世界粮食安全提供更大的保证。

海水稻是由野生稻在海边海水倒灌的环境下选择选育、栽培而成的，经过人工杂交育种选择而迅速提高单产，是稻种演变的表现，是天然与人工干预进化的结果。它将在中国不断深化改革开放、构建人类命运共同体中，特别是通过“一带一路”沿岸国家的经济建设大潮中传遍全世界，造福全人类。

中国先民驯化的栽培稻在历史上已经对世界人民发展做出巨大的贡献，将来还会做出更大的贡献。

第六章

水稻品种改良

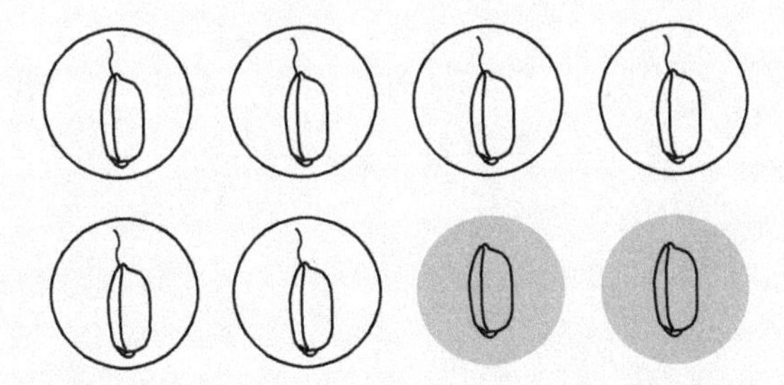

18世纪前，主要是中国及亚洲先民在改良水稻品种，特别是水稻传播离开亚洲之前，主要是中国先民在做水稻品种改良工作，因而造就了中国是世界上栽培稻种质资源最多最丰富的国家。稻种进化演变途径：普通野生稻—籼粳稻—早晚稻—水陆稻—粘糯稻。品种改良技术的发展，经历了混合种植—穗（单株）系选种（良种繁育）—有性杂交育种—有性杂交育种+[诱变（化学、物理）育种、倍性（单倍体、多倍体）育种]—杂种优势利用（三系、二系、超级稻）—杂交分子辅助育种—转基因育种（分子育种）等的历史阶段。在整个历史过程中，中国有极其辉煌的农耕文化，带动了包括水稻在内的许多农作物的育种栽培技术的发展。稻作文化是农耕文化的重要部分，其品种改良一直都领先于其他作物，在世界工业革命前，也一直引领世界前进。在新中国成立前的100多年间，中国稻作文化才落后于世界先进水平。新中国成立后，经过半个多世纪的努力，水稻品种改良以三系杂交水稻配套为标志，领先于世界先进水平。当然，在转基因育种及生产利用上有待进一步突破。目前，我国的水稻品种改良、新品种选育技术处于以有性杂交的杂种优势利用与常规品种改良、兼顾其他育种技术应用的综合性发展时期。

一、古籍记载的水稻改良史

中国是世界上最早栽培驯化野生稻、育成栽培稻的国家，20世纪90年代中后期不断报道考古新成果，已经在淮河上游、长江中下游及华南地区多处出土古稻谷稻米样本，年限均在0.93万～1.2万年。这是当今世界考古发现最古老的水稻样品，因此证明早在1.2万年前中华民族的先民已经开创了辉煌的稻作文化。

（一）中国古籍记载水稻改良概况

丁颖（1949、1957、1961）考证认为，中国古籍中能反映古代农业生产发展情况的很多，其中主要有《管子・轻重戊》（约公元前7世纪）、陆贾《新语・道基》（约公元前195年前）、《淮南子・修务训》（公元前122年）等，都有播种五谷（郑玄注《周礼》认为黍稷稻菽麦，即九州之谷）的记载，显示中国稻作约起源于公元前2700年（根据竹书纪年）的神农氏时代（氏族社会），是世界稻作最古老的国家。很受历史研究重视的司马迁《史记》中记有黄帝有熊氏（约公元前26世纪）栽培五谷，夏禹（约公元前21世纪）疏治九河之后，与后稷、伯益等分给农民稻种，种在低湿地方。在安阳殷墟遗址（约公元前14～公元前12世纪间殷商后期）中发现有甲骨文卜稻丰年的“稻”字（也有认为非“稻”字）和“秜”字，而当时已知开凿沟渠，引水灌溉，可见殷商时代稻作已有一定程度的发展。至周代（公元前1122～公元前249），黄河流域已有相当规模的水稻栽培，如当时留下的民歌古典《诗经》（约公元前12世纪初至公元前6世纪）有不少关于稻的描述，周代钟鼎也有关于稻米供作旅行食用的记载，可见当时的稻品种数量也随种植需要而发展。加上春秋战国时期（公元前722～公元前221）稻作灌溉事业的发展，丁颖教授认定中国稻作发源于距今4 700多年的神农时代，扩展于4 000多年前的夏禹后稷时代，至2 200年前的周代在黄河流域已有相当广泛的栽培。

在古籍《淮南子・修务训》中说，神农相度土地干湿肥瘦高下，教人民播种五谷（黍、稷、稻、菽、麦）；在《淮南子・说山训》中明确说：“稻生于水，而不生于湍濑之流。”可以肯定播种于低洼地和生于水的无疑是水稻。周代（公元前1123～公元前247年）遗留下来的稻米黑敦上，还有左侧下方从水的稻字（容庚金文篇）象征着稻是水中植物。在古籍中记有陆稻的只有《管子・地员》中的陵稻和《礼记・内则》中的陆稻，陆稻的形成来源于水稻的选育和不同土壤水分环境的栽培、变异。

由此可见，中国先民们很早之前就十分重视水稻形态特征的变化，并选出优良的单株，分开种植形成新的品种。自神农时代（公元前2700多年）发展稻作农耕以来，虽然没有记载品种选育方法，但是已经在不断形成新的品种，至《氾胜之书》（公元前32～公元前5）就有了禾谷类作物育种方法的记载。《齐民要术》更是汇集了前人育种技术方法的大成，千百年来一直在农业生产和农学研究上起着指导性作用。书中还提出了植物特性的变异和品种形成与环境条件有着密切关系的理论。例如，对植物的耐寒性，就提出了习以性成与寒暑异容，若米蓝之染，能不易质等论点。其后，历代农书对品种的多样性、遗传性和变异性及其与环境条件关系有更详细的阐述。又如，11世纪苏轼的《东坡杂记》中曾记载海南秫（糯）稻，率三五岁一变，是草木性理（生理特性）。至17世纪王象晋及其后的吴淏子等对选种的技术和原理，从生产实践的经验总结上逐步加以提高，特别强调“人力可夺天工”，初步有了改造品种的唯物主义生物学思想。

自20世纪90年代以来，中国稻作文化考古发现取得显著成绩，先后发现了9 000年前的古稻样本多处，如河南省舞阳县贾湖遗址6个C^{14}测年数据，利用华盛顿大学第四纪中心同位素实验室提供的最新校正程序，进行校正后最大变化值为7 547 ～ 9 250年，最小变化值为7 655 ～ 8 991年，最可信校正插入值为7 801 ～ 8 942年。它比河姆渡早了1 000年。与贾湖遗址同时或稍早的湖南彭头山遗址也发现8 000 ～ 9 000年前的稻作遗存。后来又在广东英德、湖南道县发现1.2万年前的稻作遗址。充分说明中国是世界上最早驯化野生稻成为栽培稻的国家，也是水稻（陆稻）品种选育最早的国家，是引领世界稻作文化发展的引擎。

丁颖（1944）考证，《诗经·大雅·生民》（公元前23世纪）记载：“诞降嘉种。”《说文解字》引伊尹（公元前1649～公元前1550）曰：“饭之美者，南海之秏。”《尚书序》曰：“唐叔得禾，异亩同颖。”王（成王，公元前1115～公元前1077）命唐叔东归于周公，作佳禾，其明证也。选穗之明确记载，肇于汉代《氾胜之书》（公元前1世纪）曰：“取麦种，择穗强大者；取稻种，择高大者。”后魏贾思勰（公元6世纪）《齐民要术》记载：“凡五谷种杂者，禾则早晚不匀，春夏减，而难熟，粜卖以杂糅，见疵，炊爨失生熟之节，所以特宜存意，不可徒然，岁岁别收，选好穗纯色者，劁刈高悬之，至春，治取别种，以拟明年种子，其别种子常须加锄，先治而别埋，还以所治蘘草蔽害。”又说：“凡谷成熟有早晚，苗秆有高下，收实有多少，性质有强弱，米味有美恶，收实

有息耗，地势有良薄，山泽有异宜。”凡此选良穗，辨种性，且岁岁别收别播，而务得其固定不杂，成熟整齐之好种。

丁颖教授（1944）报道，中国现代稻种纯育始于1923年之帽子头采穗，1927年进行高级试验，1930～1932年以之为标准种，与其他稻种比较，增产13.0%～19.7%，并在1930年推广超过1000 kg种子，但是纯育方法未详细报道，见《中央大学农学院专刊》（1936）。1925年中山大学农学院试行竹占采穗纯育后，1926年在广东南路采取禾插及花壳种穗；1927年成立南路稻作育种场，开展了系统分离工作，采集了早白占、矮仔仆、恶打占、晚白占等种穗；1929年在广州附近开展黑督新宁占、白谷糯（粘）、东莞白等品种的采穗；1930年成立石牌稻作试验总场，开展各品种的系统分离工作，并决定推出1925年开始纯育的“竹占1号”新品种；1931年又在虎门附近成立沙田稻作试验分场，进行沙田水稻之纯系育种。所有试验场的纯育方法，详见中山大学南路稻作场报告(1927～1931),以及稻作试验场概况报告(1934)。1934年在广东惠阳和梅县分别成立东江分场和韩江分场后，总结多年的纯育结果，确认纯穗系的固定性、系统性状的鉴别法、收量试验的准确度等，正式形成穗选纯育（系谱选育法）的技术流程和技术方法。1933年，国家实业部顾问洛夫提倡实行纯育法；赵连芳博士（1936）倡导稻种检定法，此后各省多采用之。累计至1934年底，中山大学农学院东山农场、南路稻作场与石牌总场先后育成纯合品种有“竹占1号”、“晚白占3号”、“石山占1号”、“陵山占2号”、“黑嘴占1号”、“禾插4号”、“花谷1号”（1930）、“早白占4号”、“矮仔仆2号”、“占仔2号”、“恶打占1号”、“鼠牙2号”（1931）、“白米仔1号”、“二路早2号”、“坡雷2号”（陆稻）、“新宁占12”、“黑督4号”、“白谷糯16”、“东莞白18”、“早金凤5号”（1932)、“早银占9号”、“夏至白18”、“晚金凤9号”、“齐镰5号”(1933）等共24个品种。其生产力试验效果，比原种增收5.2%(竹占1号)～31.4%(坡雷2号）。由于中国先民对水稻性状差异认识较早，很早就把不同变异株分开种植，从而获得不少新的品种类型，使中国成为世界上拥有栽培稻品种最多的国家。

（二）印度水稻改良的古籍记载史略

在中国稻作文化蓬勃发展的推动下，水稻品种不断向东、向南、向西南等各个方向传播，促进了世界水稻生产的发展及品种的改良。丁颖（1949）认为印度是仅次于中国的世界古稻作国，但其稻作起源在中国之后。康德尔（A. De Condolle，1884）认为印度稻作的起源在我国之后。公元前1000年的《梨俱吠陀》（Rig Veda）尚无稻类记载（Zi mmer，1879；Schrade，1906）；约公元前1 000年的《阿闼婆吠陀》（Artharva veda）赞美歌中始见“稻（Vrihi）”字；北印度巴佛哈拿加（Bahudhanaka）的游得希亚（Yaudheya）民族确知有稻，是在距今2 000年前；其他梵文古籍提及稻的，在公元前一二世纪。这个“稻（Vrihi）”字的语音系统与我国稻（Dau，Tao）、稌（Tu）等完全不同。有关稻作的品种改良记载没有像中国一样有许多类型，氏书（1890）记录有白米、透明米、暗色米、早熟米、大粒米及野生米等。可见古代先民在不同地域环境条件下，会把水稻自然变异类型选出来分开种植，从而达到品种改良的目的。在印度，有学者认定小粒野稻（*O. minuta* Presl.）为小粒栽培稻的原种（Koernicke，1885），药用野生稻（*O. officinalis* Wall.）与某些水陆稻种有关（Watt，1908）。

印度纯系育种始于Hector在孟加尔纯育的18个品种。到1911年增至1 000个品种（Finlow，1917），其效果极好。Wood（1918）报道，在马德里育成了2个品种，增收15.5%～17.5%，其他育成的品种早熟15～21天而产量不减少。Clouston（1926、1927）报道，在孟买育成的品种增收20%～35%；在阿萨育成的品种每英亩增收约163 kg，在中央各省每英亩（1英亩≈0.41公顷）增收约204 kg；在缅甸，其收量和品质效果特别显著。Mahta等（1931）报道，在印度中央各省都尽量采集当地的一个品种，并做到每个品种收集1 000株以上，在室内检测后淘汰选出50优株，每株种成一品系，经过田间栽培调查、鉴定，选出最优5系，再进行重复植试后，选得丰产优质品系11个。Jones（1936）报道，经查阅，该时期印度育成品种均较丰产优质，抗病虫害、抗倒伏、抗落粒性均较强，生育期和成熟整齐度均比土种好，普遍增产5%～25%。

印度是世界上稻作文化悠久的国家之一，也是保存稻种资源最多的国家之一。现在，印度的育种基本上与国际水稻研究所的进程同步，同样经历了1950～1960年的作物育种"绿色革命"，与欧美等国一样，进行水稻矮化杂交育种改良，选育出新的矮秆高产品种应用于生产。后来受到国际水稻研究所（IRRI）的超级稻（新株型）育种思路的影响，开展水稻新株型杂交育种，并从中国引进杂交水稻育种技术进行籼稻杂交水稻育种研究，取得显著的成就。印度出口大米基本上采用巴斯马蒂类型的品种，严格选育大米外观形状一致的品种，主产地区在靠近巴基斯坦国的边境地区。

（三）日本水稻改良史略

日本水稻来自中国，公元2世纪，中国粳稻品种经朝鲜半岛传到日本之后，日本在中国移民和到中国学习人员的指导下开展粳稻品种的改良。但是，选育的品种均是粳稻，籼稻、野生稻则是近代引进的。到了明治维新改革后弃中学欧，带来了新的工业革命，在科学技术上也超越中国。因此，日本是现代水稻杂交育种最早的国家之一，在1906年就开展了水稻品种间有性杂交育种研究。然而，在20世纪30年代前，日本与当时的印度、菲律宾一样对水稻育种也没有形成真正的整套的育种技术及系统理论，仅仅对不同品种的生产能力的差异给予描述研究而已。例如，日本武田总七郎（1903）的《水稻种类之特性》和永井威三郎（1925）的《日本稻作讲义》都以水稻品种特征特性差异描述为主。1921年日本农务省预订第2年的纯育品种，是同一种名的原产区搜集的农家种子，各品种单株种植约10方步，观察其生育及成熟状况，从中选择优者100株。第2年按每株一系，分别植3～4行，每系也为100株以上，调查、记录各自的出穗成熟期、穗数、秆长、穗长、穗重、粒密、粒色、倒伏性、耐病性、谷米及秆收量及比率、糙米容量、品质等农艺性状，连续优选3～4年；每系2区以上，供遗传性鉴定。寺尾博（1931）汇总其纯系育种结果，比原品种增产9%左右。日本冈山大原农业研究所采用的水稻高等育种法与菲律宾的略同，仅对性状的检查更为详细，第1年选择单株1 000株，考察性状后选出优良母株10株分为10系，第2年分系调查，第3年再定10株，并经过特征特性鉴定后选出最优 2 ～ 3 系，供第 2 次生产力调查用，第 4 年选择最优良的支系种子。依普通法扩繁种子，供栽培之。

1950 年后，日本水稻育种逐步与国际水稻育种进程一致，同样经历了矮化育种的“绿色革命”、超级稻育种等阶段。Okabe（1966、1967）报道了自 20 世纪 50 年代以来，日本的阿克梅娜（Akemine，1959）开发了一种利用温室或暖冬地方以缩短周期的育种模式，加快了育种进程，使日本的水稻产量不断提高，到了 20 世纪 60 年代，日本年产稻谷普遍达到 1 400 万 t，而在 20 世纪初期仅有 7.5 万 t。这期间增加了 85% 的水稻产量，而种植面积仅增加 10%。事实上，水稻单产从 2.5 t/hm^2 增至 4.3 t/hm^2。或者说在 50 年间增加了 70%，而 1950 ～ 1970 年 20 年间增产极为显著。“绿色革命”及超级稻育种更使日本粳稻育种水平和高产栽培技术水平长期位于世界先进行列。有部分品种在我国种植表现良好，如在东北种植的“农垦 58”，就是综合性状很好的品种。该品种后来经过中国育种家石明松先生的艰苦研究，发展成为温敏型不育系，为两系杂交水稻奠定了坚实的不育系基础。人们通过温度的变化使其自花授粉获得下一代种子，实现不育系的繁殖；也通过温度控制其败育花粉，使不育系与恢复系杂交成为杂交水稻，实现水稻杂种优势利用，即两系杂交水稻。

（四）欧美纯系育种史略

欧洲在中世纪就流行对作物进行选种，然而最早的、关于选种单穗的记录，则见于 18 世纪后，在英国 Jersey 岛农家 John Le Couteur 开始，20 世纪 40 年代，在英国南部和法国北部种植的小麦品种 Bellevue de Talevera，就是当时的选定者。苏格兰人 Patrik Shirreff 同时选择田中的强健母株，获得较知名的小麦及燕麦数种。至 1857 年，Frederic F. Hallett 开始从事单株和单粒的严格选择，育成了 Chevoliar 等有名的大麦品种。在 19 世纪中期，法国人 Louis Leveque de Vilmorin 断定纯系选择需加后代试验。随后美国人 Willet M. Hays 创百株试验法（Centgener Method），并逐渐形成自花授粉作物纯系育种的雏形。发展到 Mendel（孟德尔）发现遗传定律，W. Johannsen 发明纯系学说（1903）；H.

Nilson Ehle 就大小麦、燕麦等自交作物，进行大规模的淘汰选育试验，便确立了后来的作物纯系育种的规则（Jones，1925）。

（五）东南亚纯育史略

爪哇是稻作纯系育种法最早的先行者。De Haan（1913）报道，1908 年爪哇开始在试验田中每个良种选取 300 株，进入室内检查、选留 1/4；各株种子分在田间多处种植，减少田间肥力差异影响；集合各系各区的产量比较，优选 10 ～ 15 株系，第 2 年再种植，选出最优的一至多个株系。纯系选育实验进行至 1915 年，共育成纯系 20 个，均比原种增产 20%。然而，推广效果不理想，原因是所选纯系适应性狭窄，在其他地方种植不适应。到 1922 年，自交纯育选得数个品系，均比原品种增产 25%（Copeland，1924；Jones，1936）。这表现出自交纯育技术对较原始品种中经过系统选择后的品系具有良好的作用，证明自交纯育技术具有显著的作用。

马来西亚的纯系育种始于 1915 年。他们的做法是，第 1 年在最丰产的田块中选拔 300 穗，单穗种植为纯系，次年再从试验田中选穗 1 000 系。分穗收、晒、播种，单株插植 1 行，株数由秧苗数定，行距 1.2 m。此后每系的种子均采用单株采收、脱粒、晒干、储存，保证纯度，杂系弃之。连续试验 2 年，每穗系重复 3 次，淘汰半数。至 1922 ～ 1923 年，共获得 5 个品种的 77 系。采用淘汰选择法，按每年每蔸重量低于平均重量的去除标准，据 5 年间所选的与未选的蔸重量总平均，最优品系的每蔸增产 47%；每系称计 400 蔸，每百蔸各植 1 行，类似区试的稻田种植；另种植未经选择的 400 蔸做收获产量比较。试验进行至 1923 ～ 1924 年，共选定了 11 个系进行繁殖，于次年推广，同时在主要稻作区进行丰产试验。Jack（1923）报道了品种改良结果，比原品种平均增收 5% ～ 25%，试验效果很好。

菲律宾在相同时期也进行水稻纯系育种，其具体做法是先搜集水稻土种 1 282 个，进行品种比较试验，从中优选出最优的 44 个品种，然后纯育。选择方法是每品种选最大的 25 个穗，分作 25 个穗系，依据穗的大小再分为 5 组，分穗系单株行植 100 蔸；在生长成熟期进行调查，记录其出穗期、成熟期、倒伏倾向、茎高、节数、穗数、白穗数等性状表现状况；在收获期进行调查，记录其穗长、穗重、穗枝、粒数、各行产量等性状表现。选择最好株系中每株6穗以上（最多的约10穗）的单株，供下季试验用。经过3年及以上的选择试验后，决选出其中最优良的株系。其改良效果，比原品种增产50%（Camus，1921）。再次表现出采用纯系育种技术对原始农家品种改良的有效性与时代先进性。

丁颖（1944）综述了各国的水稻纯育法，认为除美国是引种进行纯育外，其余各国均就地选取最优品种进行纯育。其中爪哇、菲律宾先做品比试验，再进行单穗选良。在选择穗数上，菲律宾最少，每品种仅25穗；日本采用农家种子，单株种植数百至1 000株，以便选莼用。穗选或株选后，爪哇、菲律宾等均进行室内的考种、检查、选择，然后进行品系分离。系统分离时各国均采用单株移植法。在生产力试验中，马来西亚、菲律宾仍用单株实验，其余各国则用多株试验；在试验年数上，日本最短，周期为2年。中国台湾及日本、菲律宾等地对各品系的性状调查较为详细，但是对各品系的生理特性涉及极少。水稻纯育方法，因时代关系、品种繁简、耕作实况等，各地具体操作不同，彼此的结果优劣不宜逐一论定，惟以试验结果，供未来参考。

二、现代水稻品种杂交育种史略

现代水稻品种改良最早出现在日本，日本在1906年就进行水稻的品种间杂交选育，接着世界上其他产稻发达国家也开始进行现代杂交育种研究。中国则是最早成功利用野生稻杂交育成新品种并在生产上应用的国家。丁颖在1926年利用广州郊区的野生稻与栽培稻杂交后代，到1931年，经过5年的选育，育成了比当时栽培品种增产20%的新品种“中山1号”，并很快在广东省西部地区生产应用，拉开了中国水稻现代育种的序幕。随后又育成“暹黑7号”“东印1号”“咸雪9号”等新品种，在华南一带推广。然而，由于当时国内军阀混战、日寇侵略，严重破坏了我国的经济建设，也严重破坏了我国水稻育种事业的发展。整个民国时期的水稻品种改良基本上以纯系学说为指导思想、理论和技术指导，进行了大量单穗分离纯系的比较、选拔工作。由于战乱，在30多年间，由国家农业研究机构育成的水稻品种不过数十个，仅能在局部地区小规模推广（丁颖，1961）。

（一）当代水稻有性杂交育种

新中国的成立带来了国家的新生，广大工人、农民的生产积极性空前高涨，经过3年的经济恢复期后，进入了第一个五年经济建设规划期，国家的经济建设出现前所未有的发展，水稻品种改良和生产也得到快速发展。在党的领导下，一方面坚持理论联系实践，科研为生产服务方针；另一方面重视我国农学遗产与品种资源，从实际出发，使全国各地的水稻新品种选育工作蓬勃地开展起来。在合作社的稻田里，或在农业科研机构的试验田中都可看到积极热情的青年农民和技术人员进行水稻杂交育种，选育新品种。

1. 穗系选种法

中国古籍记载的最早的选种法就是穗选法，在《氾胜之书》《齐民要术》中都有较详细的记述。一五计划期间，我国农民采用穗系选种法，选育出一大批优良新品种，如在南特号中选出的“南特16号”“陆财号”“早南稻”和“江南1224”等新品种都具有比原种强秆、耐肥、早熟的特性。广东省潮阳县（现为汕头市潮阳区）洪春利等在1956年从“南特15号”中选出“矮脚南特”，秆高约70 cm，抗倒伏性强，经过3年的繁育推广，种植面积扩大到2万多亩；“矮脚南特”成为世界“绿色革命”育种首选亲本品种之一，矮秆基因为世界稻米生产做出巨大贡献。湖南沅江县（现为沅江市）农民谭云和在1953年从地方品种“雷火粘”中选出“西湖早”，在湖南、湖北两省试验，结果比“雷火粘”增产2%～9%，得到大面积栽培；上海市松江县（现为松江区）全国劳动模范陈永康选出的“老来青”，江苏省江阴县（现为江阴市）唐宝铭选出的“黄壳早廿日”，广东省揭阳县林炎城选出的“十石歉”，天津市姜德玉等选出的“水原三百粒”等优良品种都在生产上大面积推广并获得显著的增产效果。像“老来青”等优良品种一直到20世纪70年代还在生产与育种上利用，为中国粮食安全做出不可磨灭的历史性贡献。

在这期间，国家农业研究机构健全了一穗传或一株传的穗系选种的五圃制法，包括原始材料圃、选种圃、鉴定圃、预备试验圃和品种比较试验圃的场试验程序。该选种试验程序为后来水稻新品种培育奠定了坚实的技术基础，一直沿用至今。

2. 有性杂交育种法

我国水稻品种间杂交育种自1926年于丁颖开始，到新中国成立前，一直缓慢进行着。1949年后，各地开始采用杂交育种方法进行育种，如华东农业科学研究所、东北农业科学研究所、广东农业科学研究所、辽宁农业科学研究所、湖南农业科学研究所、河北省军粮城、陕西省汉中试验站等都积极开展杂交育种，选育出一批新品种，如"南京1号""广场13号""莲塘早"及"公交6号"至"公交12号"等，在生产上推广对增加稻谷产量起到了一定的作用。这个时期的杂交育种分为以下两种：

（1）品种间杂交

水稻品种"南京1号"是中国农业科学院江苏分院（原华东农业科学研究所）采用"胜利籼"与"中农4号"杂交后育成的新品种，在1951～1956年的试验中，平均比标准品种增产14.23%。在华东各地区试验，均比标准品种增产；在湖南、湖北、江西、陕西、四川等试种也表现增产，栽培面积连年扩大。

吉林省农业科学院（原东北农业科学研究所）通过杂交育种，育成了"公交6号"至"公交12号"7个优良品种，在连续3～4年的试验中都增产，并经抗稻瘟病鉴定证明具有较强的抗病力。经区域试验证明其高产稳产，开始推广。

江西省农业科学研究所以"赣农3425"与"南特号"杂交，育成了比"南特号"早熟7～14天的早熟籼稻"莲塘早"，为长江流域单改双提供了早熟优良品种，有利于晚稻提早插秧，提高产量，开创长江流域双季稻生产新局面。

广东省农业科学研究所选用"胜利籼"与"南特号"杂交选育出早季中熟籼稻品种"广场13号"。1954年开始推广，表现出生长势强、叶片宽大、茎秆粗硬、分蘖力中等、秆长、穗大粒多、耐肥比当地品种强、耐碱性也较强等优点，对苗期和穗期稻瘟病具有中抗能力，历年试验结果均高产稳产。在广东推广速度约 500 万亩 / 年，在广西试验产量表现突出。

当时的杂交育种目标主要是高产、早熟、耐肥、抗倒伏、抗稻瘟病，因此在选择亲本时也围绕此目标进行，如选择穗大粒多、结实率高、保障高产、矮秆能抗倒伏等品种作亲本。采用人工剪颖去雄或温水杀雄（籼稻 42 ～ 43℃，8 ～ 10 分钟；粳稻 44℃，5 分钟），去雄后在父本稻穗开花时把花粉振落到柱头上，套袋即成。可以多次杂交或回交；杂交后代的选育可以采用系谱法，或混合选择法进行。系谱法从 F_3 代起单株选择分系种植，分别选择；混合选择法一直种到 F_5 ～ F_6 代，各种性状基本稳定后再进行选择，分系鉴定。选择过程就是农艺性状鉴定淘汰过程，对于抗病虫性、抗逆性，需要利用自然鉴定或人工鉴定，选出抗性强的、稳定的、有苗头的品系进入产量比较试验。需要 3 个世代的试验结果，才能决定是否进入地方或国家的区域试验。

（2）远缘杂交育种

水稻远缘杂交主要包括水稻种间（稻属各野生稻种间）杂交、水稻与禾本科中其他属间植物（如高粱、玉米、芦苇、稗草等）的杂交。

新中国的成立激发了广大农民群众的积极性，特别是许多青年农民的积极性，他们进行了广泛的水稻远缘杂交工作。例如，广西玉林市的蒋少芳以“矮仔占”与多穗高粱杂交，其后代植株高大、茎粗叶宽、穗大、粒多，并出现一茎两条分枝的稻穗。用这种分枝稻穗作母本与“太保粘”杂交，其后代花序枝梗轮生极为显著。广东新会县的邓炎棠用狗尾草作母本与水稻“塘埔矮”杂交，其子代的小穗形状、叶舌等均似水稻，而茎、秆、叶等又似狗尾草，叶片无中脉，内外颖不能闭合，内颖长于外颖，小穗全部不孕。广东的杨汉明则以“信饭稻”（信宜白与饭罗白的杂交种）与贵州稗草杂交，在华南农学院（现为华南农业大学）经过了多年的辛勤培育和选择，在其后代中出现了穗大粒多的品系，并具有耐肥、茎秆坚硬、着粒密等优良特性。1949 年经过除分蘖培育的晚季稻种出现了一穗达 1 745 粒的单株；另有一蔸生长旺盛，有 23 个分蘖稻穗，平均每穗粒数达到 1 229 粒，最大一穗为 1 475 粒。这些千粒穗的出现，引起各方的密切关注。在此期间，各省均进行水稻的远缘杂交工作，这些工作对遗传育种理论及生产实践提出了新的研究课题。例如有关异属花粉的受精过程，以及花粉蒙导作用、杂交的胚胎发育、遗传规律、优良性状的表达形成过程和定向培育的具体方法等，均亟待深入研究。

水稻有性杂交育种技术已经成为全球水稻育种的基础性育种技术。直接对亲本进行去雄、授粉杂交，然后对后代优良株系进行选育，也是目前水稻育种的主要技术，特别是坚决反对转基因品种生产的国家，更是坚持使用有性杂交育种技术培育的品种。在有性杂交育种技术的基础上延伸出许多新的育种技术，如细胞水平的植物单倍体育种技术，就是对进行亲本有性杂交后的 F_2 ～ F_4 的不同材料（单株或株系）进行花粉培养，获得单倍体的花粉植株，再使它们恢复到二倍体，能够自花授粉结实，经过择优选择后，其优良株系就可以发展成为优良新品种。单倍体育种技术实质上是在杂交育种技术中加入杂交后代的花药培养技术，花粉植株及后代单株同样采用杂交后代的选择技术。分子标记辅助育种技术也有类似的情况。采用具有分子标记的亲本，经过杂交后，采用分子标记分析技术，快速选出具有分子标记的单株，提高杂交后代选择的精准度，减少传统杂交育种优良单株选择困难的技术难题。有性杂交技术和后代选育技术同样成为分子标记育种的基础技术。植物分子育种技术也是在有性杂交育种技术基础上发展起来的分子水平的育种技术。在受体品种自花授粉 2 ～ 3 小时后，导入供体外源 DNA，然后对导入株系进行单株择优选择，选出具有育种目标性状的优良品系，形成新品种。外源 DNA 导入的受体可以在孕穗初期对整个幼穗导入，也可以对种芽导入，然后对导入后代进行选择。选择技术与杂交育种的选择技术也是一致的。从某种意义上说，有性杂交育种技术是开创水稻遗传改良甚至作物（植物）改良的基础性技术和非常有效的品种遗传改良育种技术。

3. 人工诱变法

人工诱变（引变）就是通过某些物理的或化学药品的特殊作用，引起植物个体的一些特征特性的遗传变异。这些新的变异有些具有经济价值，但有些对生物个体的生长发育不利，损害其经济价值，甚至造成死亡。人工诱变的目的就是想利用那些有利的变异，培育出经济价值更高的新品种。物理诱变主要因素有紫外线、X 射线、r 射线、原子能的电离辐射、超声波、激光等，利用这些诱变因素处理农作物的种子、幼芽，改变其遗传基因表达，引起性状变异；化学诱变的主要物质有秋水仙碱、芥子气等，利用化学物质诱使作物的性状发生变异。

（1）物理诱变

辐射育种最大的困难是，诱变后代中出现有害遗传变异的次数增多，有利变异发生的次数减少，有利变异常常以数百分之一或更低比例次数出现，试验材料种植量很大。我国自 1950 年起至今还在做物理诱变育种，只是技术人员较少或兼做。在水稻辐射育种上，广西的陈毓璋在 1981 ～ 1988 年利用 ^{60}Co-r 射线辐射“包胎矮”，1983 年从其后代培育出“桂晚辐”这一优良晚籼迟熟品种，1988 年 12 月通过广西农作物品种审定，至 1990 年累计推广面积达到 22.67 万公顷，获 1990 年度广西科技进步二等奖。这是广西水稻诱变育种典型的成功例子。随着生物技术特别是分子标记辅助育种技术、转基因技术的应用，我国的辐射育种研究逐渐减少。

（2）化学诱变

秋水仙碱对植物生长引起的变异主要是染色体数目加倍。例如，普通栽培稻为二倍体，细胞中有 12 对染色体，经过秋水仙碱处理后，出现部分具有 24 对染色体的同源四倍体细胞。四倍体水稻会发生许多特征特性的变化，如茎秆变粗壮、叶色变浓绿、种子变大、无芒品种出现短芒或长芒等。例如，四倍体水稻品种“川农 422 号”的千粒重为 34.17 g，其原种二倍体稻的千粒重仅有 25.07 g；用“川农 422 号”（籼）与“银坊”（粳）四倍体杂交，其子一代的千粒重达 41.29 g，千粒重增加了 60%。

鲍文奎自 1956 年起进行了多倍体稻种选育研究工作，得到以下结果：①一般情况下，同源四倍体粳稻的结实率比同源四倍体籼稻低，前者结实率常在 20% ～ 30%，后者在 50% 左右，单株间有相当大的变异。株选对提高结实率的贡献不大。这些四倍体稻种尚无直接利用价值，用作四倍体籼粳杂交亲本，其杂交后代有提升结实率的可能。②四倍体籼粳杂种子一代有较高的结实率，最高株达到 61.7%；同源四倍体杂种一代比亲本有较强的分蘖力，生长势强，穗大，千粒重较高。在 F_3 代中单株最高结实率达 81.5%，F_4 代中单株最高结实率达到 89.4%。1959 年在 F_6 代中选育的 9 个品系，系内平均结实率达到80%左右，接近正常水平。目前，染色体倍性育种技术难度很大，四倍体水稻在生产上利用极少。如能突破技术难关，特别是突破结实率低的技术难关，将会大幅提高水稻品种的千粒重，提升单产。这是值得立项研究的育种学科领域。

4. 新品种区域试验

水稻新品种区域试验的意义在于，将选出的优质品系或品种，有计划地分发到各个有代表性的农业地区，与当地主栽品种进行观察比较，从而明确这些参试品种的丰产性和适应性，以便择优扩大推广。

（1）引种

引种对于良种的扩大栽培和增产具有一定的积极意义。中国农民自古以来就有向外引种、换种的习惯。新中国成立初期，水稻复种指数急剧提升，加之新稻田的迅速扩大，亟须适应不同栽培条件与环境的优良品种。因而，各地群众进行多点引种试验和品比总结，结合研究单位的试验结果，可准确地选出适于各地生态条件的优良品种。精准引种、换种对扩大优良品种推广，增加水稻产量起到极大的作用。

一般来说，同纬度地区因日照长短相同，温差不大，相互引种容易成功。例如，江西省的早籼品种“南特号”和湖南省的中籼品种“胜利籼”，在长江流域纬度相同地区引种推广均比当地一般品种增产，特别是“南特号”适应性强，推广范围更大。北方的不论是早熟粳稻或是迟熟粳稻品种，引到南方栽培后，均因南方日照短、温度高而提早出穗，特别是晚熟品种更显著。北方粳稻品种南移，越往南就越要选择迟熟的品种。例如，东北的早熟粳稻品种“元子2号”引种在安徽、湖北作双季早稻，可以早播早插，延长生育期，提高产量。当南种北移，因北方日照长、温度低，一般品种特别是晚熟品种的出穗成熟期显著延迟，有的甚至不能出穗成熟，导致颗粒无收。因此，水稻品种的南种北移必须选择早熟品种，才能获得好收成。

检疫工作是引种工作的重要部分，严格检疫，防止疫区的病害扩大传染十分重要。例如，华北地区的干尖线虫病随北方粳稻南移，已广泛散布江苏、浙江、湖北、安徽、四川、广东等省份，长江以南地区的水稻白叶枯病也因南种北

移传入山东济南、陕西关中等稻作区。因此，在引种时应加强科学检疫、消毒，以免危险性病虫害传播。

（2）区域试验

我国的水稻新品种区域试验制度，自 20 世纪 50 年代建立以来一直沿用至今。水稻新品种区域试验是水稻育种工作的最后一个程序，是决定新品种推广的最后关口，是新品种发展命运的关键。因此，优选和推广新品种，对保证国家水稻的高产稳产起到决定性的作用。通过相同品种在不同地区的生态表现，还可以为稻作区划分、改变耕作制度等提供科学依据。该制度采用分级区域试验的组织形式，分为专区（现地市）级、省（区）级和国家大区级的三级区域试验制度。大区级试验由中国农业科学院牵头组织实施，如 1957 年该院就进行了北方单季稻区、长江流域单双季籼粳稻区、华南双季稻区、西南高原稻区等四个大区的品种联合区域试验，有力促进水稻优良品种进行大区内各省间的交流。参试品种一般要求逐级参试，有时也可以同时参加地市级、省区级或国家大区级的试验，从而加快新品种的推广进程。

特别是在北方新稻区与南方各地改变栽培制度的条件下，确定新的优良品种，对推动水稻生产发展具有重要的作用。例如，“公交 10 号”“公交 11 号”“公交 12 号”在宁夏、吉林等省区试种，比当地品种增产 10%～15%，很快得到推广。“合江 1 号”在黑龙江省，“宁丰”在辽宁省，“水原三百粒”“银坊”“野地黄金”在河北、河南、山东等省，通过试种后推广，取得显著增产效果；长江流域稻区早籼如“莲塘早”“南特号”“雷火粘”“陆财号”，早粳如“元子 2 号”“早粳 16 号”，中籼如“南京 1 号”，中粳如“国华球”，单季晚粳如“矮箕野稻”“八五三”，双季晚粳如“晚粳 11 号”“牛毛黄”等都先后通过试种、示范繁殖，很快在各省推广应用。这是我国在 1950 年开始水稻区域试验的成果。

5. 良种繁育

水稻良种繁育是新品种或优良品种在大田大面积生产的前奏，属于水稻生产范畴，是优良水稻品种的提纯复壮，繁殖一级、二级或三级优良种子供生产利用过程的总称。提纯复壮的主要工作是去除该良种的变异株（类型）或混合株，提纯其基本型，保持基本型原有的优良种性，进而保证生产的高产、丰产性。如果没有健全的良种繁育制度，则在推广优良品种后不久，即会发生混杂和退化现象，失去丰产性，严重的会造成粮食生产减产。1958 年我国明确提出了自繁、自选、自留、自用，辅之调剂的“四自一辅”的种子工作方针，在国家、省、专区、县各级都设立良种繁育场。此外，人民公社也广泛建立大批良种繁育场，当时广东、湖南、江苏、内蒙古等 16 个省（自治区、直辖市）的人民公社建立的良种繁育场粗略统计就有 6 000 余个，种子专业队 7 万多个，生产队普遍建立了种子田，人民公社还建成万处种子仓库和种子检验室，在全国范围内形成了以人民公社为基础的国家科研机构、原种场、专业繁育场、地方科研机构、各级良种繁育场，构成全国水稻良种繁育网。一直到 1970 年全面推广杂交水稻后，南方各省区的良种繁育场的工作性质才起了变化，转为杂交水稻制种基地等。

水稻良种繁育的主要技术方法有一次选择法、分级留种法、改良混合选种法三种。

（1）一次选择法

水稻良种繁育一次选择法是我国农民常用的良种繁育方法，又分为片选法和穗选法。

片选法（即除杂去劣法）是指选择生长整齐健壮，穗粒饱满的大田，在抽穗至成熟前，进行 2 ～ 3 次全面检查，把所有杂穗、早穗、迟穗、病穗、虫害穗和稗草全部拔除，留下的单收、单打、单晒、单存，供第 2 年（下造）大田作种。这样做较省工，比较适合大面积留种，但不如穗选法细致精准、提纯收效大。

穗选法是一种较细致精准的选种法，在水稻蜡熟后，组织有经验的人员到预先确定的选种田，选择穗大粒多、籽粒饱满、无病虫害、成熟一致，具有该品种特征特性的单穗，逐一割下，采收回来后，再淘汰掺杂和不合格穗子，然后混合脱粒，单晒单存，留用作种子。穗选法筛选过程严格和精准，选出的种子纯度高、质量好，增产效果显著。该法费时费力，不适合大面积留种，但是由于增产效果显著，一直受到重视，生产用种中有 1/10 以上是穗选种子，效果很好。穗选法可以留在一级种子田用种，也能经过连续穗选，选育出新

的优良品种。

（2）分级留种法

分级留种法是一种减轻穗选工作量，同时又能迅速繁殖大量优良种子的方法。需要设立种子田，根据种子需要分一级、二级、三级等留种法。一级种子田一般选用穗选法选出的种子，第二年（造）一级种子田用种也来自上年（造）种子田穗选的种子，即一级种子田用的种子来自上年（造）一级种子田穗选的种子，一级种子田经过一次选择后留种，可供二级种子田使用。如果生产用种需求量很大，就需要进一步选择留种后，再进行三级种子田繁育，成为生产用种，见图 6–1。

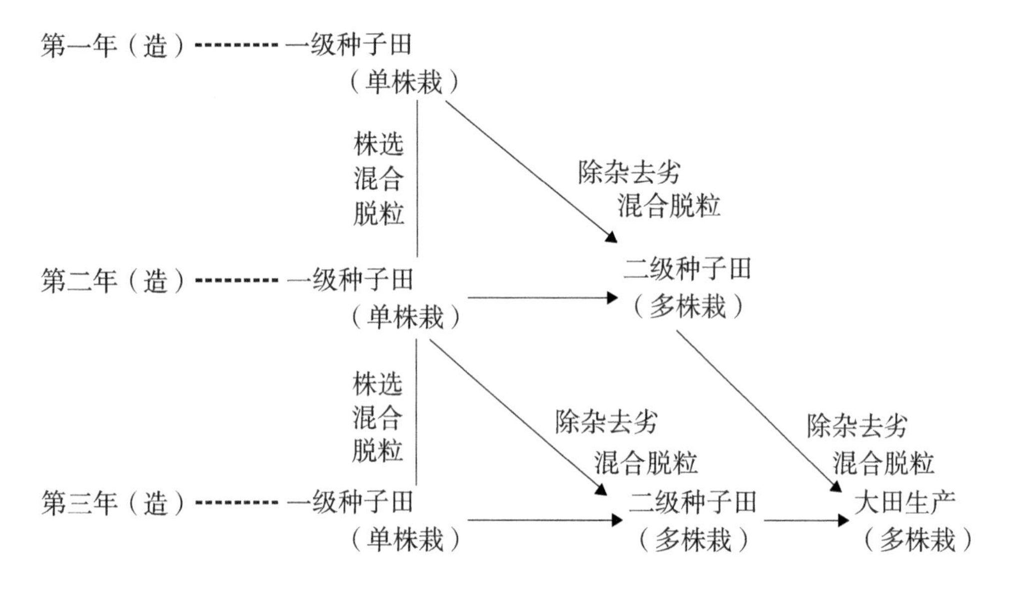

图 6–1　二级留种法示意图（丁颖，1961）

（3）改良混合选择法

在上年（造）的种子田或大田中选择十几或几十个单穗（株），主要选择该品种的基本型或比基本型更优秀的单株，经过仔细的室内考种后，选择其中最优秀的单株（穗）进行脱粒保存，然后分别播种育秧，单株种植，成为小区作为单系，再经过细致的农艺性状观察、鉴定，选择优良单系，淘汰表现差的株系或变异类型，把成熟一致、表现优良的各单系混合收割，留作下年（造）种子田用种。

这种方法是把新品种选育、良种繁育结合在一起进行的，在同一品种中有较多类型时可以选育及繁育出优良类型，这是一种较精密的繁育方法，需费耗较多的人工，不必年年采用。例如，江西省邓家埠水稻原种场采用这一方法繁殖的“南特号”比一般南特号增产 15% ～ 20%，深受湖南、湖北、江苏、安徽、浙江及广东等 12 个省的欢迎。

6. 种子检验

根据国家规定，水稻生产用种必须经过种子检验，合格后的种子才能进入种子市场，然后进入大田进行生产应用。种子检验就是鉴定种子质量，经过检验，符合种子质量标准要求的种子才能作为生产用种，这是保证种子质量的一项有效的具体措施。1950 年至“六五”期间，我国的水稻种子检验主要是由人民公社开展，国家供应的种子都经过国家检验，采用的取样方法是：进行种子纯度的田间检验时，先查明整个田块的种子来源，相同来源的可从中选出代表田块取样，不同来源的各自分别取样。同一来源的 5 亩以下设 5 个点，每点取样 20 蔸作样本，5 ～ 50 亩设 10 个点，50 亩以上每增加 25 亩增设 1 个点，每点各取 20 蔸作样本。检验种子的其他项目时，从室内储藏的种子取样，注意要从每批种子中分别取样，保证样品的代表性。

样品检验方法分为田间检验和室内检验两种方法。田间检验分别在幼苗期、出穗期、乳熟期、蜡熟期这 4 个时期进行，关键在出穗期和乳熟期，这是水稻植株个体主要性状表现最明显、最容易区分的时期。幼苗期主要检验稗草混杂、叶形、叶鞘色、叶片色等，区别异样品种；出穗期和乳熟期主要检验出穗迟早，植株高矮，剑叶性状，芒的有无、长短及颜色，颖色、颖尖色，穗型，谷粒形状、大小，谷粒着生密度等性状表现，区别异样品种。发现异样品种植株必须标记或捆扎起来，到蜡熟期拔除，并统计检出株所占百分数。在注意纯度的同时还观察记载杂草、病虫害情况。

室内检验重点内容包括种子纯度、种子净度、种子含水量、千粒重、种子发芽率、病虫害状况等。我国农业部（现为农业农村部）提出的参考标准：原种的留种纯度不低于 99%，种子等级不低于一级；预约繁殖种的品种纯度不低于 97%，种子等级不低于二级；一般良种的品种纯度不低于 92%，种子等级不低于三级。稻种分级标准见表 6-1。

表6-1 农业部提出的稻种分级标准（丁颖，1961）

级别	最低限度（%）		水分最高限度（%）		
	发芽率	纯度	粳稻	籼稻	稗子（每斤粒数）
一级	98	99.5	14	13.5	0
二级	95	98	14	13.5	30
三级	98	99.5	14	13.5	0

1976年杂交水稻大面积推广后，原来适用于常规稻的种子检验标准，已经逐步缩小应用范围，特别是在南方、华中等主栽杂交水稻的稻作区，常规水稻种植面积不断减少。同时，杂交水稻种子企业又经历了由20世纪80年代的国营到20世纪90年代后的私营企业改革，新的种子市场的标准化问题亟须解决。因此，农业部重新编制《农作物种子资源评价管理利用标准与质量检验鉴定技术标准》，对种子资源的管理及质量检验鉴定技术做出更细致、更全面、更系统的检验标准，一方面提升种子质量检验的精准度和权威性；另一方面进一步保障水稻生产的高产稳产，保证国家的粮食安全。

（二）国际水稻研究所对水稻生产的贡献

以美国为首的资本集团出资，于20世纪60年代在菲律宾组建国际水稻研究所。科学家们利用这一研究平台，一方面在世界范围内大量收集稻种种质资源，另一方面全面开展与水稻有关的所有学科的研究，使其成为世界上研究学科领域最健全的水稻研究所。其最鼎盛时期有1 200多人，研究学科包括种质资源、育种、栽培、植物保护、农具机械、大米加工、品质分析、基因组学等，并开展全面的研究。到70年代就收集到水稻品种8万多个，其中野生稻4 000多份，成为世界上保存稻种资源最多的国际机构；并及时开展稻种分类、农艺性状鉴定评价、制定评价标准，发现一批优良的水稻种质，特别是在尼瓦拉野生稻中发现了世界上唯一的抗草状矮缩病基因（种质），并成功地应用到育种中，培育出一大批以IR命名的高产抗病新品种，在东南亚国家推广应用，使东南亚国家的粮食生产跃上新的台阶，部分国家也因此成为粮食出口国家。“IR8”“IR24”“IR661”等高产抗倒伏抗病品种对中国水稻育种和生产发展也起到很大的作用。20 世纪 60 年代后期“IR4”“IR6”“IR8”在我国南方稻区推广并起到增产作用；20 世纪 70 年代在中国的杂交水稻育种的三系配套中，起到重要作用的要数“IR24”“IR661”等国际水稻研究所育种的热带高产水稻品种，是它们带来了野败型的强恢复基因，为成就中国杂交水稻的辉煌做出重要贡献。同时，国际水稻研究所对众多的水稻及野生稻种质进行抗病虫鉴定，发现一大批高抗水稻主要病虫害基因，如抗白叶枯病的系列基因 Xa1 至 Xa21，并把每个抗性基因与病菌品系相对应，既为今后育种提供明确的理论与技术指导，又为基因组学研究、揭示稻种生命本质打下坚实基础。20 世纪六七十年代的国际水稻研究所一直是领跑世界水稻育种的引擎，也为世界各国培养了许多稻作学家，80 年代也曾是中国许多青年学者投奔的水稻研究的学科殿堂。90 年代后，由于转基因育种的发展，中国改革开放的发展，特别是中国水稻研究所的建立等诸多因素，国际资本集团的投入不断减少，国际水稻研究所（IRRI）的规模逐步缩减，其历史任务也不断缩减。虽然它还是国际上最大的水稻研究机构，但其影响力已经远不如当年。

（三）“绿色革命”的水稻品种改良

所谓“绿色革命”是以水稻、小麦等作物的矮秆育种为主要目标的高产抗倒伏兼顾抗主要病虫害的品种改良育种行动。以 20 世纪 60 年代为主要时期，水稻以国际水稻研究所牵头为主，带动日本、印度和东南亚各国，以及中国独立进行的矮化高产育种；小麦以欧美为首，带动巴西、墨西哥及苏联等国家，进行以小麦的高产矮秆、抗锈病等为育种目标的矮化高产育种；同期还带动其他作物的高产、抗逆、抗病育种的开展。

国际水稻研究所育成的IR系列新品种就是国际水稻矮化高产育种的成果，他们使用的主要亲本是以台湾的“矮脚乌占”为主要代表的矮源。中国使用“矮脚南特”为代表的矮源品种，把水稻株高的育种目标定在 90 ～ 100 cm，产量目标为每季 400 千克 / 亩。当时双季稻区的产量 350 ～ 400 千克 / 亩，北方单季稻 400 ～ 450 千克 / 亩；到 20 世纪 70 年代，产量目标为 500 千克 / 亩。当时的“广选 3 号”“包胎矮”“包选 2 号”等为华南稻区的主栽品种（当家品种）。

20世纪70年代至80年代初中期，为了满足香港大米市场需求，还培育出一大批优质高产的品种，在生产上推广应用，如广西农业科学院水稻研究所育种的“特眉”“桂713”等品种均是按香港市场标准来培育的；博白县农业科学研究所育成的“团黄占”“05占”“细黄占”的亩产达到500 kg，品质也是按香港市场需要来选育；广东引进澳洲丝苗及泰国的优质米品种，后来育成“野澳丝苗”等优质高产品种，产量达到500千克/亩。这些品种的生产应用，对稳定香港大米市场和国内优质米市场起到重大的历史性作用，也为今后水稻高产优质育种积累了丰富的经验，奠定了种质资源基础。

（四）“东方魔稻”的育种及生产应用成果

被西方国家誉为“东方魔稻”的杂交水稻，是“杂交水稻之父”、中国工程院院士袁隆平及我国广大水稻育种家大协作，共同技术攻关取得的丰硕成果，是水稻品种改良育种的历史性突破。

1. 水稻杂种优势利用

在生物界常常见到杂种优势现象，杂种优势是指两个遗传基因型不同的亲本杂交产生的杂种一代在生长势、生活力、生物产量、品质、抗性等许多方面出现优于双亲的生物现象。

这种杂种优势现象早在2000年前就被发现，我国古籍记载了马与驴杂交产生骡这一事实。在20世纪二三十年代，美国采用玉米遗传育种家琼斯（Jones D. F.，1917）的建议，开展玉米双交育种，杂交玉米推广面积达到全美玉米播种面积的0.1%，约3 800公顷，开创了异花授粉植物杂种优势利用的先例。司蒂芬斯利用西非高粱和南非高粱杂交育成高粱不育系“3197A”，并在高粱“莱特巴英60”品种中选出恢复系，利用“3197A”配制出高粱杂交种，在生产上应用，为异花授粉作物利用杂种优势开创了典范。

水稻杂种优势利用研究始于19世纪，1926年美国琼斯（Jones J. W）首先提出水稻具有杂种优势，从而引起了各国育种家的重视。接着，印度的克丹姆（Kadem B. S.，1937）、马来西亚的布朗（Broun F. B.，1953）、巴基斯坦的艾利姆（Alim A.，1957）、日本的冈田子宽（1958）都做过研究和发表相关报道。

日本东北大学的胜尾清（1958）利用中国红芒野生稻与日本粳稻“藤坂5号”杂交，经连续回交后，育成含有中国红芒野生稻细胞质的“藤坂5号”不育系。1966年，日本琉球大学的新城长友用印度的春籼“钦苏拉包罗”与中国粳稻“台中65”杂交，经过连续回交后，育成了具有钦苏拉包罗细胞质的“台中65”不育系。1968年，日本农业技术研究所的渡边用缅甸籼稻“里德稻”与日本粳稻“藤坂5号”杂交，育成了具有缅甸里德稻细胞质的“藤坂5号”不育系。然而，在1973年以前，世界上还没有实现水稻三系配套和生产应用。

2.“东方魔稻”的诞生及发展

袁隆平院士是世界上第一位成功利用水稻杂种优势的科学家。他自1964年在国内率先研究水稻雄性不育现象开始，就一直领头于创新杂交水稻育种、制种和生产应用技术领域，50多年来，取得一连串突破性成果。例如，1966年发表的《水稻雄性不孕性》开创并指导了杂交水稻研究与创新。1970年袁隆平院士的助手李必湖和冯克珊在海南岛崖县（今三亚市）发现了花粉不育型的普通野生稻不育材料，在袁隆平院士的组织下，开展全国性水稻杂种优势利用大协作。1972年江西、湖南等省的合作组利用该材料育成了“珍汕97A”“二九南1号A”等不育系及其保持系，成功地利用了普通野生稻的雄性不育基因，培育成野败型水稻不育系。1973年广西农业科学院的协作组在院长李丁民的带领下，首先利用东南亚水稻品种筛选和培育出强优势的恢复系1号（IR24）、2号、3号、6号，并与“二九南1号”不育系配组，育成首个增产效果显著的籼型杂交水稻“南优2号”以及“南优3号”，首次实现了籼型杂交水稻三系配套与生产利用，彻底打破了部分西方学者提出的自花授粉作物没有杂种优势的学术观点。中国杂交水稻普遍表现出强大的杂种优势，比当时主栽常规稻品种增产20%左右，产生了巨大的经济效益和社会效益。李丁民主持完成的“籼型水稻杂种优势利用研究”项目，在1978年获得广西科学大会优秀科技成果奖，接着又获全国科学大会优秀科技成果奖，这是我国首个杂交水稻项目获得国家与地方科技成果的最高奖励。

1977年袁隆平院士为了解决杂交水稻应用的技术难题，发表了论文《杂交水稻制种和高产的关键技术》，指导全国各地的杂交水稻制种及生产应用，

促进杂交水稻在全国推广应用，对保证国家粮食安全起到指导性作用。在中央和地方各级党委、政府的正确领导和大力推动下，全国各地均建设杂交水稻制种基地、高产示范基地，举办制种培训、高产栽培技术培训。国家还在海南三亚创办全国性的制种基地及技术培训基地。通过培训，杂交水稻制种产量从18千克/亩发展到后来的400多千克/亩，极大地降低了杂交水稻的制种成本，有力地促进了杂交水稻种子产业化发展和杂交水稻生产发展。

在这期间，谢华安院士团队在福建省三明农业科学研究所培育成广适性强优恢复系“明恢63”，并育成高产广适性组合“汕优63”，成为世界上推广种植面积最大的杂交水稻品种。李丁民团队在育成南优系列和大量桂系恢复系及组合后，一直在努力寻求解决杂交水稻高产优质的技术途径，其中利用野生稻“野5”作为亲本，通过杂交、回交等技术方法把普通野生稻的优异基因适度配组到恢复系“桂99”中，利用“桂99”与“珍汕97A”配组，1986年育成“汕优桂99”组合，在保持高产的基础上，其广适性和米质也得到改善。“汕优桂99”是继“汕优63”后又一个广适性很好、米质较优的组合，其推广面积仅次于“汕优63”，成为继“汕优63”后世界上种植面积第二大的组合，1981～1995年累计推广面积6 381.42万亩。至今，其他推广组合的面积都没有超过这两个组合的。到2005年底，“桂99”恢复系配组育成的组合有20多个，在我国及越南累计推广面积15 209.85万亩。

在这期间，我国育成了5大系列的不育系及无数的杂交稻新组合在生产上应用，其中中国工程院院士、武汉大学教授朱英国利用海南野生稻育成恢保关系不同于野败型的红莲型不育系较为突出。该不育系在很长时间内都没有育成强优恢复系，经过对其进行生理生化、遗传理论研究后，在20世纪90年代中后期终于取得突破。2015年红莲型不育系及育成组合应用项目获得湖北省科学技术进步一等奖，后来又获得国家科技成果奖。

1974年，李丁民带领的团队利用从国际水稻研究所引进的IR2153-159-1-4株系，经过4年的系选和株系成对测定筛选，获得恢复力强、稳定、优良的77T39株系，经与“珍汕97A”配组，1983年通过广西区域试验后，定名“汕优30”。经过多次早晚季种植以及感光性测试，证明“汕优30”是广西（及全国）首个弱感光型杂交水稻组合，开创了晚季稻杂交水稻研究新领域，也由此拉开我国双季稻区正规晚季感光型杂交水稻育种的序幕，双季稻区也有了正宗的晚季杂交水稻组合，为加快杂交水稻的生产应用推广，提高杂交水稻米质迈开坚实的第一步。1986年，王腾金利用“博A”不育系与湖南育成的“测64-7”等许多恢复系进行配组选育试验，经过反复的测交、筛选、比较、淘汰，于1989年育成“博优64”感光型杂交水稻组合，1990年通过广西水稻区域试验。至此，在广西及华南稻区彻底解决了晚季三系杂交水稻生产依靠感温组合翻秋种植，造成杂交水稻生产推广难的问题，形成了晚季大面积栽培弱感光及感光型杂交水稻的新局面。至2000年，非“博A”配组的弱感光及感光型组合有11个，“博A”配组的系列组合有19个，再加上广西育成并通过品种审定的感温型组合，被全国同仁们誉为杂交水稻中的“桂系大军”。为国家粮食安全，以及稻作理论与技术研究事业做出了独特的历史性的重大贡献。

1987年，袁隆平院士发表了《杂交水稻育种的战略设想》，指出杂交水稻育种方法由三系法经两系法发展到一系法；杂交水稻技术由品种间杂交到亚种间杂交、再到远缘杂种优势利用的阶段发展，为杂交水稻育种及生产的发展进入第二个战略阶段指出方向。此后，全国的杂交水稻育种单位团队，都抽出力量从事两系杂交水稻育种，筛选广亲和种质，选育广亲和品系、品种，通过两系育种把光敏和不育系、温敏不育系推向新的历史性阶段。同时，水稻无融合种质的挖掘、利用研究，一系育种杂种优势利用研究等也出现欣欣向荣的形势。之后全国育成了许多两系杂交水稻组合（品种）并在生产上应用，推动了国家粮食生产持续稳定发展。

1997年，袁隆平院士又提出“杂交水稻超高产育种”理论，为我国杂交水稻研究向超级杂交水稻研究发展指明新的发展道路，注入新的活力，促进我国杂交水稻育种继续引领世界水稻育种快速发展。其中，“Y两优2号”成为华南稻区超级稻的主推品种，福建、广东、广西等也分别育成一批杂交水稻超级稻品种，并在生产上应用。

根据国家有关统计，1976～2008年，全国累计种植杂交水稻约60亿亩，累计增加粮食6 000亿kg。近年来，中国种植杂交水稻面积占水稻种植总面积的57%，按平均比常规水稻品种增产20%计算，年增产稻谷约240亿kg，每年可以多养活7 000多万人口，这是举世瞩目的水稻品种改良育种的奇迹。在

杂交水稻育种成果的共享上，袁隆平院士及中国水稻育种界的同仁，都没有把杂交水稻的辉煌成果视为已有，而是以宽阔的胸怀和极大的热情积极组织、参与国际杂交水稻育种、培训合作计划。几十年来，袁隆平院士基本上是亲力亲为，把杂交水稻技术开发推广到东南亚和非洲大地，为发展中国家千百万人民摆脱贫困饥饿做出重要的贡献。为此他多次获得联合国的多项“科学奖”，并被聘为联合国粮农组织首席顾问，把他的科学创造成果献给全人类分享，也向世界诠释中国的自主创新。近几年来，袁隆平院士又主持国家海水稻研究中心的工作，进一步提升海水稻的单产，为发展水稻生产、保证国家粮食安全开创了新的水稻研究和生产领域。

（五）超级稻育种成功及应用

超级稻是继杂交水稻育种与生产高速发展的情况下，最早由日本人提出来的，最初在 1980 年，他们制订了水稻超高产育种计划，要求在之后的 15 年内育成比原有品种增产 50% 的超高产品种，即 1995 年前要在原亩产 333.5 ～ 433.5 kg 糙米的基础上，提高到每亩产 500 ～ 650 kg 糙米，每亩产 626 ～ 812.5 kg 稻谷。日本的育种计划实施后，水稻育种单位产量有较大增加。1989 年国际水稻研究所（IRRI）提出了水稻的“超级稻”育种计划，所谓“超级稻”，最初是超高产水稻新品种的意思。国际水稻研究所提出后，印度、巴基斯坦等国家也跟着制订各自国家的超级稻育种计划。例如，巴基斯坦就育种成了超级巴斯玛蒂 1 ～ 3 号，单产达到 600 ～ 650 kg。后来，国际水稻研究所把超级稻改为“新株型稻”育种计划，其育种目标是到 2005 年，育成单产潜力比当时的纯系品种高 20% ～ 25% 的超高产新品种，即生育期为 120 天 的新株型品种，其亩产潜力达到 800 ～ 830 kg。

在国际水稻育种超高产思潮的影响下，我国于 1996 年由农业部立项实施“中国超级稻育种计划”。当时的超级稻育种计划目标见表 6 – 2。

表6-2　超级稻品种（组合）产量指标（袁隆平，2002）

类型阶段	常规稻品种				杂交稻组合			增产幅度
	早籼	早中晚兼用籼	南方单季粳	北方粳	早籼	单季籼、粳	晚籼	
现有高产水平（千克/亩）	450	500	500	550	500	550	500	0
1996～2000年指标（千克/亩）	600	650	650	700	650	700	650	15%以上
2001～2005年指标（千克/亩）	700	750	750	800	750	800	750	30%以上

注：连续两年在生态区内2个试点（每个试点100亩）的表现。

从表6-2可以看到，中国超级稻育种的产量一直按年度时间进程而提升，因而各稻作生态区、不同种植季节的产量均有不同。因此，袁隆平院士认为，水稻生育期的长短与其产量的多少有密切关系，要求生育期相差较大的早熟品种和迟熟的品种具有相同或相近的绝对产量，显然是不合理的。他建议，在育种计划中以单位面积的日产量而不以绝对产量做指标更为合理。在“十五”计划期间，袁隆平院士根据全国杂交水稻育种水平和产量情况，提出“十五”计划期间超高产杂交水稻育种的指标是株高100 cm，茎秆长75 cm，穗长25 cm，稻谷产量为100千克/（公顷·天），即6.67千克/（亩·天）。而湖南两系杂交水稻研究协作组鉴于长江流域双季早稻的温光条件不如中稻、晚稻，而把双季早稻的产量指标定为90千克/（公顷·天），即6千克/（亩·天），使超高产杂交水稻的育种产量目标更加切合实际，更加具有可操作性和更强的指导性。

2001年，国家杂交水稻工程技术研究中心与香港中文大学提出合作计划，采用分子生物技术与常规育种技术相结合的技术途径，培育第三期超级杂交水稻，到2010年一季稻大面积产量达到900千克/亩，比原来第三期超级杂交水稻在2015年实现产量900千克/亩的计划提前一个五年计划完成（原来第一期超级稻产量为700千克/亩，第二期超级稻产量为800千克/亩，第三期超级稻产量为900千克/亩）。在实施过程中，2014年11月，中央电视台现场直播国家杂交水稻工程技术研究中心第四期超级稻实地测产验收结果。

经专家组的现场连片收割，实地测产，示范片平均亩产达到 1 020 kg 以上，提前一年完成超级稻育种计划任务。

2004 年，广西大学莫永生教授总结了 30 多年来杂交水稻育种经验及自身的育种实践，提出水稻高大韧育种的设想。经过几年的育种实践，育成“高大韧 8 号”“高大韧 10 号”等苗头组合，在广西陆川等多个杂交水稻试种示范点示范评比，均比当时在广西推广的超级稻主推品种（组合）“Y 两优 2 号”增产 25% 以上。其株型集散适中，植株高大，茎秆粗壮，穗大粒多，韧性较好等农业性状指标突出，明显突破原有矮秆育种的株型标准。在 2010 年第一届全国杂交水稻大会上，展示的样本株高也超过了 155 cm。大田生产推广的 700 kg 以上亩产的超级稻品种多数株高也超过 120 cm。高大韧新株型是今后水稻育种产量突破的主攻方向。

（六）优质化育种的突破

长期以来高产不优质，优质不高产的问题一直是困扰水稻育种者的大问题。1976 年三系杂交水稻在生产上大面积推广应用，使这个问题一下子成为杂交水稻育种者急需解决的首要重大问题。

我国稻作区分布广泛，各稻区的优质化育种不完全一致，特别是粳稻区使用的品种。相对于粳稻品种，籼稻品种的优质高产矛盾没有那么突出。粳稻品种的优质化育种不是十分突出的问题，特别是利用日本粳品种、爪哇粳品种进行杂交就能够育成高产兼优质的优良品种，如垩白的有无、垩白度、垩白粒率、支链淀粉含量等国家标准指标，有较多的高产粳稻品种都是达标的。但是，由于南方地区高温、日照长短不一，特别是早季稻品种的灌浆至成熟期在长日照和高温状态下成熟，品种间的优质状态差异很大，如“团黄粘”“特眉”“桂 713”等品种优质，但产量都在 300 ～ 350 千克 / 亩，而 1983 年通过广西品种审定的早籼品种“红南”，在品比试验产量平均达到 516.8 千克 / 亩，区试平均产量为 424.2 千克 / 亩；广东育成的“桂朝 2 号”“特青 2 号”等品种的亩产在 500 kg 左右，但其垩白度、垩白粒率、外观光泽等较差。杂交水稻育种的初期组合普遍增产显著，但是米质都在普通三级米的质量水平，高产不优质的问题比较突出。因此，1960 ～ 1990 年是水稻育种家们努力解决高产与优质聚合在同一品种上的艰难奋斗时期。

1. 常规水稻优质育种的突破

常规水稻品种长期以来都有一批优质的品种，但是相对来说产量低些。从 1950 年起，为了解决吃饭问题，育种目标以高产为主，对品质的优劣有所忽视，虽然北方粳稻品种的品质一般状况下比南方籼稻品种优些，但是在追求高产的影响下，对品质有所忽视。在育种实践中，高产与优质是一对不易解决的矛盾，常常是高产不优质，优质不高产。因此，如“特青”“桂朝 2 号”等品种在当时甚至到现在还是比较高产的品种，给其合适的肥水条件，每造可以达到或超过 600 千克 / 亩，但作为食用米其品质欠佳，只能是三级米。20 世纪 70 年代三系杂交水稻的成功，使常规稻育种的高产压力更大，追求高产是当时常规稻育种的第一目标。广东的水稻育种家还提出产量超过杂交水稻的常规稻育种口号，他们也一直为之努力，并取得显著成果，桂朝系列品种、特青系列品种就是杰出的高产品种代表。

经过多年的探索，不断出现高产优质混合型品种，如广西农业科学院水稻研究所于 2001 年通过审定的“桂华占”（“七丝占”“桂引 901”）早造品亩产达到 440.9 kg，一般亩产 400 kg，米质优；“油占 8 号”2000 年品比试验亩产 428.4 kg，一般亩产 400 kg，米质很优，被评为广西优质米品种并在广西推广。广西基本实现高产优质的育种目标。2006 年广西农业科学院水稻研究所育成并通过审定的“力源占 1 号”、2007 年育成“力源占 2 号”等品种的米质大部分指标达到国家优质米一级标准。2011 年又育成并通过广西品种审定的感温籼型常规稻“桂育 7 号”品种，早季种植全生育期 127 天，株高 98.3 cm，穗粒数 131.9 粒，结实率为 82.6%，千粒重 23.2 g，主要米质指标达国家优质米一级标准，一般亩产 500 kg 以上。2014 年育成并通过广西品种审定的感温型高产优质常规稻“桂育 9 号”品种，早季种植全生育期 123 天、晚季全生育期 108 天，株高 113.5 cm，穗粒数 160.9 粒，结实率为 76.6%，千粒重 23.5 g，软米型，主要米质指标达到国家优质米一级标准，亩产达 600 kg 以上，2014 年被评为广西十大优质稻品种之一。2001 ～ 2014 年，广西农业科学院水

稻研究所育成了“桂育9号”“桂育7号”“桂育2号”“力源占1号”“桂井1号”“力源占2号”“桂丝占”“桂农占2号”等8个软米型高档优质常规稻新品种，直链淀粉含量为11.5%～16.5%，主要米质指标达国家优质米一级至二级标准，解决优质稻外观品质和产量同步提升的难题，突破了长期困扰育种家的水稻高产不优质、优质不高产的育种技术瓶颈，实现了高产优质的完美结合。

2. 三系杂交水稻优质育种的突破

自从1976年推广杂交水稻，直到1993年广西农业科学院水稻研究所李丁民团队利用恢复系“桂99”[（“龙紫12B”×“野5”）×“桂8”]与“博A”配组育成“博优903”（“博优桂99”），才在三系杂交水稻中突破水稻高产不优质的技术难题。“博优903”属于感光型杂交水稻，高产栽培平均亩产达到507.6 kg，米质达到国家优质米二级的标准；中国水稻研究所的米质分析结果显示，该组合糙米率为83.1%、精米率为73.38%、整精米率为67.42%、米粒长6.32 mm、米粒长宽比为2.76、垩白度为12.74%、直链淀粉含量为22.46%、胶稠度57 mm、消碱值为6.7、蛋白质含量为8.22%，其外观米质、加工品质和蒸煮品质均优于对照组合“博优64”。“博优桂99”是当时（1990年）杂交水稻的优质组合代表，在广西市场上只要说是“903”大米，马上就有一群人争着购买，价格也比一般的大米高出2～3个百分点。究其原因，主要是该组合属于感光型杂交水稻组合，而南方晚季气温、光照更适合优质米的形成。在一般品种中，也是晚季米质比早季米质优些。另外，其恢复系“桂99”含有较多的普通野生稻血缘，具有优质基因。“桂99”恢复系和“博A”不育系的分别育成以及配组使用，产生了一批米质提高到国家优质米二级的组合，取得杂交水稻高产又优质的育种技术初步突破。到2000年育成的“秋优桂99”“秋优1025”组合与2001年育成的“美优桂99”“美优1025”“美优138”“绮优1025”等组合的应用，在米质上取得进一步突破，实现杂交水稻高产及部分米质指标达到国家优质米一级、其余二级的标准。到2009年，广西农业科学院水稻研究所育成的弱感光型三系杂交水稻组合“百优838”（“百A”×“辐恢838”）通过广西审定，平均亩产500 kg以上，全生育期 112 天，比对照品种“博优 253”早熟 5 天，株高 113.5 cm，米质指标全部达到国家优质米一级标准，是首个完全实现了籼型杂交水稻高产优质化育种目标的品种。2013 年又育成并通过了广西品种审定的弱感光型优质杂交水稻“丰田优 553”，全生育期 118 天，株高 109.1 cm，米型细长，穗粒数 135.8 粒，结实率为 86.1%，千粒重 23.3 g，分蘖强、灌浆快、转色好，一般产量达到 550 千克 / 亩。2014 年百亩连片示范通过农业部超级稻的产量现场测定，平均亩产 686.19 kg，全部稻米品质指标达到国家优质米一级标准，被评为 2014 年广西十大优质稻品种。至此，突破三系杂交水稻高产不优质的技术难题，实现了水稻育种家多年来一直想育成高产优质品种的梦想。

三、水稻品种改良的先进成果

水稻新品种层出不穷，我国每年新育成并通过国家、地方审定的优良新品种多在 300 个以上。世界各国同样在品种资源创新、改良和新品种选育上取得许多新的成就，为世界水稻育种和生产发展做出新的贡献。张宝文 2004 年主编的《国际先进农业技术 1000 项》中列举水稻优异种质及品种 37 项，作者在本章中把其归类列出以飨读者。

（一）美国水稻品种引进与改良利用

中国科学院成都生物研究所（刘刚）从美国引进水稻品种材料 936 份，进行了隔离检疫、产量鉴定、恢保关系测定、抗病虫性鉴定和外观米质鉴定，选出理想株型材料 79 份，测配出新恢复材料组合 7 个，其中 2 个产量超过“汕优 63”。这些材料已经被四川省农业科学院、中国水稻研究所、成都市农业科学研究所、浙江省农业科学院等育种单位作为育种材料应用。

扬州大学农学院（潘学彪）从美国引进水稻抗纹枯病品种及种质 18 份，经过连续多代重复接种试验，获得 3 级抗病性材料 4 份，4 级以下抗性材料 7 份，它们均具有半矮秆及综合农艺性状较好的特性，是水稻抗纹枯病育种的优良种质。

（二）法国、巴西等国家丰产抗性陆稻种质引进与改良利用

云南省农业科学院（陶大云）从法国农业发展研究中心（CIRAD）、国际热带农业中心（CIAT）等引进陆稻品种材料1690份，其中基因库或群体12个，在严格评选中选育出新品种“陆引46”，在2000年通过了云南省品种审定，参加2000～2001年国家陆稻西南及东南组区域试验。“陆引46”表现出生育期适中、抗旱、抗稻瘟病、丰产等特点，目前已在滇南海拔1 300 m以下地区大面积推广。用引进群体“PCT-5”培育出的“PYN-1”“GPYN-2”“PYN-3”均具有云南粳稻高产、耐寒等优点，并兼抗稻瘟病、米质优和遗传基础广泛的特点，已经在国际热带农业研究中心登记注册。同时云南省农业科学院完成了引进材料1 000余份的编目工作，丰富了我国陆稻基因库。

中国农业科学院作物品种资源研究所（盛锦山）引进巴西陆稻“IAPAR-9”品种，叶片、颖壳光滑，无颖毛，表面富蜡质，气孔较少，有利于防止水分过度散发，减少蒸腾，属于光壳稻类型的粳稻感温品种。株高115.6 cm，有效穗4～5个，穗长28.0 cm，穗粒数208.2粒，粒色金黄，千粒重27.5 g。在北京地区种植，平均单产每公顷4 500～6 000 kg，具有抗稻瘟病性；在米质测定中，有7项达部颁优质米一级标准，4项达二级标准。目前，在江苏、浙江、新疆、宁夏、三亚、琼海、沈阳、盖州的广袤地区均有种植，表现良好，具有省工、省时、省水，投入少、效果好的优点。

（三）印度优质品种引进与改良利用

湖南省种子集团公司（罗锋）从印度引进巴斯玛蒂类型的品种资源Basmati135、PUNJAB BASMAT1等50份，分别进行系选与杂交选育，培育了“爱华5号”“99-309”“99-414”等优质品系。“爱华5号”于2001年参加湖南省区域试验，平均亩产457.39 kg，米质达到湖南省优质米二级标准。“99-309”“99-414”品系米质稳定，不受环境变化影响，米饭色泽好，延伸度达200%。

（四）泰国优质香米种质引进与改良利用

广西农业科学院水稻研究所（陈彩虹）从泰国引进优质香米品种和种质20份，经过观察从中选择了SPR系列等几个性状较好的品种，与强恢复系“128”“1025”等杂交获得F_3代以上株系百余份。从引进材料中选出常规稻品系“R711”，2002年在永福试种333.33公顷，米质好，其中7项指标达部颁优质米一级标准，4项指标达二级标准，仅透明度1项较差。从引进品种与“桂99”杂交后代中选出恢复系“293”，与优质不育系“绮A”配组，育成早熟优质早籼组合“绮优293”。该组合除了垩白率外，11项米质指标均达部颁优质米二级标准。2002年早造品比试验，亩产486.8 kg，大田亩产447.5 kg，晚造亩产406.7 kg。

江西省良种繁育场、江西省农业科学院（周炳炎）从泰国引进出口米优质品种“RD7”（赣引4号）、“RD21-1”（赣引5号）、“RD23”（赣引7号）、“PTT1”、“LPT123”、“SPP2”、“RD15”及高产优质品种“SPP89090-30-1-22”（赣引12号）等24份。经过检疫、试种、鉴定及大田示范，筛选出一批有应用潜力的品种。赣引4号、5号、7号均表现泰国米的优良特点，其中赣引5号的出糙率、整精米率、胶稠度、粒型长宽比等5项达国家优质米一级标准，5项达部颁优质米一级标准，平均亩产500 kg。从“SPP89090-30-1-22”（赣引12号）选育的高产优质新品种“F038”，外观米质优，米饭软硬适口；一般亩产500 kg，最高亩产超过600 kg；具有分蘖强、秧龄弹性大，耐高低温、抗病、抗虫、高产稳产、熟期适宜等特点。利用引进材料与不育系配组也获得一批恢复力强的新恢复系和苗头组合。

（五）缅甸水稻品种引进与利用

广西农业科学院水稻研究所（毛昌祥）从缅甸、国际水稻研究所（IRRI）、印度、孟加拉国等6个国家或国际研究机构引进具有一定休眠期的水稻品种605份，经隔离种植、观察、鉴定，在广西生态条件下能正常结实的有304份。在成熟期连续15天喷淋，检查穗子发芽情况，结果发现12份不发芽的材料。经测产试验发现，从“IR60830-110-3-3-1”选育成的“桂丰2号”表现突出，

7项指标达部颁优质米一级标准，5项指标达二级标准，平均产量420千克/亩。2001年通过广西品种审定，2002年累计推广面积3 200公顷，成为广西主栽优质稻品种之一。

（六）韩国水稻品种引进与利用

安徽农业科学院（苏泽胜）从韩国引进了200份品种和种质材料。其中大津稻表现较好，平均产量615千克/亩，比安徽省主推品种“汕优63”增产2.5%，田间抗病力强，米质优。其次是Beak，产量565千克/亩，比常规中粳“83-D”增产8.0%。此外，还从汉城大学引进NMU诱变育成的新品系，如高蛋白、糖稻、巨胚稻等特异种质21份。其中大津稻及多产稻等在肥东、巢湖、凤台等地试验、示范100亩，表现良好；2002年大津稻在肥东示范333.33公顷。安徽省农业委员会组织专家对阜南县100亩示范片区现场测产，理论上达到735.7千克/亩，外观米质无腹白、心白。

中国农业科学院水稻研究所（金千瑜）从韩国引进以农安稻为主的直播品种21份，通过国内各稻区的试种示范，除了具有一般良种的优质、高产、多抗性状外，多为半矮秆、分蘖少、重穗型品种；具有低温低氧发芽出苗性；深根，根活力强；茎秆壮；耐除草剂，与杂草竞争性强；种子无芒、易落粒等特点。可增加我国的直播育种的优异种质亲本。

中国农业科学院作物品种资源研究所（杨庆文）引进韩国粳稻品种“珍富6号”，株高92.0 cm，穗长15.4 cm，穗粒数62.3粒，结实率为95.3%，千粒重24.0 g，垩白小，晶莹透亮，光感似玉，在新疆属早粳中晚熟品种，一般亩产750 kg，外观、米质、食味优于秋光品种。

中国农业科学院作物品种资源研究所（盛锦山）引进韩国东津稻、一味稻、一品稻、珍味稻、周安稻、花东稻、花明稻、花津稻、花成稻、南平稻、南江稻、Geuroobyeo等12个高品质水稻品种。试验结果表明，花成稻与Geuroobyeo品种具有耐冷、耐旱、抗倒伏、灌浆速度快、活秆成熟、熟色金黄、结实率高、产量高、米质透明、无垩白、食味口感好、不回生等优点，可以在生产上直接应用。Geuroobyeo品种适应于吉林、内蒙古、辽宁等省区有效积温3 000℃

以上的稻区种植。花成稻适宜在河南、河北、天津等作一季稻种植。

中国农业科学院作物品种资源研究所（高卫东）引进韩国粳稻品种在安徽试种，株高 103 cm，全生育期 138 天，穗长 19.9 cm，穗粒数 134 粒，结实率为 81.5%，千粒重 25.0 g；株型直立紧凑，分蘖力强，宜高肥田块种植。一般亩产 500 ～ 550 kg，再生力强，再生稻亩产达 340 kg。经农业农村部稻米及制品质量监督检验测试中心分析，糙米率为 80.5%，精米率为 72.0%，整精米率为 69.5%，胶稠度 88 mm，碱消值 7 级，透明度 0.41%，直链淀粉含量 14.39%，糙米粗蛋白含量为 11.0%。由于早熟、抗病、米质好，分蘖力强，已作为单季稻亲本进行杂交利用。同时，引进韩国粳稻新品种南川稻，在浙江种植，株高 96.6 cm，全生育期 133 天，有效穗 8.2 个，穗长 20.0 cm，穗粒数 87.6 粒，结实率为 96.4%，千粒重 24.5 g，一般亩产 400 kg，糙米率为 83.0%，直链淀粉含量为 18.82%，糙米粗蛋白含量为 14.3%，可在长江中下游地区种植。

（七）日本水稻种质引进与改良利用

安徽省农业科学院（吴跃进）从日本引进了脂肪氧化酶（Lox-3）缺失基因材料 Daw Dam，株高 140 cm，糯稻，分蘖性差，叶片散，农艺性状差。将其与不育系、恢复系进行杂交改良，已经获得 33 个籼稻、19 个粳稻与 Daw Dam 的杂交组合，从中选择经济性状优良的单株 1 833 株。经检测，518 个单株中有 Lox-3 缺失的产量高、米质优的品系 81 份，其中“M9056”“D038”“D036”等品系进入了 2001 年预备试验，产量比生产上推广的同类品种增产 3.2% ～ 5.6%；人工接种白叶枯病抗性达中抗及以上，经耐贮藏性鉴定，具有明显延缓陈化变质的作用。

湖南省水稻研究所（刘云开）从日本引进“耐涝 8217”水稻品种试种，株高 130 cm，茎秆粗壮，分蘖特强，其中 1 株分蘖 100 个以上，耐淹耐渍，然而生育期过长。与本底品种、不育系杂交改良获得 1 687 个单株，其中高产品系 105 份。“耐涝 210-65”等品系在湖南渍水地区试种，在连续 21 天渍水被淹状况下，表现出抗寒、耐渍、不僵苗、不死苗，亩产 403 kg。继续配组

的品系在洞庭湖渍水区进行耐涝鉴定，筛选出一批高产耐涝品种，为解决低洼渍水稻田的低产丢荒问题找到新途径。

南京农业大学(万建民)从日本引进优质水稻品种“Mirukikuin”等20多个，优质高产多抗品种（系）“关东188”“关东192”等50多份，优质食味品系50多份，特种专用稻品种（系）包括低水溶性蛋白变异品种“关东198”、巨大胚品系等20份，耐贮藏基因材料20份，遗传群体6套，含Kasalath/日本晴//Kasalath、DV85/金南风重组自交系、秋光/越光的染色体片段置换系群体和重组自交系群体、IR24/Asominori的染色体片段置换群体和重组自交系群体等。经过试种、鉴定、筛选，发现了一些有利基因，并评价了其利用的可能性。品质优的材料已经提供给各省农科院育种使用。

扬州大学(顾铭洪、汤述翥)从日本引进优质粳稻品种与不育系并进行鉴定。结果表明，日本品种为弯穗型，品质优，产量低；江苏品种为直穗型，产量高，品质差。用日本弯穗型品种“小钱优”“越光”“农垦57”分别与江苏直穗型“武运粳8号”杂交，建立了3个DH群体；对其弯曲度及其他穗部性状与米质性状进行分析，发现穗弯曲度与品质不存在明显相关性。经过选育获得优质直穗品系“97-3017”，经中日水稻专家品尝，认为食味与日本品种“日光”“黄金锦”“秋田小町”无显著差异，明显优于主栽品种“武育粳3号”，米质达国家优质米三级以上标准。2000年参加江苏首届优质谷评比，食味品尝名列第二名，列为首批国家农业跨越计划产业化开发品种，2002年定名为“广陵香粳”。

吉林市农业科学研究所（周广春）引进日本具有极强抗低温、耐冷特性的水稻早熟品系“藤系144号”，生育期125天，株高90 cm，平均穗实粒数100粒，千粒重26.0 g，结实率为95%；分蘖力、苗期耐冷性强，孕穗耐障碍性冷害能力极强；株型紧凑、出穗整齐、灌浆速度快；中抗稻瘟病；米质11项指标达部颁优质米标准，垩白粒率达国家优质米标准。中等肥力田块产量平均每公顷8 500～9 000 kg。至2002年已利用其为骨干亲本配制杂交组合26个，其中3个表现突出，获得优质、耐冷、抗病、早熟的基本稳定品系28个，特异中间材料12份，对北方寒地超级稻耐冷育种有积极作用，并对新株型模式进行了数量化设计。

吉林省农业科学院（张三元）引进日本田间抗性强的“奥羽351”新品种，株高98 cm，生育期160天，分蘖力强，抗倒伏性强，具有Pi-a抗稻瘟病基因，在稻瘟病流行时、无防治条件下叶瘟病斑面积在1%左右，穗颈瘟最高发病率为12%；属多穗型品种，米质中上，食味好，垩白粒率低；每公顷产量达8400 kg以上。同时引进“东北157”品种，生育期150天，株高95 cm，分蘖力强，抗倒伏、耐冷极强，属多穗型，千粒重25.0 g，米质较优，食味好，每公顷产量达8 000 kg以上，具有Pi-a和Pi-i抗性基因，田间抗叶瘟、穗瘟达强级。

中国农业科学院作物品种资源研究所（杨庆文）引进日本粳稻品种“秋田小町”，在北京生育期145～150天，株高96.4 cm，穗长16.0 cm，穗粒数63.7粒，结实率为95.7%，千粒重23.8 g，优质米生产技术条件下平均亩产500～560 kg，最高达600 kg。在北京、天津、唐山及黑龙江、吉林、新疆等地示范，表现出抗病、优质、高产、食味好的特性。同时引进“八重黄金”粳稻品种，株高88.7 cm，穗长16.1 cm，穗粒数72.7粒，结实率为96.5%，千粒重25.0g。1995年进入生产试验，在新疆亩产7 000 kg以上，在11个优质米品种测定综合分析中名列第一，成为新疆主栽品种之一。

中国农业科学院作物品种资源研究所（高卫东）引进日本优质稻品种“幸实”，在北京、天津、唐山地区作一季稻，生育期165天，株高110 cm，有效穗8.2个，穗长19.0 cm，穗粒数76粒，千粒重25.5 g，米质优，口感好。高抗稻瘟病、抗稻曲病、耐旱耐寒，广适性好，一般亩产400～500 kg。引进“越富”品种，全生育期170天，作麦茬老秧品种全生育期155～160天，株高110 cm，分蘖力强，穗长23.0 cm，穗粒数109粒，结实率为98%，千粒重26.0 g，一般亩产400～500 kg，米质特好，中抗稻瘟病和白叶枯病。同期，引进“秋光”品种，株高90 cm，穗长8.3 cm，穗粒数98粒，结实率为93.3%，千粒重25.6 g，在北京、天津、唐山地区种植，全生育期130天，属早熟偏重穗型，一般亩产300～400 kg。引进“幸稔”粳稻品种，全生育期155天，株高105 cm，穗长20.6 cm，穗粒数131粒，结实率为97.4%，千粒重24.5 g，糙米率为84.0%，精米率为80.9%，直链淀粉含量为18.2%。属于中秆偏多穗型，分蘖力强，抗稻瘟病与白叶枯病，较耐肥抗倒，在北京、天津、

唐山地区一般产量 400 ～ 500 千克 / 亩。引进粳稻“喜峰”，在北京、天津、唐山地区作为麦茬中稻老秧品种，全生育期 140 ～ 150 天，株高 101.5 cm，株型紧凑，后期熟色好，耐肥抗倒，一般亩产 350 ～ 400 kg，抗稻瘟病及中抗白叶枯病。还引进日本种质“SLG-1”，株高 109.0 cm，粒形阔卵形，千粒重在北京为 80.0 g、在杭州为 59.4 g、在南昌为 60.0 g，是一份十分罕见的大粒型品种，在育种和基础研究上有较高的价值，被国家列为“九五”科技攻关项目优异种质，已为各地育种提供利用。

（八）科特迪瓦水稻种质引进与鉴定

中国农业科学院作物品种资源研究所（高卫东）从科特迪瓦引进“IRAT359”水稻种质，该种质叶片和颖壳都光滑无毛，属粳稻的光壳稻。株高 103.2 cm，穗长 24.5 cm，穗粒数 205.8 粒，结实率为 89.0%，千粒重 25.6 g。经农业农村部稻米及制品质量监督检验测试中心检验，有 8 项达部颁优质米一级标准，1 项达二级标准。该种质具有抗稻瘟病、抗旱抗涝、米质优的特点。在我国西南和长江流域的山坡地、缺水田种植，一般产量为 300 千克 / 亩，在水肥较好的田块可达 400 千克 / 亩，符合广适性育种亲本要求。

（九）国际水稻研究所（IRRI）水稻种质引进与利用

中国农业科学院水稻研究所（汤圣祥）从国际水稻研究所（IRRI）和巴西等国家引进 65 超级稻和陆稻品种（系），通过试种、鉴定，基本明确其特性及利用价值；向国内育种家提供种质 200 份（次），并育成适应我国旱地种植的巴西陆稻“IAPAR9”，具有株高 110 ～ 125 cm，感温，耐旱、耐贫瘠性强，适应性广，抗稻瘟病，穗大粒多等特点，一般亩产 400 kg，可高达 500 kg。至 2000 年，在江西、湖南、广西、云南等省累计推广面积 4.27 万公顷以上，增产稻谷 1 600 万 kg。

四川省农业科学院（况浩池）从国际水稻研究所（IRRI）引进抗螟虫或耐螟虫材料 205 份，经鉴定达到 1 ～ 3 级抗螟虫的有“B2983B-SR-853”等材料，并配制抗螟恢复系的杂交组合 71 个。其中用“R4116”与“II-32A”配组的组合，亩产达 623.68 kg，2002 年通过四川省品种审定。

福建农林大学（杨仁崔）从国际水稻研究所（IRRI）、菲律宾国家水稻研究所和泰国水稻研究所引进超级稻核心亲本和株系 199 份，6 份野生稻抗原及来自 4 个野生稻种的 65 份基因渗入系，31 个新育成的不育系和优质米品种。经过 3 年的抗性鉴定，获得高抗白叶枯病株系 15 个、高抗褐飞虱株系 3 个、高抗稻瘟病株系 34 个和抗二病一虫的株系 27 个。从 10 个不育系中选出的“IR58025A”和“IR68902A”，米质优，性状优良。利用泰国“RD1”品种辐射改造，育成了“闽香占 948–1”“闽香占 948–2”两个早稻高产优质品系。

重庆再生稻研究中心（李经勇）分别从国际水稻研究所（IRRI）、美国、日本引进 IR 系列、美国光生稻系列、日本优质粳稻系列种质。用“IR1529-680–3”的辐射突变体“2080”与“BG90–2”和“明恢 63”杂交，将选育成的恢复系“川核 3 号”与不育系“G46A”测配育成优质稻新组合“G46A/ 川核 3 号”，2001 年 11 月通过重庆市品种审定，定名“合优 3 号”，具有高产、优质特点，2003 年被推荐为重庆市优质杂交水稻主推品种之一。利用 IR 系列、美国光生稻系列和日本优质粳稻系列种质，转育成恢复系“优质 03”“1351”“W–5/IR29”“RT7001/ 明恢 63”“科恢 746/IR13240”“泸恢 57/IR36”“红宝石 / 千代锦”“花舞 / 千代锦”等，分别与“II–32A”“K17A”“K18A”“D62A”“441A”“金 23A”“宜 A”“非 A”测配组合，经过多年多点试验，其中“金 23A/1351”通过重庆市区域试验，“宜 A/1351”“宜 A/2103”一般亩产 520 ～ 550 kg。2002 年获得的海拔 290 m 试验田正季稻谷，经农业部稻米及制品质量监督检验测试中心监测，除整精米率由于粒较长及暴晒致使偏低外，其余指标均达国家优质米标准。优质日本粳稻组合“花舞”“千代锦”头季稻亩产 400 ～ 450 kg，再生稻亩产 150 ～ 200 kg。

中国农业科学院水稻研究所（魏兴华）从国际水稻研究所（IRRI）引进非洲、亚洲栽培稻中间远缘杂交等优异种质材料 50 份。经过多点评价、现场展示，向国内育种、生产单位提供了种质 150 份（次）。高代选系已经在江西、云南、浙江和河南等省累计展示、示范 666 多公顷。其中，“中旱 209”进入国家旱稻区域试验第二年试验和 4 个生态点生产试验，表现良好。

褐飞虱是我国水稻生产的第一大害虫，水稻抗褐飞虱能力弱，但野生稻抗

褐飞虱基因具有广谱性。国际水稻研究所（IRRI）已经成功地将两个野生稻抗虫基因导入栽培稻，其中一个与基因 Bph-10（t）紧密连锁的 RFLP 标记已经找到。华中农业大学（雷建勋）从国际水稻研究所（IRRI）引进来源于药用野生稻半矮生抗褐飞虱品系"IR54742-41-15-30-23-2"等 6 份抗虫种质，来源于澳洲野生稻的抗褐飞虱品系"IR65482-4-136-2-2"等 10 份，采用回交育种和分子标记辅助选择技术，已经将 Bph-10（t）抗虫基因转移到我国的水稻品种中，育成抗虫等基因系，找到解决我国水稻品种抗褐飞虱问题的新途径。

（十）中国台湾地区水稻品种在大陆的表现

福建省农业厅（张轼）从台湾地区引进"台粳 13""台农 67""台农 70""台农籼 20 号""台中籼 10 号""台籼育 4875"等 20 多个新品种。经试验选出"台农 67"，其产量高、米质优，1998 年先后获厦门洽谈会和福建名特优新产品展览会优质产品奖，至 2001 年，累计推广 3.33 万公顷。利用辐射处理，从"台农 67"中选育出"粳籼 961""粳籼 971"等品种，比"台农 67"更高产、优质、早熟，经中国农业科学院水稻研究所检测，米质达部颁优质米一级标准。福建省在莆田市大洋、钟山建立 666.67 公顷优质稻生产基地，与优质米加工企业生产了大洋牌优质米。市场售价比一般大米高 0.5 ～ 0.8 元 / 千克，社会经济效益增加 6 000 多万元。

福建省农业科学院（王金英）从台湾地区引进优异资源 141 份，其中籼稻 53 份、粳稻 88 份。经综合性鉴定评价，选出表现突出的"高雄选 1 号""台中籼 20 号""台农籼 18 号""嘉南 8 号"等，参加省、市水稻品种区域试验，以及在福建长乐、龙海等地进行多点试种示范，表现良好。利用"台粳 4 号""台粳 8 号""台农 67"等品种为亲本与籼稻优良亲本杂交，先后育成"东南 950""948-1""948-2"及优质恢复系"早恢 150"。其中，"东南 950"参加 2000 年 8 月福建省农业厅的优质早稻试验招标，获第一名。2002 年 7 月，验收组对长乐市试验示范现场实割验收，"东南 950"平均亩产 442.8 kg，比对照组"中优 81"增产 25.5%。

四、水稻品种改良的重大意义

据统计，到2005年，全球保存栽培稻种质资源约42万份（含复份），它们是栽培稻特别是水稻品种改良的重要物质基础及基因源，是人类生存和发展的重要战略性物资。因此，对水稻进行（含非洲栽培稻、亚洲栽培稻的陆稻和深水稻）品种改良具有重大意义。

（一）增加栽培稻产量和提升质量

随着人口的增长，粮食需求量将到达峰值。作为世界第二大粮食作物的水稻，承担着保证粮食安全的重大责任，对于亚洲及中东地区的稻米主产国更是承载着主要任务。因此，这些国家的水稻育种者每年必须进行大量而艰苦的水稻品种改良工作，保证新品种的产量和质量得到快速地提升，进而促进水稻生产的产量持续增长，保证国家粮食安全，以满足人类社会文明发展的需要。水稻育种的产量目标已经超过1 000千克/亩（季），质量目标是培育满足社会多样化需求的专用稻，如食用品种以国家优质米一级为目标，生产米粉的品种以高产及垩白适度直链淀粉含量较高为目标，今后具有保健功能的品种、酿酒专用品种、糕点专用品种等多样化育种目标将更加明显。

目前，水稻品种改良的主要技术方法有杂交育种技术（品种间杂交、亚种间远缘杂交、种间远缘杂交、属间远缘杂交等）、细胞工程育种技术（单倍体育种、多倍体育种、诱变育种等）、分子标记辅助育种技术、转基因育种技术（DNA导入育种、转基因育种等），重点是杂交育种和转基因育种。这些技术都很成熟，能够通过品种改良，培育出新的产量更高和更优品质的品种，包括具有特殊功能的品种。

（二）加大稻属种间优异基因的利用

稻种资源的基因多样性十分显著，人类食用安全的优异基因极多，进行水稻品种改良能够进一步加速稻种优异基因的利用。例如，20世纪70年代水稻

育种家成功利用普通野生稻的“野败”雄性不育基因以及野生稻的恢复基因实现了水稻三系配套，水稻品种间杂种优势得到充分利用，带来水稻产量和质量的重大突破，保障了粮食安全。目前，已经知道在野生稻种质资源中存在着许多优异基因，如高产潜能 QTL 基因、雄性不育基因（ cmS gene ）、恢复基因（Restoring gene）、广亲和基因（WCG gene）、大花药基因（Large anther gene）、大柱头基因（Large stigme gene）、矮秆基因（Dwarf gene）、地下茎基因（Rhizome gene）、高光效基因（HPE gene）、白叶枯病抗性基因（Xa-21、Xa23）、草状矮缩病抗性基因（GS gene），以及近几年来不断发现的 QTL 基因与众多的分子标记，均能用于水稻品种改良。

在栽培稻及野生稻种质资源中,还存在着许多抗逆性强的优良基因(种质),如耐旱、耐寒、耐盐碱、耐热、耐洪涝、耐贫瘠等，以及抗病虫性强的优良基因（种质），如高抗稻瘟病、高抗纹枯病、高抗南方黑条矮缩病、高抗褐飞虱、高抗白背飞虱、高抗稻瘿蚊等,这些都是今后抗性育种必不可少的优良基因源。水稻品种改良将会很好地利用和发挥它们的作用，将其转移到新的优良品种中，为水稻生产增产、稳产做出更大的贡献。

（三）丰富栽培稻种质资源多样性

品种改良是创新旧种质、培育新品种的过程，也是培育新基因型种质的过程。例如，丁颖教授利用广州郊区的野生稻与水稻“提盎然”杂交的后代，选育出“中山1号”,这是当时比广东主栽品种高产的优良新品种。1950～1960年，“中山 1 号”及其衍生品种是两广及整个华南稻区的主栽品种，也是中国第一个人工选育出来的含有普通野生稻基因的水稻新基因型种质，该品种及其后代衍生系（品种）在后来将近一个多世纪中一直为水稻育种和生产使用，是世界水稻育种史上的奇迹。特别是博白农科所高级农艺师、全国五一劳动奖章获得者、著名的水稻育种家王腾金，利用其衍生后代“钢枝占”做亲本，经过杂交、回交育成的“博 A”不育系，为中国感光型杂交水稻的发展，促进三系杂交水稻晚季生产发展做出不可磨灭的历史性贡献。“博 A”配组的组合在中国华南稻区及越南等东南亚国家得到很好的推广，促进种植区的稻谷增产、稳产。博优系列组合也是杂交水稻“桂系大军”的重要部分。“中山 1 号”野栽新基因型种质成为中国现代史中利用时间最长、贡献最大的种质之一。“珍汕 97A”不育系配成的系列组合为我国杂交水稻发展做出极大的贡献，其中“汕优 63”是利用“珍汕 97A”与“明恢 63”配组而成的三系杂交水稻组合，也是杂交水稻诞生以来推广面积最大的组合；推广面积位居第二的是“汕优桂 99”，它由“珍汕 97A”与恢复系“桂 99”配组而成。这说明在人工杂交和基因转导的推动下能够加快栽培稻多样性的增加。

（四）加速栽培稻的演变进化

随着生物技术特别是分子育种与转基因育种技术的进一步广泛利用，水稻品种改良工作得到飞速发展。在育种家及技术人员的干预下，栽培稻种向着人类生产需要的方向演变进化，并且这个改良育种过程在不断加快。以中国水稻育种为例，目前，每年育成并通过地方或国家审定的新品种为 300 多个，也就是说，新的水稻基因型不断涌现，它们在高产、优质、抗病虫性、抗逆性、特殊用途的功能性等各方面均更加符合人类社会发展的需要。栽培稻种的进化演变方向取决于人类的需要，脱离了野生稻种自然选择进化的路线。

（五）水稻品种改良保障了人类粮食安全

随着全球气候变化，自然灾害不断出现，严重影响农业生产的正常发展。加上人口急速增长，耕地较少，粮食安全是一个全球都得认真应对的重大事情。为了保证在各种异常的非生物性和生物性灾害来临的时候，人类有足够的基因型抵御各种自然灾害，确保粮食安全，科学家们做了许多研究，特别是农作物育种家们，更加直接地进行提高产量、改善品质，以及增强抗病虫害性、抗逆性、广适性、丰产性，筛选优异基因的基础安全研究工作。

第七章

转基因水稻的重要意义

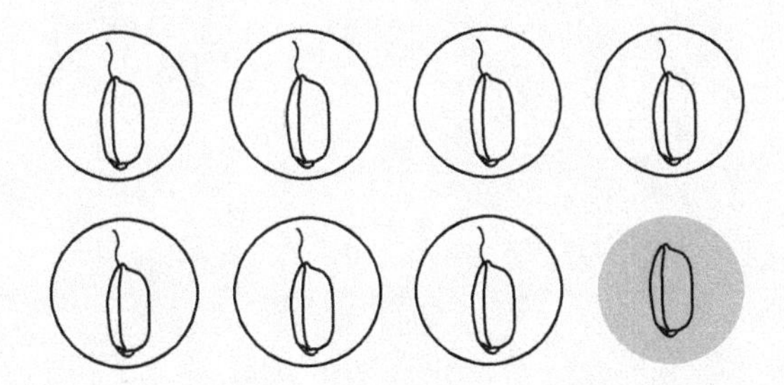

2016年7月2日《参考消息》第7版科技前沿头条，以《“黄金大米”成转基因食物争论焦点》为题，报道朝鲜东部江原道大规模生产营养价值更高的转基因大米。该消息来自美国《基督教科学箴言报》网站2016年6月30日报道的《“黄金大米”为何成为转基因食物争论的标志》。“黄金大米”由英戈·波特里库斯和彼得·拜尔于1999年发明，旨在通过转基因水稻减轻数百万营养不良儿童缺乏维生素A的情况。在这场围绕转基因食物展开的长达数十年的论战中，当时107位来自科学界和经济界的诺贝尔奖得主站了出来，联名写了一封公开信，不仅对转基因食物进行声援，还对绿色和平组织以及其他反对转基因作物的组织提出了挑战。

公开信的开场白引用了联合国的调查报告，“为满足全球不断增长的人口的需求”，到2050年，全球“食物、饲料和纤维”的产量将需要翻一番。随着全球可用耕地的减少以及人口的持续增长，获取可持续且高产量的农作物将成为一个挑战。科学家表示，转基因能够应对部分挑战。

关于转基因作物的争论，包括其安全性，以及其在食物和农业中地位的争论，已经在全球和各国舞台上演。欧盟委员会和美国农业部等机构对转基因种子的种植和转基因食物的使用进行了严格管控。

2016年十大新闻的第3条是基因编辑。名为CRISPR-Cas9的基因编辑工具可能有助于科学家治疗疾病，投资者正对开发CRISPR应用的企业慷慨投资。科学家同样在研发CRISPR的替代品。

《环球时报》2017年5月4日第15版国际论坛又登载一篇《农业需要科技而非口号》的文章（作者文佳筠是中国人民大学重阳金融研究院客座研究员），对美国与欧洲的反垄断监管机构批准中国化工集团收购先正达的方案，及转基因安全发表看法。

转基因农产品及其加工食品的报道不时见于报端，数十年来支持者与反对

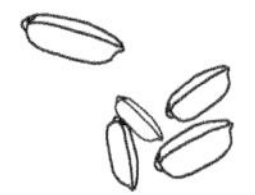

者各自阵容强大，剑拔弩张。就技术而言，支持者是熟知基因知识的人，反对者则不尽然。为了普及基因组学的核心技术——转基因技术的知识，本书专门增加有关章节以解答人们的疑虑。转基因能够改变传统进化途径，创造史无前例的新物种，加快物种的进化与变异。

一、转基因技术概念

转基因技术是在分子生物学技术不断发展的基础上提出来的基因工程技术体系的重要组成部分。众所周知，21 世纪是生命科学的世纪，分子生物学对生命科学发展起着至关重要的作用。20 世纪，人类揭示了 DNA 双螺旋结构，将生物学引入分子世界，从而创建了分子生物学，随着遗传密码的解析、基因工程技术的诞生，极大地促进分子生物学的发展，也包括分子遗传学、基因组学、蛋白质组学的发展。1953 年沃森（James D.Watson）和克里克（Francis Crick）构建了 DNA 分子结构模型。它是一个双螺旋（double helix）分子，两条 DNA 链相互缠绕，每条链的碱基与另一条链上的碱基以一种特殊的方式相互配对。DNA 含有 4 种不同的碱基：腺嘌呤（A）、鸟嘌呤（G）、胞嘧啶（C）和胸腺嘧啶（T）。在一条链上发现一个 A，在另一条链相应位置上一定是 T，同样如果在一条链上发现一个 G，在另一条链相应位置一定有一个 C，从这点上可以说这两条链是互补的，这种互补关系为 DNA 的复制提供了保证。复制时双链被打开，然后以旧链为模板按 Watson－Crick 的碱基配对原则（A 对 T，G 对 C）在酶的催化下合成新链。由于在每个新生的双螺旋分子中都保留了母本双螺旋中的一条链，因此被称为半保留复制。1958 年 Matthew Meselson 和 Franklin Stahl 在实验中证实，细菌中 DNA 的复制采用的确实是半保留途径，从而说明了基因是如何复制的，即生物是如何稳定遗传的。1961 年 Sydney Brenner 等发现信使 RNA，1966 年 Marshall Nirenberg 和 Gobind Khorana 完成遗传密码的破译，1970 年 Hamilton Smith 发现了切割 DNA 特定位点的限制性内切酶，它们可以轻而易举地切割或链接 DNA，从而有助于基因克隆。1972 年

Paul Berg 首次进行了 DNA 体外重组。1973 年 Herb Boyer 和 Stanley Cohen 首次使用质粒来克隆 DNA，也由此提出遗传工程技术及遗传工程研究，人们开始控制生命遗传。1977 年 Walter Gilbert 和 Frederick Sanger 发明了测定 DNA 上碱基序列的方法，并测定了一种病毒（ΦX174）的基因组的全序列。可见，转基因技术是基因工程技术的核心技术，是基因工程的标志。而基因工程又源自 20 世纪 DNA 结构的发现，包括 DNA 是基因载体（DNA 的片段）遗传密码的解析，DNA 与 RNA 及蛋白质的关系，DNA 复制、转录、翻译等研究。在 20 世纪 70 年代，中国把这类研究，特别是 DNA 转移到另一个体，并表达的实验称为遗传工程，其使用的技术称为遗传工程技术；到了 80 年代中后期改称为基因工程，相应技术称为基因工程技术，核心技术称为转基因技术。因此，转基因技术就是把供体（目的基因来源的有机体）的目的基因通过载体转移到受体（接受目的基因的有机体）基因组上，使其后代获得新基因表达的技术。

转基因与传统的有性杂交具有较大的技术差别，在基因转移、整合给杂种后代这一点上，除了转移基因数量差异外，其他方面都是具有相同功效的，即把人类希望转移的供体基因转给受体的后代，并得到稳定遗传和表达。物种内有性杂交能把父本（在转基因技术中称为供体）的一半基因组成分转给母本籽粒（在转基因技术中称为受体）的后代，并在 F_1 代中个体形态特征特性表现一致，具有杂种优势；在自交状况下得到的 F_2 代在个体形态特征特性上表现为个体性状分离，其分离表现受孟德尔遗传规律影响。转基因技术则是人们在获得已经明确表达的功能基因基础上把其作为目的基因，组装到载体基因组上，再利用载体对受体的侵染，把目的基因转入受体基因组，使之表达，从而获得优良性状的重组，进而改良受体的性状和提高生产效能。转基因技术每次转移的基因数量一般是一个或两三个，不如有性杂交的多，但是转移目的性很强，针对性也很强，能高效地改良受体的缺点，基因转到受体基因组的位置也很清楚，而有性杂交转移的基因是什么、重组的位置在哪里是不够明确的，需要从杂交后代的无数个体中鉴定、筛选才能获得所需的目的基因表达的个体。这一过程需要花费较长的时间、较多的人力和物力；而转基因技术能使目的基因准确无误地导入到受体中，在第一代个体中就能表达出来，并能稳定遗传，使改良受体的目的得到快速实现，缩短育种周期，节省时间和成本。

同时，转基因技术能够利用世界上所有的生物基因，它们的DNA分子结构组成一致，遗传密码一致，可以把任何生物的有利基因转移、聚合在同一个体上，创造出人类需要的生命体来为人类服务，打破了生物物种间有性隔离的屏障，而有性杂交一般只能在同种物种内无障碍地转移基因，至多在生物的科间转移极少数的基因，而不能打破种间生殖隔离的物种保障机制。因而，人类想用非转基因技术进行物种间遗传改良，会存在严重的物种生殖隔离现象。这是转基因技术与有性杂交技术的最大差异。

二、转基因的重大意义

转基因技术为人们控制生命基因的遗传、变异、表达，提供了打开生命之源大门的钥匙，使生命本质的神秘宫殿大门钥匙由上帝之手转向科学家的手中。因此，具有极其重大的意义。

（一）为人类认知生命本质服务

数万年以来，人类一直追求对生命的认识，包括对自身的认识，然而由于技术水平的限制，在很长的时期内，都难以进入生命本质与遗传变异的神秘殿堂。即使发展到现代遗传学的历史时代，经典遗传学、细胞遗传学在许多情况下都揭示了生命遗传、变异的规律，但是为什么产生这样的规律？基因是什么？许多遗传现象很难解释清楚。因此，20世纪30～70年代在遗传学领域出现两大学派，即摩尔根遗传学派和米丘林遗传学派，他们对生命有机体遗传本质的认识、观点是针锋相对的，甚至把学术之争一直延伸至政治领域。

然而，20世纪50年代，随着DNA分子双螺旋结构的发现，催生了分子遗传学，并得到快速发展。到70年代初期，部分微生物噬菌体、病毒DNA结构被科学家发现、掌握，并开展遗传工程试验（后来成为基因工程）。转基因技术把人类正式带入基因组学的研究时代，接着在高等植物与微生物间的基因转导成功，把转基因品种用于农业生产，使人类真正认识了生命的本质。

虽然还有许多生命之谜有待科学家研究解决，但是转基因已经让人们在分子水平上初步认识生命的遗传、变异的本质，能够比较自由地改良和调控物种的遗传进化过程。

（二）加快优良品种的改良培育过程

动植物有性杂交育种周期相对较长，禾本科植物多为一年生的物种，其杂交育种的周期一般都要 3 ～ 4 年。如果是木本植物，实生苗至少要 3 年以上的时间才结果，通过有性杂交育成一个稳定的遗传基因时间就更长了。有些果树育种者可能一辈子也没有取得有性杂交育成的优良新品种。而转基因技术能把目的基因精准地导入受体后代，并精准地表达和稳定遗传。因此，转基因能够快速改良原有品种，增加原有品种后代的优良特性，提高生产效率或增加保健功能。

由于人们能够在生物个体间进行基因拼接，并精准表达，因此能够不断地创造出前所未有的、符合人类需求的新物种，包括满足人类的生产需要、生活需要、治疗疾病需要、保健需要等各种需要的物种。转基因技术极大地促进生物物种的进化，为人类高质量生活、发展提供更加充实的物质基础，保障人们的稳定生存和发展。

就水稻或稻属各个野生种的优异基因（种质）利用来说，转基因技术具有重大的意义。首先，人们能够自由地在稻属各种之间把人类需要的基因（优异基因）转移、重组，创造出前所未有的新品种，解决人们在粮食生产过程中对高产、优质、多抗的新品种需求。特别是高产和高抗病虫害的品种，高产能满足人口增长的需要，高抗病虫害的品种能够降低甚至做到零农药生产，既可降低成本，更重要的是能减少剧毒残留、化学农药对环境的污染和对人类的危害。

其次，在稻属各种间转移优异基因，是经过历史实践证明的、最安全的目的基因和转基因品种。稻属各稻种的基因及基因表达产品是十分安全的，因为栽培稻的人工驯化和人类食用稻米已经超过 1.2 万年。或者说人类能够发展到今天，与栽培稻的种植分不开。也证明稻属各个稻种的基因组及其表达的

产品对人类发展十分安全且贡献巨大，可以说没有栽培稻就没有人类的今天。

再次，转基因技术可以扩大人们改良水稻品种的优异基因来源，科学家可以从动植物、微生物有机体上提取优异基因，在安全的情况下转移到水稻品种上来，培育出对人类健康有益的功能品种，开创人类历史上功能农业的新领域，为人类发展不断做出新贡献。

最后，就是加快水稻（栽培稻）的演变进化。人工有性杂交以及各种现代育种技术的应用，加快了栽培稻的自然进化历程。100 年前水稻品种的产量仅有 100 ～ 200 千克 / 亩，现在的高产超级稻品种单产已经超过 1 000 千克 / 亩，翻了 10 番。品种的植株形态也有了非常大的变化。如果采用转基因技术对水稻品种进行改良，其形态特征特性的变化将会更大更快。当然，也有人认为目前的转基因技术是一次实验转导一个基因，起不了什么大的作用。然而他们没有考虑到转基因实验在人们的努力下，特别是科学家不分昼夜地研究下，实验的次数会越来越多，规模会越来越大。加之栽培稻一年内至少一熟，在热带地区是一年多熟的植物，其生长发育周期在农作物中是个不长不短的作物。转基因技术促进栽培稻进化历程是明摆着的事实。

（三）为人类开发宇宙自然资源服务

目前，人类的认识已经向宇宙发展，作为探知宇宙生物的先进技术，转基因技术是十分有效的。人们可以以地球生物基因资源为基础，培养出适应星球环境条件的、能够为人类服务的生命体，进而把宇宙资源转化成人类可以直接或间接利用的资源。例如，培养厌氧、耐热、耐冷固氮菌送至火星、水星甚至太阳系之外的某一富氮的星球，让其固氮，为人类生产氮肥，为农业生产提供足够的氮肥，这样就可以解决氮肥需求问题。通过转基因技术培养出更加耐热、耐冷、耐干旱、耐贫瘠的，甚至能够利用氧气与氢气合成生物水的作物，送至地球外或太阳系外的星球，生产人类需要的产品或食品，进一步扩宽人类生存发展的时空，是具有十分美好前景的。因此，转基因技术的研究、完善、提升具有无限的前途，具有极其重大的意义，值得进一步研究。

三、水稻转基因研究的新成果

目前，世界上主要发达国家及水稻主产国都在进行水稻转基因育种研究，并取得重大进展，转基因优良新品种层出不穷。美国、日本、印度、国际水稻研究所（IRRI）均有转基因水稻新品种贮备，等待政府的禁令放开。例如，IRRI在21世纪初期就成功地利用转基因技术育成转基因富铁水稻品种；美国则贮备着转基因抗虫水稻品种、转基因抗病水稻品种、转基因抗除草剂水稻品种等，一旦有机会他们将会快速占据世界种子市场。日本、印度等国同样开展水稻的转基因研究，并取得巨大成就。水稻转基因育种成果是显著的。然而，由于水稻是人类主要粮食作物，目前又有许多反对人士，多国政府对转基因水稻的生产应用持极其慎重的态度和保守的做法。因而，见于刊物的论文报道较少，想得到全面的信息比较困难。我国对转基因水稻的生产应用采取慎重态度，水稻转基因研究力量相对较少，有性杂交育种的人员较多，两者力量相差悬殊。作者建议国家在立项引导上，应强化水稻基因组学研究和转基因研究，力争攀登世界水稻转基因研究的最高峰。

四、转基因水稻的安全思考

转基因水稻的安全是十分重要的，每个国家都要重视并及早制定、完善安全监控管理制度和体系。因此，作者初步思考如下。

（一）农业需要科技而非口号

农业需要高新科技是当今世界比较普遍的认知。然而，需要何种高新技术，又如何界定哪种技术是安全的？

1. 如何正确看待转基因作物是当今争论激烈的科学社会问题

当今世界，对转基因农产品有两种截然相反的态度。以欧盟为首的欧洲各

国普遍反对种植转基因作物，当然也坚决反对食用转基因农产品，而以美国为首的北美洲各国普遍种植转基因作物，并出口到中国等发展中国家。其中美国是种植转基因大豆面积最大、出口最多的国家，中国则是进口转基因大豆最多的国家。中国批准种植的转基因作物只有转基因棉花和转基因番木瓜；粮食作物的转基因品种种植比较慎重，一直没有批准，除了水稻、玉米有过小面积违规种植的报道外，被禁止后未再种植。然而，在进口转基因大豆、转基因玉米已经是常态化的当今，依然还有反对声。所幸这些反对声并没有太大作用，广大消费者也基本上接受由转基因大豆、转基因玉米加工而成的食品与饲料。其实早在 2013 年，新西兰坎特伯雷大学生物科学学院教授等五人发表论文，以详细的数据论证了北美的转基因作物并没有比西欧的非转基因作物在增产或减少农药使用方面表现出更好的趋势。同年在云南丽江的一次农业会议上，国内某资深研究员在讨论中也同意转基因并非是增产的灵丹妙药。他认为作物品种无论抗旱还是高产，都是由多个因素确定的，单个转基因未必有效。安全的转基因技术可以为农业可持续发展服务，但不应该也不可能全面解决农业生产面临的种种挑战。作者认为目前转基因研究还有许多技术难题亟须攻关解决，基因组学研究还处在初级阶段，人们想要充分控制利用物种的创造、演变、表达，还有很长很长的路要走，还有很多很多的难关需要攻克。

纵观世界各国对转基因作物安全的态度和具体监控行动，我国是转基因作物育种、生产、食品（饲料）加工管控最严格的国家之一。从分离目的基因研究开始，直到形成食品（饲料）的整个研究、生产种植、产品加工、营销过程的每一步都有许多法律条文、法规条例和管理办法在严格监管，不符合监测标准的产品，将被立刻叫停。这种对转基因研究的每一个产品都给出十分明确的要求的做法，确保了我国转基因作物应用的安全。到目前为止，我国的转基因作物品种既解决了生产中抗虫的问题，又符合国家转基因的安全标准。

然而，世界上一直有不同的看法。《环球时报》2017 年 5 月 4 日登载的《农业需要科技而非口号》，报道了美国与欧洲的反垄断监管机构批准中国化工集团收购先正达的方案并发表了看法，认为从先正达被收购、拜尔收购孟山都等趋势看，国际农业科技大公司的进一步整合势在必行。中国企业为了避免丧失农业未来发展的主动权，需要在此过程中尽量占据高新技术的一席之地。从这个意义上讲，中国化工集团收购先正达是保障中国农业长治久安的重要战略举措。作为全球领先的农业科技公司，先正达的领先技术涉及多个领域，包括基因组学、生物信息、合成化学、分子毒理学、标记辅助育种和先进的制剂加工技术等。虽然，西欧农业在不种植转基因作物的情况下，依靠其他科技和政策，也取得了不逊于甚至在可持续性方面超越北美农业的成就，但是总部在瑞士的先正达在其中也有一份贡献。作者认为中国企业希望通过对先正达的收购，能够帮助中国掌握相关技术并推广，具有战略性重大意义，是无可厚非的。

另外，目前中国每年进口种子总量 1.5 万多吨，其中主要是蔬菜种子。中国高端蔬菜种子 50% 以上的市场份额被“洋种子”所控制，几乎涉及所有的蔬菜品种。从战略上看，一旦外资企业垄断中国种业市场，必将对中国农业安全和经济发展构成威胁。而蔬菜育种恰恰是先正达的强项之一，其带来的新品种和技术只要使用得当，就能够直接、有效地提升中国的蔬菜种子产业。

2. 口号不能当饭吃，发展才是硬道理

曾经在非洲某国发生过这样的事情：在一些国际组织的支持和倡导下，当地一些社会活动家喊出了“宁愿饿死也不吃转基因”的口号，在这样的舆论压力下，政府暂时封存了国外援助的转基因粮食，然而，有饥饿的民众冲进仓库，抢走粮食。这说明了口号不能当饭吃，发展才是硬道理。幸运的是，现在的中国，人均热量供应已经超过了日本，中国人有比非洲饥民多得多的选择。然而，什么养活中国人的问题，是政府时刻不可掉以轻心的、必须解决的首要问题。想要可持续地养活中国人，农业科技的进步和创新是必须的。瑞士政府部门禁止种植转基因农作物，但是没有阻止先正达的研发活动，也没有阻止转基因的科技成果在瑞士及全球的推广。这是实事求是的科学态度，是发展的硬道理。要防止转基因作物品种产生危害，首先要深入地、系统地开展转基因育种技术研究，掌握转基因技术的方方面面，才能精通它、掌握它、严防它，确保它永远走在安全的、正确的道路上。

（二）农业部回应上市转基因食品是安全的

《广西日报》2016 年 4 月 14 日转发新华社《新华视点》记者林晖、于文

静的报道，内容是农业部（现为农业农村部）权威回应转基因几大热点问题，证明已批准上市的转基因食品是安全的。

2016年4月13日农业部在京召开发布会。会上农业部有关负责人表示，中央对转基因工作要求是明确的，也是一贯的，即研究上要大胆，坚持自主创新；推广上要慎重，做到确保安全；管理上要严格，坚持依法监管。

1. 市场上有哪些转基因品种

中国工程院院士、国家农业转基因生物安全委员会主任吴孔明介绍："到目前为止，我国批准投入商业化种植的转基因作物只有两种，一是转基因抗虫棉花，二是转基因抗病毒番木瓜。"除了棉花及番木瓜外，我国还批准进口用作加工原料的转基因作物，包括大豆、玉米、油菜、棉花、甜菜。此外，国内市场上流通的小麦、番茄、大蒜、洋葱、紫薯、土豆、彩椒、胡萝卜等粮食和蔬菜，都不是转基因品种。吴孔明院士还说："要辨别是否是转基因农产品只能通过基因检测，像转基因的抗虫棉花，可以从虫子的危害上看出区别，真拿出种子，人是看不出来的。转基因农产品和常规育种农产品在外表和颜色上没有区别。"

2. 我国转基因安全评价是否严格

转基因食品安全问题一直是社会关注的热点。我国转基因食品安全评价体系是如何操作的？是否严格？吴孔明院士回答说："按照国务院颁布的《农业转基因生物安全管理条例》及相关配套制度的规定，我国实行严格的分阶段评价制度。比如从实验室研究阶段就开始进行，再到田间小规模的中间试验，再是大规模的环境释放、生产性实验、安全性证书评估，共五个阶段。这在国际上也是独一无二的，和小孩上学一样，一级一级向前走，哪一级考试不及格就终止。"

目前，国际上对转基因安全的评价基本上存在两种类型：一种是强调结果评估的美国模式，不管采用什么技术，只针对产品进行评估；另一种是强调过程评估的欧盟模式，只要使用转基因技术，都对技术过程进行评估。中国是既对产品又对过程进行评估，除了国际通行的标准以外，我国还增加了大鼠三代繁殖实验和水稻重金属含量分析等指标。"从这个角度来说，中国转基因产品安全性评价，不管是从技术标准上还是程序上都是世界上最严格的体系。”因此，吴孔明院士对市场上转基因食品是否安全的评价是，全球有众多权威科研机构对转基因产品进行了大量的研究工作，这些研究的结论证明，已经批准上市的转基因食品是安全的。

3. 转基因“偷种”现象是否蔓延

曾有媒体曝光，湖北、黑龙江、辽宁等地曾发生违规种植转基因水稻、大豆和玉米。这一现象是否蔓延?

农业部科教司司长廖西元回答：“农业部严肃查处违法种植转基因作物行为，不存在滥种现象，总体可控，但个别地区确实存在违法零星种植的情况。”湖北省农业厅联合公安部门成立专案组铲除了非法种植转基因水稻田块，近年农业部监测没有发现种植转基因水稻；黑龙江省农业委员会全面排查，未发现非法种植转基因大豆现象；辽宁省农业委员会联合公安、工商等部门公开了3起已经结案的转基因玉米种子违法案件。2015 年，新疆、甘肃还销毁了玉米制种田 1 000 多亩，海南铲除了违规转基因玉米 100 多亩，所涉转基因材料全部销毁。

廖西元还说：“农业部将建立督查、约谈、问责、报告制度，将各省监管工作纳入农业部延伸绩效考核，同时加大案件曝光力度，对已经结案的违法案件，要求各省农业部门及时公布查处结果，对重点案件适时通报查处进展，欢迎社会各界监督举报。”

4. 进口大豆是否都是转基因

据测算，我国大豆需求量从 1990 年的 1 100 万吨增至 2015 年的 9 300 万吨，主要用于饲料豆粕和食用豆油。国内大豆总产量远不能满足国内市场需求，从 1996 年起我国成为大豆净进口国，进口量从当年的 111 万吨持续增至 2015 年的 8 169 万吨。廖西元说：“全球最大的大豆出口国美国，转基因大豆种植比例为95.5%，阿根廷、巴西几乎全部种植转基因大豆，所以在全球大豆贸易中，主要是转基因大豆。”

廖西元还表示，转基因大豆是安全的，经过国内、国外的安全审批。他说：“凡是申请我国进口安全证书，必须满足 4 个前置条件：一是输出国家或地区允许

基因作为相应用途并投放市场；二是输出国家或地区经过科学试验证明输出产品对人类、动植物、微生物和生态环境无害；三是经过我国认定的农业转基因生物技术检验机构的检测，确认对人类、动物、微生物和生态环境不存在风险；四是有相应的用途安全管制措施。批准进口安全证书后，进口与否，进多少，由市场决定。”

廖西元介绍，目前国内没有转基因大豆成熟品种，也不批准国内的转基因大豆生产应用安全证书，国产大豆主要发展非转基因品种。

5. 转基因主粮是否提上日程

2017 年的中央“一号文件”，要求加强农业转基因技术研发和监管，在确保安全的基础上慎重推广。2015 年我国转基因作物只有转基因棉花和番木瓜，棉花推广种植 5 000 万亩，番木瓜种植 15 万亩。未来我国转基因产业将如何发展?

廖西元表示：“我国将按照非食用、间接食用和直接食用的路线图，首先发展非食用经济作物，其次是饲料作物、加工原料作物，再到一般食用作物，最后是口粮作物。”

据了解，“十三五”期间我国转基因产业将实行以经济作物和原料作物为主的产业化战略，加强棉花、玉米品种研发力度，推进新型转基因抗虫棉、抗虫玉米等重大品种的产业化进程。

此外，还将以口粮作物为主进行技术储备，保持抗虫水稻、抗旱小麦等粮食作物转基因品种研发力度，保持转基因水稻新品种研发的国际领先地位。

作者认为，转基因作物的成功应用是 20 世纪科学技术发展的重大成果，是人类掌握生命本质、自主操纵生命遗传表达、创造新物种的重大突破，促使作物品种定向性改良的快速发展。据美国《新闻周刊》（2016）报道，美国农业已有约 100 种转基因作物，印度和中国种植的大部分棉花都是转基因作物，全球大部分大豆和玉米都是转基因作物，目前世界上转基因作物最多的是美国。

就转基因作物及其产品的安全性而言，目前是安全的。但是转基因技术已经把传统生物进化的物种有性隔离和食品物种的生殖隔离屏障打破，生物界所有基因都能在各个物种间自由交流。好的方面是，人类可以自主改良品种并创造符合人类生存发展需要的物种及新品种，全面提升人类生活质量；也能对人类自身的疾病进行有效治疗，保障人们的健康长寿。不好的方面是，对人类来说，转基因的危险程度肯定远远超出科学家的预想。如别有用心之人会以转基因技术为手段生产基因武器，集人类致病的基因于一体，制造出前所未有的、集人类多种或全部致病基因的新物种，会摧毁整个人类。再如针对某个国家或民族的基因组制造出专用病毒，来毁灭该国或该民族，那是十分可怕的事情。因此，我们需要加强转基因研究，积极做好防御。

首先，建立健全使用作物基因库及安全基因组信息库。把现在掌握的所有食用作物及其近缘野生物种的基因组进行测序，建立安全基因组信息库与基因保存库。一方面可以有效保存食用作物及近缘野生种的基因，作为战略储备，以及为培育优良新品种服务；另一方面可以用于转基因作物的安全检测，以此作为安全基因序列的对照，进行转基因作物的检测，及时弄清转基因作物含有什么样的外源目的基因，防止非安全性基因的转移入侵。

其次，加强优异功能基因的挖掘。采用转基因技术，把不同DNA片段从供体基因组中剪切、分离并转导到受体，然后观察受体后代的表现，进而查清各个DNA片段的功能，获得具有优异功能的基因。也可以从具有优异农艺性状的种质基因组中挖掘功能基因，力争在“基因大战”的激烈竞争中占据有利地位。

再次，强化人类基因与致病基因组学研究。主要目的是通过基因组测序及转基因技术，弄清人类自身的基因组学问题，以及把使人致病的“毒”基因序列及功能查清，建立基因库及数据库，以便利用其进行转基因作物的有“毒”检测。只要在转基因作物产品中检测到“毒”基因序列，不管事先是否告知转导什么基因，或者隐藏什么目的，都有理由把带“毒”基因作物产品拒之国门之外，提升基因级别的安全保护水平。

最后，加强“毒”基因的生物破解研究。在广泛掌握“毒”基因资源的基础上，全面、系统、深入地开展破解“毒”基因危害的技术方法研究。针对不同“毒”基因造成的疾病，开展破解“毒”基因的方法研究。找出针对每一种人类致病的病菌或病毒致病基因，杀灭DNA内切酶，在病人体内把其剪切掉或利用

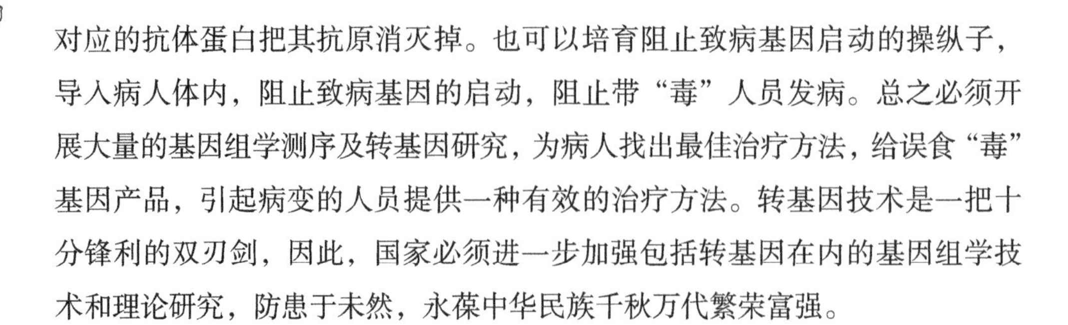

对应的抗体蛋白把其抗原消灭掉。也可以培育阻止致病基因启动的操纵子，导入病人体内，阻止致病基因的启动，阻止带“毒”人员发病。总之必须开展大量的基因组学测序及转基因研究，为病人找出最佳治疗方法，给误食“毒”基因产品，引起病变的人员提供一种有效的治疗方法。转基因技术是一把十分锋利的双刃剑，因此，国家必须进一步加强包括转基因在内的基因组学技术和理论研究，防患于未然，永葆中华民族千秋万代繁荣富强。

第八章

稻种基因组学的国家安全性

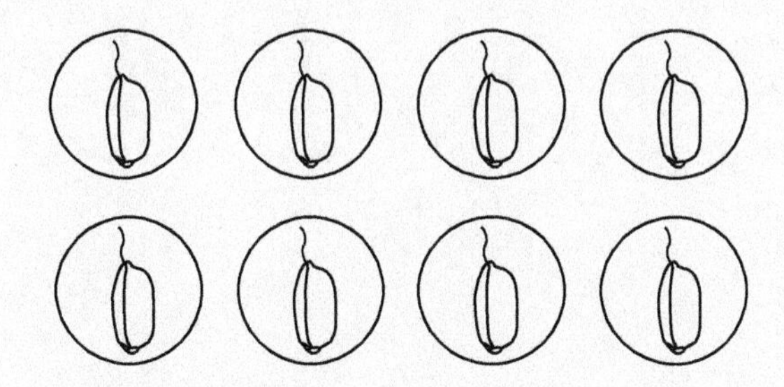

基因组学研究源于1953年3月沃森（James D. Waston）、克里克（Francis Crick）在*Nature*上发表的一篇关于脱氧核糖核酸（DNA）双螺旋结构的文章，以及DNA分子碱基对配对复制原则的发现。同年5月他们的第二篇文章，就包括了DNA分子通过模板进行自我复制的讨论，指出由于碱基对配对使得DNA分子有互补的双链，每一条链能作为“一个模板复制产生与自身互补的链，最终在原来只有一对链的地方获得两对链，而且碱基对序列被精确地复制”。DNA复制过程使得DNA链数量倍增，并且精确复制了DNA序列，解决了遗传物质的分子结构与传递的问题，把遗传学推进到分子遗传学的时代。1956年召开的“遗传的化学基础”研讨会上，Max Delbruck 和 Gunther Stent 分享了理论上DNA 解旋是可能的一文。直到20世纪70年代末，解旋蛋白的分离成功才真正解决这一问题。1956年的大会上，Arthur Kornberg首次报道了DNA复制生化过程的解析，尽管DNA聚合酶I后来经实验证实在大肠杆菌中并不负责DNA复制，但是通过简易的离体系统实现复杂过程的分析，标志着DNA复制研究的转折点。到了1958年，Mat Meselson 和 Frank Stahl在DNA解旋和复制的理论基础上对DNA的半保留复制做了令人信服的说明。20世纪50年代末，Julius Marmur和paul Doty 通过实验证明了 DNA的可变性，在冷的溶液中能够缓慢地恢复双链分子的物理学和生物学特性，即复性。用不同来源的生物体DNA链形成杂种DNA分子时，复性程度取决于生物体的亲缘程度。随后不久，Sol Spiegelman和 Ben Hall 以及Alex Rich 又证明DNA和RNA分子可以杂交。到20世纪70年代初，随着克隆技术的发展，DNA杂交已经成为检测目标序列的一个强有力的方法，特别是Southern杂交技术的发展。20世纪80年代，合成的与已知的序列互补的寡核苷酸被用作探针，即所谓的位点特异寡核苷酸（ASO），这充分体现了特异性配对的重要性。1983年，Savio Woo实验室报道了分别用正常基因和突变基因配对的不同的寡核苷酸诊断由a-1抗

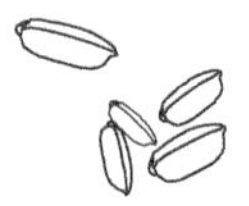

胰蛋白酶突变引起的气肿病病例。到1986年，已经能利用离体系统高效合成DNA，离体系统已成为DNA和寡核苷酸合成的常规手段。1987年，关于PCR应用的文章已经有少量的发表，PCR很快就成为实验室中与DNA克隆、DNA测序并驾齐驱的分子生物学研究不可缺少的方法。

随着分子遗传学的遗传物质DNA、RNA研究技术和理论的不断发展，从20世纪60年代开始，在生物学领域中也取得了几次大的突破：第一次合成具有活性的蛋白质（牛胰岛素），第一次综合成新病毒，第一次使单性蛙卵发育成个体，第一次综合成异决表型的小鼠。这些技术和理论的发展，为遗传工程的诞生起了催化的作用。到了20世纪70年代初，以美国为主体的西方科学家提出“遗传工程”技术，到80年代称为“基因工程”技术，到90年代后转变成转基因技术，基因工程研究也扩大研究领域变成基因组学研究，转基因技术和基因组学研究都是90年代的生物学领域的高新技术。基因组学研究能为人们认识生物本质提供理论知识和指导，转基因技术为基因组学研究提供坚实的技术基础，为人们自由操控生物遗传、演变、进化提供切实可行的技术手段。因此，掌握转基因技术的科学家可以自由地操作生物的遗传与变异，打破数亿年来生物遗传演变进化的规律，打破物种间遗传基因的性隔离漂移，创造出自然进化过程不可能产生的新物种。但这会给人类社会带来截然不同的正面或负面的影响。这就取决于科学家的政治立场，特别是国家之立场。转基因技术的适用性很广泛，可以用于所有的生物物种。当然，也包括用于水稻等粮食作物、油料作物、纤维作物，以及所有动物、微生物。

一、人工驯化的亚洲栽培稻种的广泛适应性

现代科学家利用基因组特别是DNA测序技术，对野生稻、亚洲栽培稻不同类型的品种进行测序，聚类分析，认为亚洲栽培稻起源于中国广西。而人类早在1.2万年前就开始驯化野生稻，使其演变进化成为全球五大洲均能栽培的亚洲栽培稻品种。在漫长的历史进程里，我国驯化、创造出的许多栽

培物种，以及以“四大发明”为代表的创新技术传给世界各国人民，造福全人类。以稻种为例，向北传至山东、东北再传至朝鲜半岛进而传至日本，在当地长期种植演化发展成为粳稻；向南传至海南岛、越南、柬埔寨、泰国、马来群岛，进而传入大洋洲等地，并在爪哇群岛形成现代的爪哇稻类型，是粳稻的一个生态型；通过印度、巴基斯坦向南亚传播，进入中东、非洲、欧洲。最终遍及全球五大洲，广泛适应多种生态气候，亚洲栽培稻这个物种成为占总人口70%左右的人口的主粮，成为关系人类生存发展的关键物种。目前，欧洲及中国都严禁转基因水稻品种的生产种植，在亚洲以稻米为主食的各国，种植转基因水稻品种的现象很少。但是国际水稻研究机构、各国农业研究机构都在不停地加强研究，争取占领转基因产业化时代的新制高点，准备迎接转基因水稻品种生产应用开放时代的到来。

由于亚洲栽培稻长期在全球环境种植，其在长期的历史进化过程中变异演化出籼粳亚种以及早晚稻、水陆稻、粘糯稻不同级别的稻种生态型、品种类型，如粳亚种的光壳稻、爪哇稻，籼亚种的深水稻等。近20多年来，中国稻作学界及考古界科学家对中国栽培稻起源问题做了专题研究，也说明亚洲栽培稻种具有多种类型。由于其遗传多样性的存在，为遗传育种、转基因育种提供了丰富的基因源，因此在亚洲栽培稻两个亚种间进行有益基因的转导，培育新品种在生产上应用具有十分广阔的前景。对亚种以下分类级别的基因转移利用可以通过有性杂交的方法解决，一般情况下不用转基因技术，如现在的三系杂交水稻、两系杂交水稻、高产优质超级常规稻，以及超级杂交水稻育种等，不需要转基因技术就能解决问题。但是，籼粳稻亚种间有性过程的基因转移、组合难度较大，也就是说亚种间有性杂交育种技术对于亚种间有益基因的利用难度更大些，有益基因在亚种间转移难度较大，育种研究出优良品种的时间更长；如果是利用种间的基因就更难了，如利用玉米、高粱的基因进行水稻高产优质育种，在有性杂交育种技术层面就是一件难上加难的事情。

然而，利用转基因技术能非常有效地解决种间优异基因利用的转移技术难题。利用栽培稻种内亚种类型间优异基因开展转基因育种，既可以提高水稻新品种的产量，解决品质、多抗、广适性等现代化机械化生产急需解决的问题，又可以利用转基因技术育成安全的转基因新品种。再扩展至21个野生稻种的

优异基因利用，也是既可解决有性杂交育种不能有效利用不同染色体组的野生稻种间有益基因的问题，能进一步扩大水稻育种的基因源，解决水稻的产量和品质、多抗、广适性等问题，又具有可靠的安全性，能够为解决人类食品安全问题提供有效的帮助。

作者坚信以稻属各野生稻种和栽培稻种的优异基因作为目的基因，以现有的载体和水稻优良品种为受体的转基因育种获得的新品种是安全的转基因优良新品种。再进一步扩展到禾本科粮食作物之间相互转移优异基因，如把玉米、高粱、小麦等作物品种的有益基因进行互为供受体的转导，创造出更高产、更优质、更具适应性的优良新品种，同时也是安全的转基因品种。主要原因是，这些作物都是经过人类几千年食用选择出来的作物品种，证明其基因型的产物是适用于人类生存发展需要的安全食品，只要载体良好、无危害性，利用上述粮食作物的有益基因作为目的基因，开展转基因育种，其受体品种又是长期栽培使用的粮食作物品种，这种转基因品种也是十分安全的，一般不会出现危害人类的问题。因此，没有必要担心这类目的基因和受体的转基因新品种的食品安全问题。水稻及主要粮食作物的基因多样性，为作物（植物）转基因育种的安全性提供坚实的物质基础（即基因基础）。

当然，即使在遗传学理论上是十分安全的，但是，转基因产品的安全性检测依然需要进行严格的管控。目前，多数国家，特别是发达国家都有转基因技术安全检测管理的法律法规，以及相应的机构和运行机制。对比世界各大国的转基因产品（品种）安全检测的法规政策，可以看到，欧美各国对转基因产品的安全检测，基本上是集中在最后产品的检测，没有关注转基因过程的安全性。而我国实行的是最严格的转基因安全检测规定。我国对转基因整个过程都制定了相应的安全性检测标准和行为规范，即从目的基因的分离、提取开始就要求进行安全性检测；对转基因的农作物品种还要进行3年以上的严格检测评估。直到2020年，我国还没有大规模放开粮食、蔬菜、水果等人类食品的农作物转基因品种在生产上的应用。

二、转基因技术的威力

从20世纪50年代沃森和克里克发现脱氧核糖核酸（DNA）双螺旋结构以来，特别是遗传密码和中心法则等分子遗传学原理的揭示，以及微生物噬菌体、病毒的遗传物质（RNA）的反向转录酶、DNA内切酶、聚合酶等一系列的分子遗传学研究的新发现，充实了人们对分子遗传学的遗传变异机制的了解，并能在微生物中实现遗传工程的技术操纵。在20世纪70年代初，科学家们就提出遗传工程的概念和技术方法，并不断地改进、完善技术体系，逐步发展成为基因工程和现在的转基因技术。转基因技术使科学家能够按照人们的意志改造品种和物种，制造、创造、创新出人们想要的新品种、新物种，特别是符合人类生存发展需要的新品种、新物种，从而加快了物种的进化。这是转基因技术为民造福和促进自身进化的威力所在。然而，这样做会打破原有的物种自然进化的种间基因隔离的物种独立原理，以及物种内遗传变异和适者生存的演变进化规律。人为转基因创造物种，会加速和扰乱原来的生物进化次序，也给居心不良者机会，带来难以估计和无法控制的后果。

（一）国家显性利器

转基因技术作为国家改造生物物种，满足人类高质量生活需要、经济发展需要、国家强盛需要的利器，在社会、政治、经济等方面具有巨大的利用价值，可谓“一粒种子改变世界，一个基因决定一个民族的兴衰”。在生物学方面，可用于改良所有的动植物、微生物，并能精准改良基因结构、性状表达，实现高效定向改良的育种目标，也在改变生物物种进化速度和进化方向。其主要表现在以下几方面。

1. 加快植物品种改良育种进程

目前，植物育种的主要技术手段是有性杂交育种，水稻、玉米、大豆、高粱、红薯、花生、麻类、蔬菜类、瓜类、部分水果等都是利用有性杂交的技术方法来获得品种基因型的改良，来实现培育新品种的目标。甘蔗和部分水果品种的

育种还采用辐射诱变育种技术。然而有性杂交育种技术在育种目标的实现上存在明显的不定性，优良单株的选择存在许多困难。首先，基因表达有显隐性与杂合、纯合之区别，纯合型才能稳定表达；其次，基因的连锁群难以打破；最后，育种周期长，特别是多年生的果树类作物，杂交后代实生苗多年才结果，需要多代科学家的连续努力才能源源不断地创造出新品种。如果采用转基因技术，在有足够的功能明确的目的基因和高效的转导载体情况下，就能够避免杂交后代基因表达纯杂、性状不稳定、育种周期长、选出优良性状品种难的问题。例如，转导的是植株高大的主效基因，只要这个基因在受体中表达出来，就能够选到其稳定后代植株，并发展成为新的高大型品种。袁隆平院士想在5～6 m高的水稻树下面乘凉的梦想就会实现。同样，其他农作物的高产、再高产，优质、更优质，广适性更强，抗逆性和抗病虫性也会加强的育种目标也能够快速实现，人们需要的高品质农产品、食品就有了根本的保障。

20世纪90年代，我国在主要农作物改良育种的转基因技术研究方面取得了很好的成果，如转基因的抗虫棉新品种培育成功，并在全国大面积生产应用，取得显著成果，产生了巨大的经济效益。直到现在为止，转基因棉花仍然是我国棉花生产的主导品种，也是世界上种植面积最大的转基因作物。同时在转基因烟草品种、转基因番木瓜、转基因西红柿都取得很好的成果。但是，对于转基因抗虫水稻、转基因玉米、转基因大豆的生产应用，就十分慎重，一直没有放开生产准入证。我国进口了不少的转基因大豆和玉米，引起国内社会的极大反应。特别是受到欧盟各国坚决反对转基因产品的影响，我国也有不少媒体反对转基因作物的生产和产品应用。因此，国内在水稻、玉米、大豆等粮食作物的转基因育种研究上基本是处于停止状态。这也与国家立项支持有关。目前，农作物基因组学、蛋白质组学的研究进展较快的是棉花、水稻、玉米、大豆等，已经发现了许多抗逆、抗病虫的基因位点（QTL位点）。然而，就基因组学的研究开发利用来说，我国还需要进一步分离、克隆出这些基因，并开展转导研究。要突破实验只做到电泳染色就停下来的做法，应该进一步把电泳分离的DNA片段从凝胶中提取出来，进行测序，测定其结构、功能，做成可以用于转导的目的基因，真正获得可以用于直接与载体组装，开展转导的目的基因。当前，作者认为应该在原来已经鉴定出QTL位点的基础上，进行抗性基因的提取、纯化，获得具有活性功能的目的基因，构建目的基因文库，储备各种作物分离提取纯化的目的基因，为将来转基因育种提供更好的基础。当然，高效载体的筛选、改良，受体细胞的培养等各个环节都要加强研究，特别是在基因测序的基础上加强基因功能研究，把主要农作物基因组中每个基因的功能弄清楚，真正做到有的放矢地开展遗传基因改良工作，为智慧、功能农业做出更大的贡献。

2. 加快动物育种的遗传改良

动物（主要是畜牧水产动物）育种改良，看起来与本书的稻种进化主题关联不太紧密，然而水稻秸秆是食草类畜禽的辅助食品，稻谷、稻米更是畜禽的饲料粮之一，水稻品种的转基因育种，加快了水稻物种的进化进程，也会改变畜禽的品质，这与人们的健康生活、高质量生活关系十分密切。转基因动物、克隆动物也是人们十分关注的科学问题，有必要在这里做适当的分析。在技术上，与人类生活息息相关的家禽家畜的育种周期比一年生的草本作物育种的周期要长。目前，家禽家畜育种采用的是不同品种间有性杂交，直接利用杂交种进行生产。杂交种具有杂种优势，是一种提高生产力和品质的很好的方法。但是，这种杂种优势的产生也是有限的，仅仅是种内的品种间杂种优势，物种间的杂交成功率也是有限的。例如，最常见的是马和驴杂交产生骡，但是骡很难产生后代或自行繁衍后代。而且在绝大多数高等动物（包括大型家畜）中是无法实现天然杂交的，人工种间杂种优势也是很难实现的。例如，在自然界中不会看到猪和大象杂交的后代。如果利用基因组学研究成果，搞清楚大象生长和体型巨大的控制基因序列，再用转基因技术和动物组织培养（克隆）技术，把大象生长基因作为供体，转入猪的受精卵或体细胞，再分化出带有大象生长基因序列的转基因猪，就可以获得像大象一样体型巨大的猪，满足更多的食肉的需要。同样，也可以把大象的生长基因序列转移到山羊、绵羊等小型家畜身上，获得像大象一样大的山羊、绵羊、牛、马等转基因家畜。将生长快而大的目的基因转导到小型动物受体上，增大其体型，提高其产量，甚至改良其品质，这样的转基因实验成果将造福人类，是国家发展的显性利器，是正能量的表现。

目前，大型家畜转基因研究的核心问题是解决功能明确的目的基因的获取、能够转导大分子量目的基因的载体，以及受体细胞的分化幼子的培养技术（克隆技术）。而根本的问题是基础性研究还远没有掌握高等动物的基因组学和蛋白质组学以及新陈代谢的基础知识，技术突破缓慢。也就是说，目前，我们虽然有了基因测序技术，可以把遗传分子DNA和RNA的物理序列测定出来，但是不知道这些片段具有什么功能，以及这些功能的表达过程，会经过什么样的生化生理过程。一个受精卵在子宫中发育成为一个幼体，需要什么营养、发生了什么样的生化生理反应，基因结构储存的遗传发育信息是怎样在发育过程中被精准地表达出来的，这里面还有许多生物学的基础知识和机理、原理需要人们进一步研究。当然，克隆羊、克隆牛等技术突破已经为转基因受体细胞分化培养成幼子打下坚实的技术基础。目前，科学家可以利用代理母亲的办法来弥补我们认知的不足。但是脱离母体子宫的、完全人工工厂培养分化成为工厂化的克隆羊、克隆牛的培养技术，还有相当远的道路和诸多难关需要攻克。功能性目的基因的获取，需要进行物种基因组学的DNA测序、功能分析等大量的实验，可以用DNA片段缺失来反证缺失DNA片段的功能，也可以用增加DNA片段来证明其产生的表型功能。然而，对于大型动物基因组来说，不是那么容易去掉一小段DNA片段就能在表型上表达出来的，因为DNA分子内存在很多重复序列，也存在许多微效基因，以及启动子（基因）、发育调控基因、衰老调控基因、器官分化调控基因等。因此，要获得大型动物的功能性目的基因，在技术上难度是非常大的。调控（调节）基因就如动物的神经系统感知信息传递一样，不是通过独立分子流动来传递的，而是通过某种能量的传递方式进行的。这就增加了DNA片段离开物种原有细胞环境后的表达和监测，以及分离鉴定。因此，需要建立一套类似物种有机体细胞环境的实验体系，才能有效地开展功能基因、调节（调控）基因、重复序列等的功能作用测试，然后获得功能明确的目的基因。

还有就是目的基因的载体。目前的转基因技术应用的载体来自病毒，承载的目的基因分子量的也是病毒、细菌的外壳蛋白基因、抗除草剂基因等较小分子量的基因。现有载体的转导范围也是有限的，不是什么物种的基因组都能进入。载体运载能力的大小、聚合进入受体的能力等都会影响转基因的成功率。

因此，发现、创造更多类型的载体也是开展大型动物转基因育种的重要工作。

此外，与表达能力强弱有关的启动子、终止子也有很大的关系。目的基因转导到受体细胞就等于进入一个新的基因表达环境，需要与新的环境协调，才能有效地表达，发挥作用。特别是大型动物在多基因数量和大基因组的状态下，启动子的作用是很重要的。目前，在理论上转基因技术是适用于任何物种、任何目的基因转导，人们可以创造新的物种为人类生活需要服务。但是具体技术问题还需要具体解决。

在家禽类物种中，由于它们都是通过蛋的方式孵化物种个体的，所以在转基因技术上，应该比大型动物的受体细胞分化发育为个体的方式更加有利于转基因成功。只要选择到高效的载体，把目的基因导入受精卵（蛋）的基因组内，不破坏蛋的大结构，就能够按原有孵化条件获得转基因受体个体，实现改良原有物种品种产量不高、品质不优、抗病能力弱的目的。如果把鸵鸟的大体型生长基因转移到鸡、鸭、鹅身上，实现三黄鸡体型像鸵鸟那样大，人们买鸡肉或鸭肉就像买猪肉一样，不是整只鸡买回家，而是 1 kg 或 2 kg 地买，那也是一件很好的事情。把三黄鸡、九斤黄鸡的优质基因转入 AA 鸡，把 AA 鸡的品质提升至像三黄鸡一样的品质和像九斤黄鸡一样的重量与质量，也是提升人们生活质量的大好事。当然，由于家禽类动物同样是高等动物，在基因组学研究不充分的今天，要获得功能清晰的目的基因、良好的载体等还有许多难题需要破解，还有许多难关需要突破。

与大型动物、家禽类动物一样，转基因技术在水产物种上的应用也可以创造出更高产更优质的鱼虾、龟鳖、蛙蛇等水族种类。首先可以通过转基因技术把海水中的鱼、虾类改造成为淡水养殖、高山湖泊养殖，使山区、内陆人们吃上海鲜。其次，可以把海中大型哺乳类动物，如鲸鱼类、鲨鱼类，进行基因工程改良，使之成为可以规模养殖的中、小型化养殖动物，保证人类生活需要。与此同时，也可以把基因工程技术，包括转基因技术用于濒危野生动物的救治和繁衍，拯救濒危的水生动物。

然而，上述的说辞都是理论上的说法，在具体应用中需要逐一解决各个物种的转基因实际操作技术难题，还有许多相关的生理生化实际操作技术难关也需要突破。经过科学家日积月累的辛勤付出，一旦技术突破就能实现上述

种种目标，可在人工干预下改变各种动物的进化途径和进化方向。

3. 加快微生物品种改良的育种进程

我国的微生物技术应用已经有数千年的文明历史。古代人们就利用酒饼的酵母菌发酵，然后经过蒸煮获得酒。长期以来，微生物的育种都是用筛选的办法，把优良菌株选出加以繁殖利用，没有进行特别的处理。近代才出现诱变育种技术、杂交技术，加速了微生物的育种进程。有了DNA模型后，就带来了更加直接的DNA片段切割、转移等遗传工程实验，以及后来的基因工程实验、转基因实验。因此，遗传工程、基因工程、转基因技术就应运而生。首先是自大肠杆菌的噬菌体开始实验的。在1987年出版的美国冷泉港实验室（Cold Spring Harbor Laboratory）研究者T.Maniatis、E.F.Fritsch和J. Sambrook编写的*Molecular Cloning A LABORATORY MANUAL*一书中，就全面论述了冷泉港实验室的分子克隆研究的技术方法和取得的成果。1996年由病毒基因工程国家重点实验室的金冬雁、黎孟枫等翻译，侯云德等校正的《分子克隆实验指南》第二版在北京科学出版社出版。书中介绍了质粒载体、噬菌体载体、粘粒载体、单链丝状噬菌体载体、分子克隆中所用的酶，DNA的凝胶电泳，真核细胞mRNA的提取、纯化及分析，cDNA文库的构建和分析，真核基因组DNA的分析和克隆，放射性标记DNA探针与RNA探针的制备，合成寡核苷酸探针，利用抗体和寡核苷酸筛选表达文库，DNA序列测定，聚合酶链式反应体外扩增DNA，克隆化DNA的定点诱变，克隆化基因在哺乳动物培养细胞中的表达，克隆化基因在大肠杆菌中的表达，克隆化基因所表达蛋白质的检查与分析。该书作为实验指南，它所表达的分子克隆技术是十分成熟和完整的。在微生物中几乎可以自由开展任何种类的细菌、病毒、类病毒、噬菌体的基因组遗传表达调控，制造、创造新的物种。可以在以下物种中发挥正能量的作用。

（1）加快食用菌类改良育种进程

食用菌产业已经是我国脱贫致富的产业支柱新亮点，特别是在北方山区农村栽培袋料食用菌已经成为普遍现象，栽培一两个大棚就可以使一户人家脱贫。广西经过近十年的努力，食用菌产业也取得重大发展。近年来，广西食用菌产业化已经打造出了“桂菌”奇迹。广西栽培食用菌有着悠久的历史，但是作为现代农业产业，在21世纪之前，广西食用菌产业一直默默无闻。近年来，广西农科院微生物（食用菌）研究所加大育种、人工栽培高产技术研究力度，取得显著成果，先后培育出“融水12号紫灵芝”“靖西8号紫灵芝”新品种2个，大力推广“灵芝孢子粉高产优质生产技术及破壁技术”“黑灵芝林下仿野生栽培技术”和“活体灵芝盆景培育技术”，提升黑灵芝的产量、品质，以及广西的栽培技术水平。广西农业技术推广部门也把食用菌生产技术研发和推广应用列入议事日程，成立了“广西食用菌产业精准扶贫技术指导专家组”，搭建了自治区、市、县、乡四级专家联动指导体系，积极开展“科技兴菌”活动。据统计，近年来，广西引进示范推广食用菌新品种已经超过100个，研发集成创新技术模式100余项，制定食用菌生产有关的原料、菌渣利用、抗病性鉴定技术标准10余个。其中，普遍使用的稻菇轮作、间套种、反季节生产等10项实用技术模式，促进了广西食用菌产业的快速发展。目前，广西食用菌主导品种超过20个，栽培面积接近17万亩，超过30万人从事食用菌生产，主要经营主体超过300家，形成木耳、香菇、双孢蘑菇、平菇、草菇、桑枝食用菌等中高温菇六大产区。广西年产食用菌鲜品突破百万吨，总产值突破百亿元。

广西食用菌产业发展潜力巨大。首先，采食食用菌具有悠久的历史，长达数千年。其次，广西发展食用菌产业具有“天时、地利、人和”之优势。

“天时”：一是广西地处我国南疆，气候温润、雨水充沛、干湿分明，能满足大多数食用菌栽培要求。同时，广西自然环境良好，秋冬种的天然优势全国少有，独特的气候优势能满足双孢蘑菇、木耳和秀珍菇等不同食用菌品种的周年生产。二是生物生长量大，生产原料充足，如甘蔗、桑枝、木薯等农作物秸秆原料资源位居全国前列。此外，广西每年还有大量的杂木屑、果园修剪枝条以及数百万吨的家禽畜牧排泄物，充足的、可再生的原料来源可以为食用菌生产提供保障。

“地利”：广西地处华南、泛珠三角、中国－东盟自由贸易区三大经济圈交汇之地，双向连接中国国内和东盟两个市场；拥有大陆海岸线1 600 km、边境口岸11个，是唯一与东盟既有陆地接壤，又有海上通道的省区，特别是2019年广西已经列入国家级自贸区，陆联西南内地、外出海上的道路已经贯通，

市场空间巨大。同时，广西作为“21世纪海上丝绸之路”和“丝绸之路经济带”有机衔接的重要门户，桥头堡垒作用将更加凸显。随着“一带一路”这个涵盖68个国家和地区、涉及44亿人口的倡议提出与完善，将会给广西食用菌产业带来无限的商机。

“人和”：一是领导高度重视。近年来，广西壮族自治区党委、政府高度重视食用菌产业发展，先后将其列入《广西“十三五”发展规划纲要》《广西壮族自治区现代农业（种植业）发展“十三五”规划》《广西现代特色农业产业品种品质品牌“10+3”提升行动》等多个重要规划、方案，并作为广西重点发展十大优势特色产业之一，每年财政都有专项资金投入。广西是国家脱贫攻坚的主战场之一，多市县瞄准食用菌生产“投资少、见效快、前景好”的独特优势，把食用菌作为助农增收、脱贫摘帽的主导产业，也从人、财、物等多方面给予了大力扶持。二是科技支撑明显加强。聘请中国工程院院士李玉为广西壮族自治区主席院士顾问。在李玉院士及国家食用菌产业技术体系专家的关心和支持下，广西食用菌创新团队、广西食用菌协会及广西食用菌学会先后组建成立。依托现有科研力量，“科技兴菌”活动在各地持续进行。例如，2016年广西引进试种选育食用菌新菌种（菌株）70个，创新研究生产新原料、生产加工技术28项。广西创新集成了食用菌生产加工技术模式100余项，申请或拥有发明专利技术超过20项，极大地提高了广西食用菌的科技水平，也促进了广西产业的快速发展。如果采用基因工程技术，加大各种食用菌的育种力度，就能够培育出更多的优质高产的食用菌新品种，创造新品牌、名牌。广西的喀斯特石山地区十分适应食用菌产业化发展，可以充分利用天然岩洞、山地建立食用菌产业化生产基地，发展智能化栽培，巩固脱贫攻坚战的成果，促进乡村振兴。

目前，转基因技术在食用菌上的育种应用应达到以下的育种目标：一是提高产量，将高产菌种的高产基因转导进入生产用种，进而提高受体品种的产量。例如，我国东北的黑木耳产量高，我们可以提取、分离获得其高产基因导入广西的黑木耳中，选育出适应广西的高产黑木耳。其他食用菌品种改良也可以采用这种方法。二是提高质量，利用优质的野生食用菌品系作为供体，提取其控制质量的优质基因，导入高产品种，进而选育、获得高产优质的品种。三是提取抗逆性、抗病性强的基因导入高产优质品种，培育出高抗、高产、优质、广适性强的优良新品种。特别是把野生菌种的优异基因导入栽培菌种，能够短时间内获得更高产、高抗、优质的优良新品种。四是发展特色食品产业，利用广西生物多样性丰富的优势，把各类具有特殊功效的物种基因导入食用菌受体上，短期内就能够生产出具有广西特色的特殊功效的食品，促进广西经济的发展。

采用转基因技术和蛋白质组学技术能够在极短的时间内突破食用菌育种的落后局面，减少引种试验的压力。食用菌的生长周期较短，基因组相对简单，转基因育种技术成熟较早，是基因工程研究、育种最具优势的领域之一。长期以来，广西食用菌育种技术落后于全国先进省份，生产的主要菌种品种均以引进为主。如果采用转基因技术，将会在短期内独占鳌头，成为广西农业农村经济增长的领头羊。

在全国的脱贫攻坚战中，食用菌产业化发展也是诸多贫困山区主要发展的高效产业，在央视有关节目中也经常看到食用菌产业化的镜头。因此，利用转基因技术改良食用菌，培育新品种，对发展食用菌产业，实现乡村振兴战略，具有广阔的前景和重大意义。

（2）提升工业微生物育种水平

工业微生物应用的种类很多，其中有医用微生物、食品生产微生物、化工微生物、探矿微生物等，这些微生物的菌体比食用菌类的菌体要小得多，它们的生产过程也不需要等到菌丝聚合生成子实体，在摇床、发酵罐就能够大规模生产出人们生活所需的产品。医用微生物包括抗生素生产的各种原生菌种，如生产青霉素、庆大霉素等菌种的育种研究，传统的育种方法是利用紫外线、同位素辐射、化学试剂诱变来获得新变异菌株，再通过分离、鉴定、筛选出优良新菌株，繁殖成为新品种。如果采用基因工程的转基因等技术，就能加快培育高产优质新品种的进程，提高生产效率，增加经济收益。

食品领域的微生物主要有用于生产酒精的酵母，用于生产味精的酵母，用于面包、豆豉等发酵的菌种，过去对其品种选育研究不多，大多数情况下都是利用天然变异来筛选优良新菌株。进入现代科学时代，也是利用辐射诱变的方法来获得变异菌株，进而筛选新品种。如果利用基因组学和蛋白质组学

结合的技术，能够加快育种进程和提高产量。转基因技术可以增加主产品的功能性结构基因、增加或改换高效启动子，提高主产品的生产效率。例如，利用转基因技术对酒精（乙醇）酵母生产乙醇的主效基因进行改良，增加一个主效基因，就能提高乙醇的产量；也可以在结构基因前增加一个启动子，或更换高效启动子，提高生产效率；转导和增加一两个产生香味的蛋白酶基因，就能够在发酵酿酒的过程中产生更好的香味，生产出更好的美酒。

化工与探矿领域用的微生物，主要是针对那些对重金属元素有嗜好的细菌，它们能够食用、吸收某类金属元素，这样就能把分散在土壤中的金属元素通过菌群集中起来。例如，嗜好黄金的细菌，如果我们通过转基因的方法，增加噬金功能基因，或增加、增强噬金功能基因的启动子，把这类细菌吞噬黄金的能力提高，同时还提升其适应环境的能力，就能够在含有黄金元素的沙金矿产地提取到更多的黄金，改变那些含有黄金的石山地区的人们捧着“金饭碗”过着贫穷日子的生活状况。另外，也可以利用嗜好重金属的微生物繁殖快的特点，改造和提高其吞噬能力，利用其收集重金属，改良重金属环境，减少环境恶化，提升农产品质量，从而提高人们的生活质量。工业应用的微生物种类很多，对提高工业产品质量、产量、产值具有重要作用。

（3）改良病毒、类病毒和质粒种类

病毒和类病毒种类很多，到目前为止，还有数以万计的病毒、类病毒或更微细的生命体不为科学家所认识。而我们认识的病毒、类病毒多数与人类、动物、植物的病害有关，所以人类定名为病毒和类病毒，名字就与病害有关。

病毒和类病毒是科学家用来开展分子遗传学研究的主要对象和最早揭开遗传基因分子结构的研究对象，也是遗传工程、基因工程研究最早取得成功的物种群。今后我国应该进一步加强对它们的研究，进一步弄清楚其危害人畜作物的机理、遗传基因结构、新陈代谢的生理生化途径，找出防病治病的有效技术方法和药物。如在烟草花叶病的防治中，利用转基因技术把分离提取获得的花叶病毒外壳蛋白基因转导到烟草基因组中，让受体烟草自动产生花叶病毒的外壳蛋白，看起来像花叶病毒，但是它不会引起烟草发病，外源花叶病毒发现后，也以为是真的花叶病毒同类，而不再产生危害。这样可以减少烟草花叶病的发生，起到防病治病的作用，这种现象叫作病毒的交叉保护。

采用基因工程的技术方法，分离提取更多种类的病毒、类病毒的外壳蛋白基因作为目的基因，开展防病、治病的转基因研究，将对防治病毒病、类病毒病有良好作用。利用基因工程技术，用DNA或RNA内切酶去除病毒或类病毒的致病基因和入侵蛋白基因，变成无致病能力的病毒、类病毒抗原，如果注入人体，使人体主动产生抗体，可以预防病毒或类病毒的病害发生，而且减少制造疫苗的过程。如果注射实验动物使之产生抗体，再提取这些抗体，也可以用于病人的治疗，减少病人的痛苦和死亡。

开展病毒、类病毒和质粒的基因工程改良，可以创造出许多新的转基因载体。利用它们入侵能力强的特点，经过改良后去除致病基因，改造成为各种目的基因的载体，用于动植物、微生物等各种物种的转基因实验。病毒和类病毒的基因组较大，能够装载较大分子量的目的基因，对提高转基因效率是非常有用的。另外可以装载产生治病功能的基因，注入病人体内，使之产生治病功能的蛋白或有效的糖苷等治病物质，达到治病效果。病毒、类病毒和质粒的基因工程研究是十分重要和极其必要的，今后应加强研究。

防治疾病是人类社会的重大事情，预防病毒、类病毒病的传染，更是一项系统的工程，需要社会运行机制、体制建设的保障。在我国的社会主义制度下，这种防病、治病的运行机制是十分高效、快速的，什么样的疫情都能够战胜。

病毒、类病毒和质粒转基因研究与水稻遗传育种有着十分密切的关系。水稻的白叶枯病、稻瘟病属于细菌性病害，矮缩病属于病毒性病害，这些病害都可以通过质粒基因工程来防治。因此，开展水稻抗病育种、水稻病虫害生物防治，都可以利用病毒、类病毒、质粒转基因研究的成果。

4. 加速生命起源、进化演变基础理论研究进程

生命是怎样起源的？基督教认为是上帝创造万物与人类，中国古代认为是盘古开天地。进入科学时代，英国生物学家达尔文结束环球考察后，根据美洲大陆和各岛屿生物种类变化现象提出了生物进化的科学理论，摆脱了神学的思想束缚。然而，生命是怎样起源的，各物种是怎样演变进化的，一直是困扰人类数万年的、古老又崭新的问题。有了分子遗传学、分子生物学的发展，人们才逐步加深对生命本质的了解和认识。通过对转基因技术、基因测序技

术和基因克隆技术等基因组学和蛋白质组学的技术和理论的不断研究，终将揭开生命起源、进化演变的生命本质问题，使人类走上更崭新的发展时代。

综上所述，以转基因技术为核心的分子遗传学、分子生物学技术具有以下正能量：首先是改良动植物、微生物的基因型、表型，培育出人类生存发展所需要的安全的优良新品种、新物种，提升人类生活水平。其次是转导特殊基因，培育出或生产出人类健康所需的物品，保障人类健康长寿。最后就是提升科技水平，为人类探索生命起源、物种进化演变规律，开展宇宙探索，做出新的贡献，满足人类的求知欲和好奇心，推动科技、经济、文化、军事全面发展和社会文明的进步。

（二）国家隐性利器

转基因技术与国家安全有着十分密切的关系，是现代生物技术发展史上前所未有的，它既可以做到“一个基因产生一个产业，一粒种子改变一个世界”，也能做到“一个基因控制一个民族的兴衰”。利用好一个有益基因，可以产生一个新的产业。例如，利用一个生长促进的基因，培育出的新的优良动物或植物品种，可以带来很好的经济效益；或者是一个针对“非典”（SARS）、H1N1 流感病毒、“埃博拉”及“新冠病毒”（COVID-19）的高效抗生素产品或高效抗体，都能够产生一个新的产业，保障人类健康。然而，利用在敌对行为上，一个基因就不仅仅是产生一个产业这么简单的事，而是在某种意义上说，一个基因可以制约一个民族或一个国家的经济发展，甚至毁掉一个民族。这不是危言耸听的说法，转基因技术或者基因工程技术、蛋白质工程技术是国家隐性利器。它可以在和平社会环境下，用隐蔽的有害生物攻击敌人，使对手在经济上损失严重，也可以做到使对手在无声无息中慢慢消减，更可以使对手的个体在疾病中慢慢灭亡。

1. 有害植物转基因的危害

（1）杂草对农作物生产的危害很严重

目前很多人讨论，转基因后，生产上应用抗除草剂转基因作物会造成抗性基因转移到杂草中，从而引起杂草对除草剂的抗性增强，人工无法消灭这种杂草。然而，作为对手可以利用杂草作受体，直接把抗除草剂基因转入杂草中，在敌对者田间偷偷施放，就直接造成对生产的危害，且实际操作是一件容易做到的事情。如果以稻田的稗草或杂草稻作受体，转入生长旺盛和抗除草剂基因，转基因稗草或杂草稻就以其生长和抗性优势，抢占田间的肥料和空间等时空高地，很快引起栽培稻减产。利用旱地杂草作受体的转基因品种，也同样能够危害旱地作物的生长，造成减产。目前，美国就利用转基因大豆、转基因玉米称雄世界，我国每年需要向国外进口 800 多亿美元的大豆，由原来的大豆出口国变成纯进口国。如果再遇上有害杂草等，将对水田、旱地的农作物生产进行干扰、破坏，那就是雪上加霜了。

（2）转基因有害物种的入侵会造成整体生态环境的破坏

党中央、国务院多年来一直坚持保护生态环境的基本国策，十九大以来习近平总书记一再强调“绿水青山就是金山银山”，在坚持实施河长制的基础上，不断派出生态环境巡视组，加强生态环境保护的督察，整治河水污染、工业三废污染，全面优化我国的生态环境，已经取得显著效果。然而，目前我国受到有害外来物种入侵危害的程度越来越严重了。外来植物的颜色也是绿油油的，表面上看不出是由本地生物多样性损失而造成的生态环境破坏，还有不少人以为是绿化的好例子。以广西为例，经过近年来的不断监控，已经发现有 250 多种外来入侵物种，其中造成农林业生产严重危害的有 20 多种。例如，紫茎泽兰、飞机草、豚草等物种具有严重的危害性，在它们生长的地方，其他植物就无法生存。作者在做野生稻、野生薏苡、野生荔枝等农作物调查考察、保护的同时，也配合自治区农业农村厅开展外来入侵物种的部分调研工作。直到 2019 年，还参与了对边境 7 县市外来物种的调研监测工作，发现外来入侵物种一旦生长成为事实，就很难清除，更不用说达到消灭的程度。直接用外来物种入侵方式就能够给对手造成无穷的危害，采用转基因技术对入侵物种进行改造就更难应对了。例如，如果敌对者把桉树生产草甘膦基因导入飞机草、豚草等物种体内，它们的体内就能够产生草甘膦的化学物质，分泌到土壤里。不但生长优势压制当地物种，还分泌出草甘膦除草剂，污染土地，破坏土壤，其危害性就更强。即使人工把它们挖除，因土地里含有除草剂，短期内还是不能种植其他植物（农作物）。除草剂的危害是非常大的，而且持续时间很长。

世界上植物种类很多，敌对者利用转基因植物攻击对手，往往是防不胜防的，由于这种攻击是无声无息的，是敌对者在隐蔽方式下实施的，没有等对方注意到就发展起来了，等到发现时已经成灾了，想要防治就要付出巨大代价。转基因植物用作攻击利器，就是基因武器，这种争斗是没有硝烟的战争，是眼前看不到对手的战争，是利用隐性利器的战争，危害极大。

2. 转基因外来动物也是攻击对手的有力暗器

动物在世界上也是种类繁多的生物种群，利用转基因技术也能够制造出名目繁多的攻击性有害动物。当然，不会出现科幻片那样与人类战斗的巨型怪兽。但是，利用生殖速度极快的小型动物，特别是昆虫类生物，来制造外来入侵物种的可能性是存在的，也是容易做到的，需要我们时刻保持高度重视，做好基础研究、积累技术，防患于未然。

（1）外来水生生物或转基因水生生物入侵的危害很大

现在，我国已经发现不少外来水生生物造成危害的事件。与水稻有直接接触的就是福寿螺，它来自法国，是 20 世纪 80 年代引进的。民间传说，引进养殖福寿螺主要是用于制作螺肉罐头出口至法国，其养殖成本较低，青草、菜皮都吃。但是后来随排水沟溢出，发展到水田，就出现危害水稻的现象了。作者带队考察、收集野生稻种质资源的时候，在广西不少的地方看到水稻插秧后不久，就有整片水稻被吃光的现象。当然，我国人民是聪明的，到 20 世纪 90 年代制造出杀螺剂（茶麸粉）施用，效果很好，再加上人们用其养鸭、养黄沙鳖，这样就基本抑制住福寿螺的危害。在广西柳江发生过“食人鱼”事件，在南宁邕江也发生过捕捞到鳄鱼龟的事件。因为发现及时和政府领导十分重视严防外来物种入侵事件，所以未造成大的危害。然而，如果在这些物种身上导入有害基因，加快它们的繁殖能力，那就是一件危害严重的大事了。如果利用金环蛇、眼镜蛇、五步蛇等毒蛇作为受体，转导生长激素基因和多卵基因，加快其生长和繁殖能力，成为优势物种，就会打破原有生态环境，灭掉对人类有益的物种如稻田的青蛙等，轻者造成粮食生产减产，重者影响人们的生命安全。转基因水生生物也是一种隐性基因武器，主要原因是对手可以在荒山野外、无人烟处悄无声息地释放这类转基因生物，等到人们发现受到危害时已经造成环境破坏等不可估量的损失了。特别是像“食人鱼”这类繁殖能力很强，生育周期短，寿命较长的生物，作为转基因受体危害较大。

（2）外来昆虫或转基因昆虫入侵

早在20世纪90年代，广西就受到外来物种火红蚁的入侵，到现在都没有办法消灭它们，不时有人畜受害。另外我国从欧洲引进的意大利蜜蜂，在我国华北等地放养，虽然产蜜糖量大于我国的中华蜜蜂，但当两个物种在同一地区出现时，意大利蜜蜂会对中华蜜蜂发起偷袭，进入中华蜜蜂的蜂笼把蜂王杀死，然后整个蜂群发起攻击，杀死中华蜜蜂，进而把中华蜜蜂的整笼蜂蜜吃掉或偷掉，威胁中华蜜蜂的存在。如果人为地转导更强的繁殖基因或具有强攻击的基因给意大利蜜蜂，它们就能够灭掉中华蜜蜂种群，毁掉我国的蜂蜜产业。

如果转基因蝗虫具有生育周期短、繁殖力强，全天候都能大规模孵化幼虫，那就会经常性爆发虫灾，致使农业生产无法进行，引起粮荒，造成社会饥荒，抑制对手的经济发展甚至人口发展。当然，转基因老鼠也会成为农作物生产的危害，过多的老鼠会毁掉整片庄稼，造成粮荒、饥荒。

如果转导生长快速、繁殖力强的基因，制造繁殖力强的蚊子、苍蝇、蟑螂、臭虫，就会引发多种疾病。因此，转基因昆虫，特别是转基因外来入侵昆虫也是基因攻击武器。对手还可以利用转基因昆虫携带转基因强致病的病毒、类病毒和质粒来进行病原传播，造成对手大规模疾病的暴发，危害人类健康。

（3）转基因病毒、类病毒、质粒新物种的危害

许多病毒、类病毒和质粒都是研究分子遗传学的实验物种，是人们在分子水平上认识生命本质的实验生物。主要是因为它们的基因组小，基因数量少，繁殖世代快，易培养。有不少的质粒就是一个DNA或RNA的闭合链，核酸内切酶去掉一段DNA碱基对，就能够检测到其变异结果。因此，利用分子遗传学的转基因技术进行病毒、类病毒、质粒基因工程研究，是分子遗传学的转基因技术体系中最成熟的技术。可以说，在20世纪90年代基因转导技术几乎已经是分子生物学研究领域中的常规技术，想要对它们进行基因重组易如反掌。技术的成熟，就会给敌对势力带来制造基因武器的便利。利用转基因技术与致人死亡的病毒、类病毒、质粒再重组结合，就会造成对手的人群大量生病或死亡。最具攻击力的是通过转基因技术，把多个致病的基因转移到一个病毒或

类病毒内组成超级病毒或类病毒，甚至是把不同疾病的病毒基因组合在一起，形成同时诱发多种疾病发生的病毒；加上具有适当的温度和湿度就集中暴发的病毒或类病毒；再聚合针对某一民族的入侵蛋白酶，就会把对手的一个民族击垮，成为攻击敌人的强力基因武器。

目前，质粒是基因工程中转基因的载体，目的基因与质粒重组后，由质粒入侵受体细胞，来实现转导目的基因的目的。如果利用DNA或RNA分子量大的质粒组装致病基因，就能够直接成为基因武器的组成部分，成为防不胜防的基因武器。如果组装治病的基因，就能帮助人类抑制或消灭该类疾病的病毒、类病毒或质粒。

以转基因技术为核心的基因工程技术，是威力无比的致命武器。许多人传人的病毒、类病毒和质粒，以及人畜互传、人畜共患的病毒、类病毒和质粒，都会成为对手利用转基因技术制造超级疾病的病原材料，也就是转基因的受体和致病基因的供体。

转基因技术是一把非常锋利的双刃剑，为了国家、民族的永久繁荣昌盛，我们需要加强转基因技术、基因组学技术、蛋白质组学技术研究，加强分子生物学、量子生物学、基本粒子生物学、信息生物学的研究，永久占据分子遗传学、量子遗传学、基本粒子遗传学、分子生物学、量子生物学领域的制高点，为强国、强军做更多的贡献。

三、国家利益和人民至上是基因组学研究的底线

科学技术本身没有国界，是人类认识自然和改造自然的共同财富。但是人类是群居的高等动物，群居就有社会，社会是人类发展的必然产物，人类社会发展具有历史规律，而这种规律常常不以人的意志为转移。当今世界，人类处在国家利益至上的社会发展阶段，科学技术掌握在不同国家的科学家和管理者手里。科学技术可以是没有国界的，但科学家是有国界的。科学家是有世界观和政治立场的，如钱学森是新中国成立初期数千海外学子归来中最杰出的代表

之一，是我国“两弹一星”的元勋功臣，为中华民族的复兴、新中国的发展做出巨大的贡献，是科学技术兴国的栋梁。可见科学家是有鲜明的国家观念和政治立场的。因此，像转基因技术、基因组学、蛋白质组学研究的核心技术应用，应该把国家利益放在第一地位，使转基因技术变成国家独立于世界民族之林的强力防御武器。

1. 充分利用好转基因技术的显性正能量

许多人对分子生物学、分子遗传学的知识不了解，加上媒体的误导，使得许多普通人一听到转基因产品（食品），第一反应就是反对使用、反对研究。当然，这也是人类自我保护的正常反应，不能责怪任何有这样反应的人。然而，作为科学研究管理与决策者，特别是决策者，就要有一个明智的、理性的决策，做出正确的决策。当然也可以通过智库专家的研究来做出正确的理性的决定。作者认为应该积极组织、立项，开展转基因显性利器的研究，把转基因的正能量充分发挥出来，把国家生物种类产品的生产能力不断推上历史新台阶，不断提高国家的科学技术实力、经济实力、综合国力，为实现强国、强军和两个一百年奋斗目标，为实现中华民族伟大复兴的中国梦奉献智慧和力量，造福人类社会，构建人类命运共同体。以水稻为对象的转基因研究，应该加大研究力度。首先，在稻属各个稻种间深入挖掘、分离、提取新的功能基因，特别是高产基因、生长优势基因、优质基因、各种抗病虫基因、抗逆性基因。其次，挖掘和改良大分子量的载体，也可以在现有的质粒载体基础上进行改良，创造出新的载体。最后，加强转导研究，培育更多的、具有各种优良性状的新品种，确保我国稻米粮食安全，把饭碗牢牢地掌握在中国人民的手里。

2. 充分利用好转基因技术的隐性能量

我国有一句俗语“害人之心不可有，防人之心不可无”。既然转基因技术、基因组学和蛋白质组学技术具有双刃剑的作用，会产生许多的隐性利器，那么在当今世界形势动荡不定，复杂多变，竞争激烈的环境下，我们应该拥有足够的科研能力来应对这种看不见的隐性竞争，并争取立于不败之地。本书的主题是稻种起源演化，主要讨论稻种起源演化的内容，然而，基因工程的转基因技术能够促进稻种的进化，强化粮食安全的竞争能力，同时也能够促

进每一个生物物种的进化，甚至病毒的进化，也可以使其变成人类竞争的武器。因此，我国必须加强这方面的研究，提升防护意识和能力，增强竞争力。

就生物学领域的竞争来说，首要的就是加大以转基因技术为主的基因工程和蛋白质工程研究，或者说是基因组学和蛋白质组学的技术研究。要充分利用现在已经测序清楚的物种品种，进行防御性的病毒抗体人工合成研究，及早掌握各种病毒的抗体人工合成技术，做好技术储备，一旦检测出是哪一类病毒、类病毒，就可以马上采用针对性的合成技术生产活性抗体、疫苗，用于治疗，抑制病情发展，保证人民的健康。其次，要构建病毒、类病毒和质粒种质资源库，以及相关的基因库，为研究提供对象，进而开展研究，加强快速应对各种突发病毒疫情的疫苗制备、抗体制备，以及中医药试剂制备等技术的贮备。此外，还要健全疾病防治的预防机制、国民素质的防控机制和体制。

总之，作者认为必须把分子生物学、分子遗传学的基础性研究放在重要议事日程上，组成一支常备不懈的攻坚克难的队伍，以确保国家的长治久安。按我国实际情况，现有科研机构分国家和地方两个层面，由于基因组学、蛋白质组学属于基础性研究，长期以来地方层面涉足很少，主要是国家级的科研机构在做。今后一段时期内，国家级科研机构仍具有优势力量，也是国家力量所在，应以国家级科研机构为主开展相关研究。同时也需要加强地方层面的科研机构的基础研究工作，并在国家科研规划中做出规定，各地根据实际情况做出研究计划，抽出部分力量配合国家团队统一行动，形成一个长期有效的、防御性的分子生物学（遗传学）基础研究机制和常规队伍，充分利用好转基因技术的隐性能量，为国家发达富强、人民安康做出贡献，为建设“健康中国”保驾护航，从而造福全人类。

四、粮食安全的转基因科技基础

转基因技术作为生物学技术发展的一个历史阶段的技术成果，由于其直接面对生物有机体的遗传物质，具有可人为操纵生物遗传变异的特点，使人们可以自由地创造出想要得到的生物物种，并且比采用常规有性杂交技术具有更多的优势。因此，将其用于水稻、玉米、小麦、大豆等作物的品种遗传改良上，也具有其独有的优势，可以为保障人类粮食安全创造出更多的物质基础。

（一）自然物质基础

粮食安全在任何时候都是国家的头等大事，习近平总书记也十分重视，强调中国人一定要把饭碗牢牢掌握在自己手中。水稻是我国的主要粮食作物，水稻的产量是饭碗满与空的关键所在。十多年来，我国的水稻育种技术不管是杂交水稻还是常规水稻都处在世界领先的水平，自从超级杂交水稻育种目标提出后，超高产的品种不断涌现。目前，常规水稻的产量已超过600千克/亩，在南方稻区的100亩连片高产试验单产超过700千克/亩，米质达到国标优质米一级的品种也日益增多。因此，有不少人认为，不需要开展水稻育种的基因工程技术研究，也不会出现问题。

其实不然，袁隆平院士早在十多年前就提出他个人的梦想，就是希望自己能在水稻脚下睡觉、纳凉，如果真能实现，水稻的单产还会再翻几番。然而，真要达到那种程度，仅靠目前的种内有性杂交的技术方法是很难实现的，甚至说是不可能的。有性杂交技术很难把超越水稻草本茎秆高度的基因转移到水稻受体上来。虽然目前也发现有稻秆高度超过6 m的深水稻品种，但是这种稻秆能够之所以立起来生长，依靠的是水的浮力。在普通稻田里种植，一不可能生长那么高，二也无法直立起来，只能倒伏生长，产量也成为严重的问题。

如果采用已经成熟的转基因技术，打破物种间有性保护壁垒，就能快速提高水稻茎秆的高度、硬度。只要满足目的基因（包括功能目的基因、强启动子、终止子）和载体（大运载能力的载体）的条件，就能达到梦想的程度。而目的基因、载体、试验材料等都是自然物质基础，特别是来自稻属各种或禾本科各物种的目的基因、受体细胞，以及从栽培稻病害的病原菌改造过来的切除了致病基因的载体等都是安全的物质基础。因为这些分子水平的物质来自稻属、禾本科各物种，都是人类几千年来经过长期实践证明是安全的物种。因此，从这个意义上说，转基因技术应用的这些基因材料，就是国家粮食安全的物

质基础，更是进入分子生物学时代的科学技术综合实力竞争必不可少的物质基础。要增强这个物质基础，首先要加强稻种种质资源的收集保存，加强优异种质资源鉴定评价，进而加强优异基因的挖掘、分离、克隆，构建基因库。

（二）自然科技基础

保障国家粮食安全，除有足够的物质基础之外，还需要有先进的技术来支撑，加强各种目的基因的分离、克隆技术研究，创新出更加简便、实用的技术。稻种资源十分丰富，有多种不同的染色体组的稻种，单一的基因分离、克隆技术是不够用的。因此，应该在不同稻种中、在分离不同的基因中创新出不同的技术，挖掘出不同类型的载体，高效导入，精准鉴别目的基因，储备更多、更有效的技术，作为屹立世界民族之林的自然科技基础。

五、加强水稻基因组学研究

为了提升我国的竞争能力，把饭碗更加牢固地握在自己的手中，为建设“健康中国”奉献力量，建议加强以下研究。

（一）加强水稻基因识别研究

早在20世纪90年代，以美国为首的西方科学界就开始了基因组测序的联合行动，我国参与了水稻基因组的测序和人类基因组的测序研究。已经对“日本晴”等水稻品种进行了DNA碱基对排列顺序的全面测定，取得了显著的成就，使得人们第一次知道水稻的DNA碱基对排列顺序，同时也推动了水稻转基因育种的发展。人们利用已知序列的品种开展了不少新基因挖掘工作，测定了一大批基因位点，特别是具有各种广谱高抗病虫害的基因位点，如抗稻瘟病、抗白叶枯病、抗纹枯病，以及抗南方黑条矮缩病的基因位点，对利用各种抗原种质具有重要的指示性意义，也为水稻基因组优异的新的功能基因、调控基因，以及启动子、内含子、外显子、终止子等的挖掘起到很好的启示作用。

全世界保存约 15 万份（有重复）栽培稻种质资源，其中我国也是稻种资源最多的国家之一。目前，国家种质库和地方库保存的品种约 10 万份，包括籼稻、粳稻两个亚种以及亚种下的水稻、陆稻，早、晚稻，粘、糯稻和各个品种。这里面有许许多多的优异基因型和优异基因，可以通过基因识别、鉴定出各种优异的功能基因、调节基因。由于稻种内的目的基因、调节基因，甚至稻属种内的各种病害的病原菌、病毒都是经过全球人民几千年使用实践，证明是安全的。因此，可以把稻属的病原菌、病毒改造成为转基因的载体，同时，利用植物体的病毒存在着交叉保护的现象，利用改造后的无病害发生的病原菌产生外壳蛋白，起到交叉保护的作用。此外，把栽培稻种中的功能结构基因、调节基因、去致病基因的病毒用以构建基因库，为转基因提供坚实的基因物质基础。来自两个栽培稻种的基因材料是人们用来进行转基因育种最安全的基因材料。

（二）加强野生稻的基因组学研究

目前，全球较公认的稻属野生稻种有 21 个，其中与亚洲栽培稻染色体组同为 AA 染色体组的野生稻有 6 个，即普通野生稻（*O.rufipogon*）、尼瓦拉野生稻（*O.nivara*）、南方野生稻（*O.meridionalis*）、短叶舌野生稻（*O.barthii*）、长花药野生稻（*O.longistaminata*）、展颖野生稻（*O.glumaepatula*）。在非洲栽培的非洲栽培稻（*O.glaberrima*）也是 AA 染色体组的稻种。这些稻种与亚洲栽培稻进行有性杂交育种虽然存在着某种程度的亲和性差异，但是基本上可以获得有性杂种，能够进行一定程度的基因交流，创造出新的优良品种。另外，由于野生稻种与两个栽培稻种的染色体组不同，有性杂交很难成功，要在育种中充分利用这些稻种的有益基因也是很困难的。陈成斌课题组在 20 世纪 80 年代曾经利用药用野生稻（*O.officinalis*）与栽培稻的品种进行有性杂交，先后做了 2 万多朵小穗的杂交，但未获杂交种子。后来利用试管内杂交技术，以栽培稻做母本，获得 20 多株杂种，并栽培在田间，表现性状为茎秆粗壮，穗子第一节分支轮生，谷粒外形性状与药用野生稻相似，分蘖力很强，每造分蘖数超过 60 个，只是株高比药用野生稻矮很多，仅有 70 cm 左右；在

南宁种植的杂种每年可以抽穗 4 次，穗粒数超过 300 粒，可是连续种植了 3 年，每造的穗子谷粒都是空壳，没有种子。其中也做了不少利用秋水仙素处理的、促使染色体加倍的试验，获得少数几粒种子，但是很难发芽，主要原因是亲本的一方是 CC 染色体组的药用野生稻，杂种后代的细胞分裂时染色体不能正常配对，导致后代减数分裂不正常，从而不育。而在同期时间里，采用外源 DNA 导入技术，把药用野生稻的 DNA 片段导入栽培稻受体上，在后代中成功选育高产优质的“桂 D1 号”糯稻新品种；后来又成功选育粘稻优良新品种“桂 D2 号”，取得成功利用药用野生稻优异基因的科技成果。

因此，利用转基因等基因工程技术和基因组学技术，加强野生稻优异基因的挖掘、克隆、转导具有十分重要的意义。野生稻是稻属的进化演变物种，其基因组的基因具有很好的安全性，用其作为转基因研究的物质来源同样具有很好的安全性，不存在人们普遍担心的安全问题，是进一步扩大栽培稻育种基因源的最好途径。

1. 提供更加高产优质的新基因

野生稻种质资源中有植株高大、穗大粒数多的种质，在广西就发现植株高 6.2 m、穗长 34 cm、穗粒数 1 810 粒的药用野生稻种质；有 4.2 m 高、穗长 30 cm 左右、穗粒数 500 多粒的普通野生稻种质。另外还有引进的国外野生稻种质，如高秆野生稻、阔叶野生稻等都是植株高大类型。对这些种质生长基因的利用能够实现袁隆平培育高大水稻，在水稻树底下睡觉的梦想。植株高大，穗子就会大，穗粒数就多，籽粒产量就会随着生物产量增大而增加。

野生稻种质资源中优质稻米的种质比栽培稻品种的比例更高，具有更多优质的种质基因源。因此，在优质野生稻种质中分离、克隆优质的基因，会得到更加优质的基因源，转移到栽培稻受体上，其后代稻米更加优质，可满足人们不断提高的需求，也为建设“健康中国”提供优良的主粮物质基础，具有更加广阔和深远的意义。

2. 提供广谱高抗病虫害的基因

目前，已经在野生稻种质资源中发现了大量的比栽培稻更高抗病虫害的抗性基因，以及栽培稻中没有的抗性基因。野生稻种质资源在长期的历史自然进化中，已经产生出比栽培稻抗病害更广的抗性基因源，具有高抗稻瘟病、白叶枯病、细条病、纹枯病等病害，以及高抗稻褐飞虱、稻白背飞虱、稻瘿蚊、稻三化螟等害虫的高抗种质基因。还具有栽培稻品种中没有的抗病基因，如广西农科院水稻研究所多个研究室在开展了累计超过 5 000 份栽培稻品种的抗南方黑条矮缩病实验后，没有获得高抗南方黑条矮缩病的种质。在研究人员都感到失望的时候，野生稻研究室在野生稻种质资源的抗性鉴定评价实验中，发现广西的普通野生稻、药用野生稻两种野生稻种质资源中均有高抗南方黑条矮缩病的种质。其中，有些种质免疫南方黑条矮缩病病毒，即病毒入侵后不能在野生稻植株体内生存，入侵后植株不发病，一段时间后检测不到病毒的存在，对南方黑条矮缩病病毒具有免疫功能；有些种质对南方黑条矮缩病病毒具有极强的耐性，即可以在植株中检测到南方黑条矮缩病病毒的存在，但是植株不表现矮缩病的症状。这些具有高抗基因的种质就十分有用。这些抗性基因也是经过人们数千年的使用证明是安全的基因，把它们分离、提取、克隆出来，用作目的基因转移到栽培稻受体上，其后代就能大幅提高抗病虫害的能力，减少化学农药的使用，减少环境污染，提高环境安全系数，是一举多得的好事。

3. 提供更加耐旱、耐寒、耐贫瘠和抗倒伏的、广适性好的基因

广西农业科学研究院水稻研究所以及全国甚至国际多家研究机构的研究结果均表明，野生稻种质资源中具有许多抗逆性很强的种质基因。例如，旱生的野生稻种质资源全球有 8 个种，即澳洲野生稻（*O.australiensis*）、短花药野生稻（*O.brachyantha*）、紧穗野生稻（*O.eichingeri*）、颗粒野生稻（*O.granulata*）、疣粒野生稻（*O.meyeriana*）、小粒野生稻（*O.minuta*）、马来野生稻（*O.ridleyi*）、极短粒野生稻（*O.schlechteri*），具有比栽培稻更强的耐旱性。其旱生的种质基因是提高栽培稻耐旱性的目的基因。在普通野生稻中也有强耐旱的基因源，我们在实验和野外考察中发现有干旱到地面干裂 2 cm、裂缝深 20 cm，都还能够生长的普通野生稻植株，它们是极耐旱的种质，也是很好的耐旱基因来源供体。

我们在野生稻耐冷性鉴定实验中也获得一大批苗期、花期强耐冷的种质。它们在 6℃、6 天的低温状态下还能够存活；在 15℃、9 天低温处理后还能正

常开花结实，具有很强的耐冷（寒）性，是很好的耐冷性基因供体。

野生稻的自然生长环境有不少是贫瘠的，在长期的自然选择下，产生了一批强耐贫瘠的种质，它们同样是转基因研究的优良基因源。另外，野生稻中也存在很多茎秆粗壮、抗倒伏强的种质，可以为转基因育种提供优异基因源。

野生稻与栽培稻是同属的物种，是进化过程中被人类驯化栽培和没有被驯化栽培的关系，它们作为转基因育种的供体和受体都是最安全的物种基因源，也是研究最清楚的物种。今后应加强野生稻和栽培稻的基因组学研究，挖掘出更多的基因，为水稻育种服务，提高水稻育种效率，创造、创新出更高产、更优质、更多抗、更广适的优良新品种，满足人们生活需要，确保国家粮食安全，为实现从全面小康到富裕社会的目标，实现中华民族伟大复兴的中国梦奉献新的智慧和力量。

（三）加强功能农作物基因组学研究

建成“健康中国”是党中央和习近平总书记的重要指示精神。利用转基因技术，开展动植物、微生物育种，特别是以水稻为首的粮食作物育种研究，培育具有各种营养功能的新品种，生产出满足人民需要的优质产品、食品，具有重大的意义。因此，今后应该充分利用我国中医药生物多样性丰富的优势，充分挖掘中医药动植物的营养功能、保健功能基因作为目的基因，采用转基因技术转移到水稻、玉米、小麦等粮食作物受体上，培养出效果更加显著的功能新品种。利用中医理论指导转基因、基因组学和蛋白质组学的研究，把现代分子生物学理论和技术与中医学技术融合创新，挖掘中医药中的主要有效成分，分析其分子结构，探索出其基因源，转导到水稻等主要农作物新品种中，通过平时的正常食用，提升人们免疫细菌性、病毒性、类病毒性、质粒性病害的能力，达到中医学所说的治病于无病中的目的。为此，今后在水稻等作物转基因领域的研究中，应在不断提升产量、品质的基础上加大以下方面的研究力度。

在我国从站起来走向富起来到强起来的发展进程中，水稻育种也经历了为吃饱而尽量培育出高产品种的过程，从 200 千克 / 亩到 400 千克 / 亩，到超级稻 600 千克 / 亩再向 1 000 千克 / 亩发展。同时，近年来超级稻优质化育种，取得国家优质稻米达标一级、产量在700～800千克/亩的育种成果，高产、再高产而且优质的品种不断涌现，并在生产上应用。可以说，满足人们从吃饱到吃好的需求已经不是问题，今后水稻育种应该向专用化方向发展。例如，针对工业直链淀粉需要，培育淀粉含量高的高产品种；针对做年糕，培育支链淀粉含量高的品种；针对酿酒，需要培育垩白较大的高产品种；针对广西、广东、云南、海南人喜欢吃米粉（云南叫米线）的需求，培育适合米粉生产的优质高产水稻品种。今后育种者可以利用转基因技术，有针对地培育适应他们生产需求的专用品种。

1.加强防治细菌性疾病基因组学的研究

细菌性疾病是人类疾病中常见的疾病，建设“健康中国”需要关注这类病害。在分子生物学不断发展的生物技术时代，需要在以水稻为主的多种农作物品种中培育出具有预防人类感染细菌性疾病的粮食作物新品种。

在分子遗传学领域中，加强细菌性疾病基因组学的研究，改造细菌性病菌的基因，切除其致病基因，改良成为载体，用于转导有效药用成分，可提升疾病治疗效果。同时在中药材中寻找具有抑制细菌性病原菌基因，作为目的基因转导到水稻等粮食作物中，使之产生相应蛋白或抗体蛋白，人们食用这类食品就能够提高防治此类疾病的能力，让人们在正常的饮食过程中自然而然地提高防治细菌性疾病的能力，提升人们的生活水平。

2.加强应对病毒基因组学的研究

病毒是人类的头等天敌，数百万年以来一直困扰人类，21世纪以来就出现“非典”（SARS）病毒、埃博拉病毒、中东综合征、H1N1流感病毒等，许多人染病致死，给人类带来严重灾难。2019年12月以来，我国武汉市发现新型冠状病毒引起肺炎病例，导致大量人员感染甚至死亡，这是新中国成立以来最严重的病害。在我国疫情得到有效控制后，日韩、欧盟各国、拉美各国、中东和非洲等各国相继暴发疫情，如今疫情仍在发展。同样的道理，对付困扰人类几百万年、这个数量繁多的病魔——病毒，也可以采用基因组学的技术，对不同病毒进行基因型改造。当然，几万年来病毒与人类形成了入侵者和被入侵危害的关系，人类一直与之抗争，如20世纪90年代才把天花病毒消灭，

天花病毒的消灭得益于牛痘疫苗的发现和利用。牛痘疫苗也为应对各种病毒性的病害提供了一种有效的途径——疫苗。然而，在分子遗传学、基因组学、蛋白组学技术发达的时代，应该有更多的技术方法可以利用。如把抗病毒的中药材的有益基因转入水稻等粮食作物中，产生新的强身健体的蛋白、糖苷、维生素、抗生素等化合物，为人类的健康提供强有力的帮助，同样在日常的饮食过程就能够达到防病治病的目的，实现中医的治病于无病之中的至高境界。

在转基因工程研究中，可以将病毒改造成为切除致病基因的大分子载量的载体，用于水稻等粮食作物的转基因育种等研究。可以把各种有益营养基因导入水稻等粮食作物，提高营养水平，增强人体体质，使人类身体更加健壮；也可以利用转基因技术把中药材的有益基因转入水稻等作物，打破原有的物种有性隔离的基因转移难的技术问题，提升水稻的治病功能，进而提升人类生活质量和健康水平。开展人类致病和治病的病毒基因组学研究，以及配合水稻等主要粮食作物基因组学的交叉学科研究，具有极其广阔的前景。

3. 提升应对类病毒基因组学的研究开发技术水平

类病毒与病毒相似，都是较小的没有细胞壁的微生物，也是分子遗传学研究中常用的实验对象。但是，由于类病毒和病毒一样，都是种类繁多的微生物种群，对于它们，我们还有许多未认知的种类和不了解的遗传及生理生化问题。从基因组学、蛋白质组学、生理生化代谢途径等综合性地开展分子生物学各个领域的研究，并结合水稻等农作物育种实际需要、人们身体健康需要、疾病防治需要等综合性开展系统研究，并逐步建成社会科学与自然科学有机结合的综合运行机制，使转基因技术的研究创新成果在可控范围内及时、快速地应用于人们生活的各个领域，为保证中国的永久繁荣强盛多做贡献。

4. 提升应对质粒基因组学的研究开发水平

质粒是转基因研究人员非常熟悉的小分子微生物。我国首例转基因植物成功的例子——烟草花叶病外壳基因转导就是利用 Ti 质粒（Tumor-inducing plasmid）作载体转导的。在生产上广为应用的抗虫棉品种也是利用 Ti 质粒作为载体转导的。当然在很长一段时间内，质粒的侵染能力不能满足人们在植物（作物）育种方面的需要，而影响转基因实验的效果，但是质粒的种类同样是很多的，只是研究人员没有那么多精力开展研究，换句话说就是研究得不够广泛、不够深入。这个领域还有很多研究工作，做好了，对促进动植物转基因研究将有巨大的贡献，能够造福人类。

对转基因水稻研究来说，急需开展的质粒领域的研究就是广泛筛选转导率高的质粒。水稻是单子叶植物，由于目前使用较多的 Ti 质粒改造系列和 Ri 质粒（Root-inducing plasmid）对单子叶植物侵染能力的转导有限，为了提升对水稻等单子叶植物的转导能力，作者认为，应从水稻病毒中筛选病毒作研究对象，对它们进行改造，去除致病基因，切除不必要的片段，以增大运载目的基因分子量的能力来提高转导能力，进而提高水稻转基因研究的效果。

转基因技术是改良包括水稻在内的动植物、微生物的有效技术手段，利用转基因技术，提升生物多样性保护、开发、利用的安全性，特别是对提升粮食作物、经济作物等作物的分子遗传学、分子生物学研究与开发利用的安全性，具有十分重要的历史意义和现实意义，我国应该继续加强这方面的基础研究和应用研究。

参考文献

[1] 滨田秀男．由芽生器官的生长以鉴别品种的研究［J］．农业及园艺，1935，10：2-3.

[2] 滨田秀男．稻的由来及分布［J］．农业及园艺，1935，10：2-3.

[3] 滨田秀男．日本陆稻有日印两型［J］．农业及园艺，1935，10：11.

[4] 滨田秀男．由芽生器官看中国的稻种［J］．农业及园艺，1936，11：5.

[5] 布朗 T.A. 基因组 2［M］．袁建刚，等，译．北京：科学出版社，2006.

[6] 卜慕华．贵州省水稻种类［J］．中华农学会通讯，1945.

[7] 陈报章，王象坤，张居中．舞阳贾湖新石器时代遗址炭化稻米的发现、形态学研究及意义［J］．中国水稻科学，1995，3:129-134.

[8] 陈成斌．普通栽培稻起源演化初探［J］．广西农学报，1992（3）：1-7.

[9] 陈成斌，李道远，林登豪，等．普通野生稻性状籼粳分化观察［J］．西南农业学报，1994（2）：1-6.

[10] 陈成斌，赖群珍，李道远，等．普通野生稻辐射后 M_1 代数量性状变异探讨［J］．广西农学报，1996（2）：1-7.

[11] 陈成斌．关于普通栽培稻演化途径之我见［J］．广西农业科学，1997（1）：1-5.

[12] 陈成斌，陈家裘，李道远，等．普通野生稻辐射后代质量性状的变异［J］．西南农业学报，1998（2）：7-16.

[13] 陈成斌，李道远，陈家裘，等．中国普通野生稻 M_2 代数量性状变异研究［J］．广西农学报，1998（1）：15-20.

[14] 陈成斌．广西野生资源稻研究［M］．南宁：广西民族出版社，2005.

[15] 陈成斌，黄东贤，王腾金．华南弱感光及感光型杂交水稻［M］．南宁：广西科学技术出版社，2016.

[16] K.B. 穆里斯，F. 费里，R. 吉布斯，等．聚合酶链式反应［M］．陈受宜，朱立煌，译．北京：科学出版社，1997.

[17] 陈文华．论农业考古［M］．南昌：江西教育出版社，1990.

[18] 陈永福．中国食物供求与预测［M］．北京：中国农业出版社，2004.

[19] 陈振裕，杨权喜．宜都城背溪遗址［M］// 中国考古学会．中国考古学年鉴．北京：文物出版社，1984.

[20] 程侃升．亚洲栽培稻籼粳亚种的鉴别［M］．昆明：云南科技出版社，1993.

[21] 程式华．中国超级稻育种［M］．北京：科学出版社，2010.

[22] 戴陆园，游承俐，OUEK P. 土著知识与农业生物多样性［M］. 北京：科学出版社，2008.
[23] 邓国富，陈彩虹．国家水稻改良中心南宁分中心（广西农业科学院水稻研究所）获奖成果、育成品种及承担项目汇编［G］. 南宁：国家水稻改良中心南宁分中心（广西农业科学院水稻研究所）.
[24] 丁颖．水稻特性调查与育种［J］. 中华农学会报，1936，144.
[25] 丁颖．水稻纯系育种法之研讨［R］. 中山大学农学院油印本，1944.
[26] 丁颖．中国古来粳籼稻种之栽培及分布与现在栽培稻种分类法预报［J］. 中山大学农艺专刊，1949，6.
[27] 丁颖．中国稻作之起源［J］. 中山大学农学院农艺专刊，1949，7.
[28] 丁颖．中国栽培稻种的起源及其演变［J］. 农业学报，1957，8（3）.
[29] 丁颖．江汉平原新石器时代红烧土中的稻谷壳考察［J］. 考古学报，1959，4: 31-34，110-111.
[30] 丁颖．中国栽培稻种的分类[M]// 中国农业科学院．中国稻作学．北京: 农业出版社，1986.
[31] 丁颖．中国栽培稻种的起源问题［J］. 文汇报，1961.
[32] 丁颖．中国水稻栽培学［M］. 北京：农业出版社，1961.
[33] 丁颖．丁颖稻作论文选集［M］. 北京：农业出版社，1983.
[34] 渡部忠世．稻米之路［M］. 尹绍亭，等，译．昆明: 云南人民出版社，1982.
[35] 杜相革，王慧敏．有机农业概论［M］. 北京：中国农业大学出版社，2001.
[36] 方嘉禾．中国作物遗传资源本底现状与保护对策［R］. 北京：中国农业科学院作物品种资源研究所，2003.
[37] 方嘉禾．世界生物资源概况［J］. 植物遗传资源学报，2010，11（2）：121-126.
[38] 冈彦一．稻种核仁数的变异［J］. 热带农学会志，1944，16:2.
[39] 冈彦一．稻的品种发生分化的研究［J］. 台农实验所农报，1947，1: 1.
[40] 冈彦一．稻对温度与日照时间的反应之品种间差异[J]. 农业及园艺，1954，29: 4.
[41] 冈彦一．水稻进化遗传学［M］. 徐云碧，译．杭州：中国水稻研究所，1985.
[42] 高广仁，胡秉华．王因遗址形成时期的生态环境［M］//《庆祝苏秉琦考古五十五周年论文集》编辑组．庆祝苏秉琦考古五十五周年论文集．北京: 文物出版社，1989.
[43] 管相桓，涂敦鑫．稻属细胞遗传之研究及其应用［J］. 华西边疆研究会杂志，

1945，16：2.

［44］管相桓．我国今后稻作改进理论与实际之商榷［J］．川农简报，1946，7.

［45］顾海滨．城头山古城遗址水稻及其类型［C］// 湖南省文物考古研究所．长江中游史前文化暨第二届亚洲文明学术讨论会论文集．长沙：岳麓书社，1996.

［46］黄河水库考古华县队．陕西华县柳子镇考古发掘简报［J］．考古，1959（2）：71-75，119-122.

［47］河南省文物研究所．河南舞阳县贾湖新石器时代遗址第 2 ~ 6 次发掘简报［J］．文物，1989（1）：1-14，97-100.

［48］胡厚宣．卜辞中所见之殷代农业［M］// 甲骨学商代史论丛二集．［出版地不详］：［出版者不详］，1935.

［49］金则恭，贺刚．湖南石门县皂市下层新石器遗存［J］．考古，1986（1）：1-11.

［50］裴安平，曹传松．湖南澧县彭头山新石器时代早期遗址发掘简报［J］．文物，1990（8）：17-29，102.

［51］加藤茂包，丸山吉雄．稻的不同类间的类缘关系的血清学的研究［J］．九大农学部农艺杂志，1928，3：1.

［52］加藤茂包，小坂博，原史六．由杂种植物之结实度所见的稻种类缘［J］．九大农学部农艺杂志，1928，3：3.

［53］江应梁．苗人来源及其迁徙区域［M］// 江应樑．西南边疆民族论丛．广州：珠海大学出版社，1948.

［54］萨姆布鲁克 J.，弗里奇 E.F.，曼尼阿蒂斯 T.. 分子克隆实验指南［M］．金冬雁，黎孟枫，等，译．第 2 版．北京：科学出版社，1992.

［55］李德军，孙传清，付永彩，等．利用 AB-QTL 法定位江西东乡野生稻中的高产基因［J］．科学通报，2002（11）：854-858.

［56］李道远，陈成斌．中国普通野生稻的分类学问题探讨［J］．西南农业学报，1993（1）：1-6.

［57］李道远，陈成斌．中国普通野生稻两大生态型特征与生态考察［J］．广西农业科学，1993（1）：6-11.

［58］李洪甫．连云港地区农业考古概述［J］．农业考古，1985（2）：96-107，186.

［59］李济．殷墟铜器物种及其相关之问题［M］// 国立中央研究院庆祝蔡元培先生六十五岁论文集．北京：中央研究院历史语言研究所，1933.

［60］李江浙．大费育稻考［J］．农业考古，1986（2）：232-247.

［61］李昆声．云南在亚洲栽培稻起源研究中的地位［J］．云南社会科学，1981（1）：

69-73.
[62] 李杨瑞.广西农业科学院品种录（1983～2010）[M].南宁：广西科学技术出版社，2011.
[63] 林承坤.长江、钱塘江下游地区新石器时代古地理与稻作的起源与分布[J].农业考古，1987（1）：283-291.
[64] 林世成，闵绍楷.中国水稻品种及其系谱[M].上海：上海科学技术出版社，1991.
[65] 缪进三.福建省之稻作[J].农业经济研究丛刊，1945（2）.
[66] 卢守耕.我国水稻育种之商榷[J].农报，1935，2：23.
[67] 卢玉娥.广西栽培稻种资源研究概况[J].广西农业科学，1991（9）.
[68] 罗伯特·维弗.分子生物学[M].刘进元，李骥，赵广荣，等，译.第2版.北京：清华大学出版社，2007.
[69] 罗小芬，邓棕爻，刘丕庆，等.水稻抗白叶枯病Xa23基因的微卫星标记RM206在育种群体中的多态性分析[J].广西农业生物科学，2007（2）：120-124.
[70] 柳子明.中国栽培稻种的起源及其发展[J].遗传学报，1975（1）：23-30.
[71] 农业部米丘林农业植物选种及良种繁育讲习班.米丘林遗传选种与良种繁育学：第二集[M].北京：中国科学院，1953.
[72] 农业部种子管理局，中国农业科学院作物育种栽培研究所.水稻优良品种[M].北京：农业出版社，1959.
[73] 农业部科教司.中国农业生物多样性保护与可持续利用现状调研报告[M].北京：气象出版社，2000.
[74] 潘大建，梁能.广东普通野生稻遗传多样性研究[J].广东农业科学，1998，增刊：8-11.
[75] 裴安平.彭头山文化的稻作遗存与中国史前稻作农业[J].农业考古，1989（2）：102-108，2.
[76] 庞汉华，王象坤，才宏伟.中国普通野生稻 *Oryza rufipogon* Giff.的形态分类研究[J].作物学报，1995（1）：17-24，129-130.
[77] 庞汉华，陈成斌.中国野生稻资源[M].南宁：广西科学技术出版社，2002.
[78] 全国野生稻资源考察协作组.我国野生稻资源的普查与考察[J].中国农业科学，1984（6）：27-34.
[79] 商承祚.殷墟文字汇编[M].[出版地不详]：[出版者不详]，1931.
[80] 水岛宇三郎.日本南亚和美洲稻的遗传关系性[J].农学，1948（2）.

[81] 孙传清，王象坤，吉村淳，等．普通野生稻和亚洲栽培稻叶绿体DNA的籼粳分化[J]．农业生物技术学报，1997，5（4）：319-323.

[82] 孙传清，王象坤．普通野生稻和亚洲栽培稻核基因组的RFLP分析[J]．中国农业科学，1997，30（4）：37-44.

[83] 孙传清，王象坤，吉村淳，等．普通野生稻和亚洲栽培稻线粒体DNA的RFLP分析[J]．遗传学报，1998，25（1）：40-45.

[84] 寺尾博，水岛宇三郎．稻的日本型与印度型的区别[J]．育种研究，1942（1）.

[85] 寺尾博，水岛宇三郎．东亚及美洲栽培稻种关系[J]．科学，1942（12）.

[86] 施雅风，孔昭宸．中国全新世大暖期气候与环境[M]．北京：海洋出版社，1992.

[87] 汤圣祥，闵绍楷，佐藤洋一郎．中国粳稻起源的探讨[J]．中国水稻科学，1993，7（3）：129-136.

[88] 提·霍奇金，等．植物遗传资源核心种质[M]．李自超，等，译．北京：中国农业出版社．2012.

[89] 万建民．中国水稻遗传育种与品种系谱（1986～2005）[M]．北京：中国农业出版社，2010.

[90] 王述民，卢新雄，李立会．作物种质资源繁殖更新技术规程[M]．北京：中国农业科学技术出版社，2014.

[91] 王锡平．胶东半岛在东北亚考古学研究中的地位[M]// 吉林大学考古系．青果集：吉林大学考古系建系十周年纪念文集．北京：知识出版社，1998.

[92] 王象坤．中国栽培稻的起源与演化研究取得的最新进展[J]．中国学术期刊文摘，1996，6：123-124.

[93] 王象坤．中国普通野生稻（*Oryza rufipogon* Griff.）研究中几个重要问题的初步探讨[J]．农业考古，1994（1）：48-51.

[94] 王象坤，才宏伟，孙传清，等．中国普通野生稻的原始型及其是否存在籼粳分化的初探[J]．中国水稻科学，1994，8（4）：205-210.

[95] 王象坤，张居中，陈报章．中国稻作起源研究上的新发现[R]．三岛：中日稻种起源与进化学术研讨会，1995.

[96] 王象坤，孙传清．中国栽培稻起源与演化研究专集[M]．北京：中国农业大学出版社，1996.

[97] 王振山，陈洪，朱立煌，等．中国普通野生稻遗传分化的RAPD研究[J]．植物学报，1996，38（9）：749-752.

[98] 魏京武，杨亚长．从考古资料看陕西古代农业的发展[J]．农业考古，1986（1）：

91-100.
[99] 西村真次. 日本稻作之人类学的研究 [J]. 文学思想研究，1928 (3).
[100] 严文明. 中国稻作农业的起源 [J]. 农业考古，1982 (1)：19-31，151.
[101] 严文明. 再论中国稻作农业的起源 [J]. 农业考古，1989 (2)：72-83.
[102] 严文明. 中国史前稻作农业遗存的新发现 [J]. 江汉考古，1990 (3)：29-34.
[103] 杨式挺. 谈谈石峡发现的栽培稻遗迹 [J]. 文物，1978 (7)：23-28.
[104] 应存山. 中国稻种资源 [M]. 北京：中国农业科技出版社，1993.
[105] 应存山，盛锦山，罗利军，等. 中国优异稻种资源 [M]. 北京：中国农业出版社，1997.
[106] 游修龄. 对河姆渡遗址第四期文化层出土稻谷和骨粘的几点看法 [J]. 文物，1976 (8)：20-23.
[107] 游修龄. 从河姆渡出土稻谷试论栽培稻的起源、分化与传播 [J]. 作物学报，1979 (3)：1-10，65.
[108] 游修龄. 中国古书记载的野生稻探讨 [M]// 吴妙燊. 野生稻资源研究论文选编. 北京：中国科学技术出版社，1990.
[109] 游修龄，郑云飞. 河姆渡稻谷研究进展及展望 [J]. 农业考古，1995 (1)：66-70.
[110] 俞履圻. 西南各省的粳稻 [J]. 中农实验所农报，1944 (9)：2.
[111] 俞履圻. 四川稻种分类之初步研究 [J]. 中华农学会通讯，1945.
[112] 于省吾. 商代谷类作物 [J]. 东北人民大学人文科学学报，1957 (7).
[113] 袁隆平. 从育种角度展望我国水稻增产潜力 [J]. 杂交水稻，1996 (4)：1-2.
[114] 袁隆平. 杂交水稻超高产育种 [J]. 杂交水稻，1997，12 (6)：4-9.
[115] 袁隆平. 我国两系法杂交水稻研究形势、任务和发展前景 [J]. 农业现代化研究，1997 (1)：2-4.
[116] 袁隆平. 杂交水稻学 [M]. 北京：中国农业出版社，2002.
[117] 袁隆平. 袁隆平论文集 [M]. 北京：科学出版社，2010.
[118] 袁隆平. 发展杂交水稻 保障粮食安全 [J]. 杂交水稻，2010，25 (S1)：1-2.
[119] 袁平荣，卢义宣，黄迺威，等. 云南元江普通野生稻分化的研究 I. 形态及酯酶、过氧化氢酶同工酶分析 [J]. 北京农业大学学报，1995 (2)：133-137.
[120] 昝维廉. 稻作选种学 [M]. 油印本. [出版地不详]：[出版者不详]，1956.
[121] 张宝文. 国际先进农业技术 1000 项 [M]. 北京：中国农业出版社，2004.
[122] 张居中. 试论贾湖类型的特征及其与周围文化之关系 [J]. 文物，1989 (1)：

18-20.

[123] 张居中.河南舞阳贾湖遗址发现水稻距今约八千年[N].中国文物报，1993-10-31.

[124] 张居中，孔昭宸，刘长江.舞阳史前稻作遗存与黄淮地区史前农业[J].农业考古，1994(1)：68-77.

[125] 张居中，王象坤，崔宗钧，等.也论中国栽培稻的起源与东传[J].农业考古，1996(1)：85-93.

[126] 张敏.高邮龙庄遗址发掘获重大成果[N].中国文物报，1993.

[127] 张敏，汤陵华.五千年前选育优化的稻种[N].中国文物报，1995-7-30(3).

[128] 张强.农作物种子资源评价管理利用标准与质量检验鉴定技术规程实施手册[M].北京：北京电子出版物出版中心，2003.

[129] 张文绪，汤陵华.龙虬庄出土稻谷稃面双峰乳突研究[J].农业考古，1996(1)：94-97.

[130] 浙江省博物馆自然组.河姆渡遗址动植物遗存的鉴定研究[J].考古学报，1978(1)：95-107，156-159.

[131] 中国农业科学院.中国稻作学[M].北京：农业出版社，1986.

[132] 中国农业科学院作物科学研究所.国家作物种质资源库圃志[A].北京：中国农业科学院作物科学研究所，2010.

[133] 中国农业科学院作物科学研究所.农作物种质资源保护与利用专项2017年度工作会议早福州召开[J].作物种质资源简报，2017(11)：1.

[134] 中国农业科学院作物品种资源研究所.特殊地区种质资源收集与利用研究文集[M].北京：中国农业出版社，2002.

[135] 中国社会科学院考古所.尧王城遗址第二次发掘有重要发现[N].中国文物报，1994-1-23(1).

[136] 周光宇，陈善葆，黄骏麒.农业分子育种研究进展[M].北京：中国农业科技出版社，1993.

[137] 周进，汪向明，钟扬.湖南、江西普通野生稻居群变异的数量分类研究[J].武汉植物学研究，1992(3)：235-241.

[138] 周培.都市现代农业结构与技术模式[M].上海：上海交通大学出版社，2014.

[139] 周拾禄.中国是稻之原产地[J].中国稻作，1948(7)：5.

[140] 朱英国.我国野生稻酯酶同工酶的初步研究[J].遗传，1982(5)：16-18,

15.
[141] 卢新雄，辛霞，刘旭．作物种质资源安全保存原理与技术 [M]．北京：科学出版社，2019.
[142] HUANG X H, KVRATA N, WEI X H, et al.A map of rice genome variation reveals the origin of cultivated rice [J]. Nature, 2012 (490) : 497-501.
[143] MANIATIS T, FRITSCH E F, SAMBROOK J.Molecular cloning a laboratory manual [M]. Long Island : Cold Spring Harbor Laboratory Press, 2012.
[144] OKA H I, MORISHIMA H.Phylogenetic differentiation of cultivated rice, XXIII. Potentiality of wild progenitors to evolve the Indica and Japonica types of rice cultivars [J]. Euphytica, 1982, 31: 41-50.
[145] OPPEL A. Der Reis [M]. Bremen: Blankenburg Press, 1890.
[146] SANO Y, MORISHIMA H, OKA H I.Intermediate perennial - annual populations of *Oryza perennis* found in Thailand and their evolutionary significance[J]. Bot Mag Tokyo, 1980, 93:291-305.
[147] SANO Y H, YI X, SHAO Q Q. Ribosomal DNA soacer - length variations in a wild ice population from Dongxiang China. Proc. of the 6th Internatl [M]. Japan: Congr, of SABRAO Tsukuba, 1989.
[148] SCHREADER O.Sprachvergleichung and Urgeschichte [M].Berlin: Lingestisch historische Betraege, 1906.
[149] SECOND G. Origin of the genic diversity of cultivated rice (*Oryza* spp.): Study of the poiymorphism scored at 40 isozyme loci [J]. Jpn J Genet, 1982, 57:25-57.
[150] SECOND G.Evolutionary relationship in the Sativa group of *Oryza* based on isozyme data [J]. Génét Sél Evol, 1985, 17 (1): 89-114.
[151] SELIM A G. A cytological study of *Oryza satvia* L [J]. Cytologia, 1930, 2: 1.
[152] MANIATIS E F, FRITSCH J. Sambrook: molecular cloning a laboratory manual [M]. Long Island : Cold Spring Harbor Laboratory Press, 1987.
[153] ZIMMER H. Altindisches Leben. Die Cultur der Vedischen Arier nach den Samhita dargestellt [M]. Berlin : Berlin Press, 1879.